国家级技工教育规划教材
全国技工院校化工类专业教材

化工分析

甘中东　李椿方　主编

中国劳动社会保障出版社

图书在版编目（CIP）数据

化工分析/甘中东，李椿方主编. -- 北京：中国劳动社会保障出版社，2023

全国技工院校化工类专业教材

ISBN 978 - 7 - 5167 - 5850 - 2

Ⅰ. ①化… Ⅱ. ①甘… ②李… Ⅲ. ①化学工业 - 分析方法 - 技工学校 - 教材
Ⅳ. ①TQ014

中国国家版本馆 CIP 数据核字（2023）第 106749 号

中国劳动社会保障出版社出版发行

（北京市惠新东街 1 号 邮政编码：100029）

*

北京市科星印刷有限责任公司印刷装订 新华书店经销

787 毫米×1092 毫米 16 开本 16.75 印张 361 千字

2023 年 6 月第 1 版 2023 年 6 月第 1 次印刷

定价：42.00 元

营销中心电话：400 - 606 - 6496

出版社网址：http://www.class.com.cn

《化工分析》编审委员会

主　　编　甘中东　李椿方

编　　者　**（以姓氏笔画为序）**

王　伟（河南化工技师学院）

甘中东（四川理工技师学院）

孙建华（重庆工信职业学院）

李椿方（北京市工业技师学院）

龚　锋（重庆工信职业学院）

彭灿灿（山东化工技师学院）

主　　审　李　政（广东省南方技师学院）

黄凌凌（广西工业技师学院）

总前言

为了深入贯彻党的二十大精神和习近平总书记关于大力发展技工教育的重要指示精神，落实中共中央办公厅、国务院办公厅印发的《关于推动现代职业教育高质量发展的意见》，推进技工教育高质量发展，全面推进技工院校工学一体化人才培养模式改革，适应技工院校教学模式改革创新，同时为更好地适应技工院校化工类专业的教学要求，全面提升教学质量，我们组织有关学校的一线教师和行业、企业专家，在充分调研企业生产和学校教学情况、广泛听取教师意见的基础上，吸收和借鉴各地技工院校教学改革的成功经验，组织编写了本套全国技工院校化工类专业教材。

总体来看，本套教材具有以下特色：

第一，坚持知识性、准确性、适用性、先进性，体现专业特点。教材编写过程中，努力做到以市场需求为导向，根据化工行业发展现状和趋势，合理选择教材内容，做到“适用、管用、够用”。同时，在严格执行国家有关技术标准的基础上，尽可能多地在教材中介绍化工行业的新知识、新技术、新工艺和新设备，突出教材的先进性。

第二，突出职业教育特色，重视实践能力的培养。以职业能力为本位，根据化工专业毕业生所从事职业的实际需要，适当调整专业知识的深度和难度，合理确定学生应具备的知识结构和能力结构。同时，进一步加强实践性教学的内容，以满足企业对技能型人才的要求。

第三，创新教材编写模式，激发学生学习兴趣。按照教学规律和学生的认知规律，合理安排教材内容，并注重利用图表、实物照片辅助讲解知识点和技能点，为学生营造生动、直观的学习环境。部分教材采用工作手册式、新型活页式，全流程体现产教融合、校企合作，实现理论知识与企业岗位标准、技能要求的高度融合。部分教材在印刷工艺上采用了四色印刷，增强了教材的表现力。

本套教材配有习题册和多媒体电子课件等教学资源，方便教师上课使用，可以通过技工教育网（http://jg.class.com.cn）下载。另外，在部分教材中针对教学重点和难点制作了演示视频、音频等多媒体素材，学生可扫描二维码在线观看或收听相应内容。

本套教材的编写工作得到了北京、河南、山东、云南、江苏、江西、四川、广西、广东等省（自治区、直辖市）人力资源社会保障厅及有关学校的大力支持，教材编审人员做了大量的工作，在此我们表示诚挚的谢意。同时，恳切希望广大读者对教材提出宝贵的意见和建议。

本书前言

为了培养高素质的技术技能型人才，本教材引入工学一体化、任务驱动、行动导向的新型教学模式，依据化学检验工国家职业技能标准，以典型性、代表性工作任务为载体，以学生为中心、能力培养为本位、工学结合、学做合一，重在培养学生化学实验室技术方面的综合职业能力。通过代表性工作任务和工作过程，设计教学内容，在教学中融入课程思政、工匠精神、劳动精神，通过五育并举，关注学生全面发展和社会担当。

本教材以理论知识够用为度，立足工作能力培养，工学结合、注重实践，内容编写精练、新颖，文字表述简明扼要、浅显易懂，图文并茂，便于学生自主学习。在实际操作中，注重引入国家标准，培养学生的从业习惯，通过较完整的化学产品各项指标的分析检测，培养学生系统分析、检测化工产品的能力。在习题配置上，注重与国家职业技能认定、行业大赛相衔接。关注过程评价，对接世赛化学实验室技术评价指标。在仪器分析中，重点介绍各类仪器的基本组成、工作原理、使用方法和工作站的使用。每一个学习任务，都有详细的知识、能力和素养目标要求，学习目标明确。

本教材涵盖了化学分析和仪器分析的内容，重点介绍了化学分析中的滴定基本理论和酸碱滴定、配位滴定、氧化还原滴定、沉淀滴定四大滴定分析方法和重量分析法，以及仪器分析的紫外—可见分光光度法、原子吸收光谱法、电位分析法、气相色谱分析法和高效液相色谱法。

本教材由四川理工技师学院甘中东、北京市工业技师学院李椿方主编，甘中东负责项目一样品分析检验准备、项目二测定工业硫酸的纯度、项目三测定水质的总硬度、项目七紫外—可见分光光度法的编写。李椿方负责项目十气相色谱法的编写。河南化工技师学院王伟负责项目八原子吸收分光光度法的编写。重庆工信职业学院龚锋负责项目九电化学分析法、项目十一高效液相色谱法的编写。重庆工信职业学院孙建华负责项目五测定工业用盐中氯离子的含量、项目六测定工业硫酸钠中硫酸盐的含量的编写。山东化工技师学院彭灿灿负责项目四测定双氧水中过氧化氢的含量的编写。全书由甘中东统稿。

本教材可作为技工院校化工分析与检验、环境保护检测、食品分析、药品分析等化学分析检验大类相关专业的教学用书，也可作为从事分析检测工作人员的参考资料。

编者

2023 年 5 月

目 录

项目一

样品分析检验准备

任务引入

该项目有 4 个代表性工作任务。

要成为化学检验员，在化学分析实验室从事样品分析检验工作，首先要熟悉化学分析实验室，熟悉实验室的安全要求、岗位职责以及摆放的物品仪器。化学分析实验室可能涉及易燃易爆、有毒有害等化学危险品的实验操作，因此识读、熟悉实验室有关操作规程、安全常识是非常重要的。化学分析实验室涉及操作规范、有毒有害物质的管理、三废处理、实验室安全管理等内容，其墙面上一般都挂有实验室安全操作规则、化学分析检验的岗位职责等。

熟练使用电子台秤、电子分析天平进行物质质量的粗称、精称是化学检验工最基本的技能。规范洗涤、干燥、存放玻璃仪器，能用天平称取化学试剂，用移液管、容量瓶等玻璃仪器配制各种化学分析检验所需溶液，能熟练使用滴定管进行化学分析检验滴定、测量试样中待测组分的含量或浓度是化学检验工中级必备的技能。

任务目标

【知识、技能与素养】

知识	技能	素养
1. 能识记实验室安全规则 2. 能识记实验室岗位职责 3. 能识别玻璃仪器，简述其主要用途 4. 能熟悉实验室用水要求 5. 能认识实验室常用洗涤剂 6. 能简述电子台秤和电子分析天平称量原理	1. 能复述实验室安全规则和岗位职责 2. 能选择合适的洗涤剂 3. 能配制或稀释洗涤剂溶液 4. 能正确洗涤玻璃仪器 5. 能正确干燥、存放玻璃仪器 6. 能熟练、规范操作电子台秤和电子分析天平进行物质质量称量	遵守规则 服从管理 科学规范 交流沟通 自主学习 安全意识

续表

知识	技能	素养
7. 能说出配制溶液的基本操作要领 8. 能说出滴定操作的基本要领 9. 能正确处理实验数据 10. 能正确判断有效数据位数和进行有效数字修约 11. 能计算准确度和精密度 12. 能识记6S管理内容 13. 能正确总结评价学习目标达成度	7. 能熟练使用玻璃仪器配制溶液 8. 能熟练使用移液管进行移液操作 9. 能熟练使用滴定管进行滴定操作 10. 能借助指示剂准确判断滴定终点 11. 能及时记录实验数据 12. 能按6S（包括整理、整顿、清扫、清洁、素养、安全）质量管理要求整理、整顿实验台面，清扫实验室 13. 废液废渣处理符合健康、环保要求	环保意识 劳动意识

任务一　熟悉实验室

活动一　识记实验室安全规则和岗位职责

一、识记实验室安全规则

化学分析实验室有各种仪器设备、药品试剂，如果不遵守操作规程，极易发生安全事故，因此要重视安全操作，熟悉有关安全知识。化学分析实验室一般有如下安全要求：

1. 进入实验室必须穿工作服，发型、服饰必须符合要求，严禁穿拖鞋进入实验室，熟悉实验室环境和安全通道，到达指定岗位，不得擅自调换岗位，不得随意触碰电气设备。

2. 实验前，做好预习和准备工作，明确实验目的和实验原理，熟悉实验内容和实验步骤，写好预习报告；检查实验所需药品、仪器是否齐全。

3. 实验时保持安静，严格遵守操作规程，认真实验、及时记录，不得擅自离开岗位。

4. 不得把食物、饮料带入实验室，严禁在实验室饮食。

5. 爱护仪器和实验设备，注意节约用水、电和气；不要随意动用他人仪器；公用仪器、设备用毕应及时洗净送回原处；仪器损坏要及时登记。

6. 定量取用药品，注意节约；称取药品后，及时盖好原瓶盖；所配好的试剂要贴上标签，注明试剂名称、浓度及配制日期。

7. 不能用手拿药品，不能直接用鼻子闻药品、试剂气味，更不能品尝药品。

8. 仪器出现故障，应立即停止使用，切断电源，及时报告指导教师。使用完毕应及时登记，请指导教师检查、签字。

9. 实验产生的废液、废渣，不可乱扔，应按环保要求分类回收，统一处理。

10. 实验完毕，及时将所用实验玻璃仪器洗净并整齐地放回原处，将实验台面擦拭干净。轮流值日打扫实验室卫生，检查门、窗、水、电、气等是否关闭，待指导教师检查合格后方可离开实验室。

二、识记实验室分析检测岗位职责

化学分析检测岗位职责要求如下：

1. 严格遵守安全纪律，取样和分析时需佩戴好劳动防护用品。
2. 熟悉本实验室的检测任务、职责分工和本人所承担的工作，并对各自的检测工作质量负责。
3. 严格按照国家标准、化学分析检验规程进行测试；不得任意改变测试方法和条件，以保证分析结果准确无误；不得漏检和虚报分析结果。
4. 负责本岗位所使用的化学试剂的领取与保管。
5. 负责本岗位化学分析所用的标准溶液的制备或领取。
6. 负责本岗位样品采集与预处理，按时取样，及时分析，保证数据的准确性，按时提交完整的实验记录和实验报告。
7. 负责本岗位环境卫生、消防器材及公共器具的保管及维护。
8. 根据检测标准、仪器操作规程，做好仪器设备的周期检定，填写仪器设备使用记录。
9. 熟悉安全操作规程和安全用电、用气常识和环保要求等安全工作。
10. 认真执行交接班制度，详细记录当班情况，按时接班。
11. 积极配合主管部门，完成技术主管交给的其他分析任务。

活动二　识别化学分析常用玻璃仪器

一、填写化学分析常用玻璃仪器名称

查阅有关资料，识别化学分析常用玻璃仪器，填写化学分析常用玻璃仪器名称。

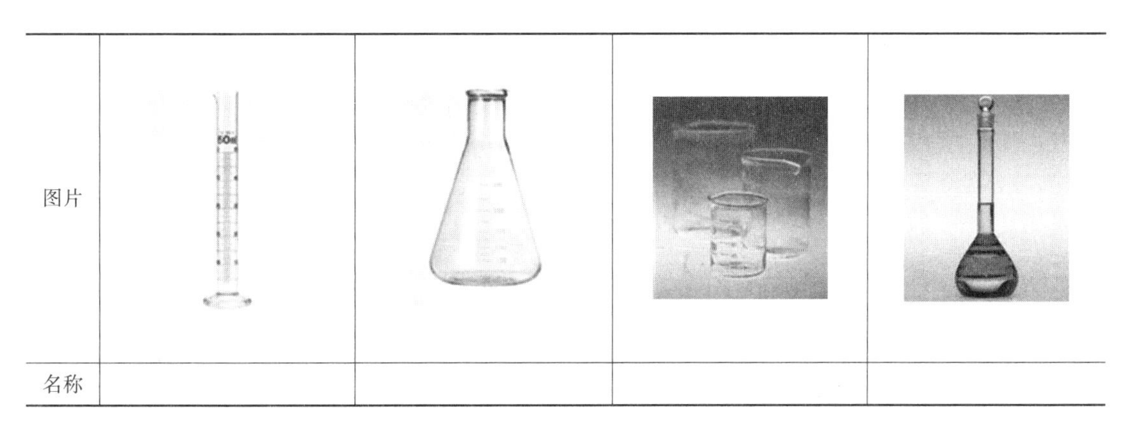

图片				
名称				

续表

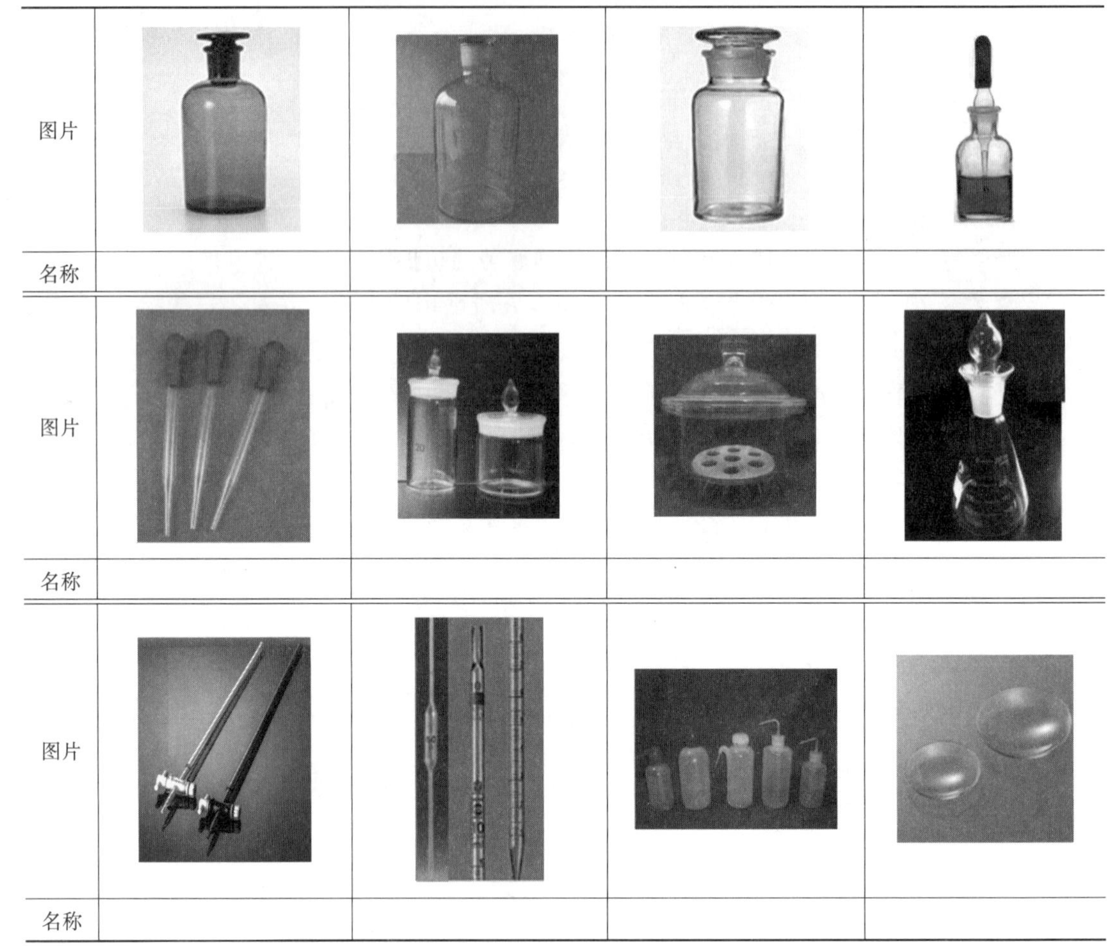

图片				
名称				
图片				
名称				
图片				
名称				

注意：

由于玻璃仪器造成的事故很多，其中大多数为割伤，因此要注意以下问题：

1. 玻璃仪器在使用前要仔细检查，避免使用有裂痕的仪器。特别在进行加热操作的场合，更要认真检查。

2. 烧杯、烧瓶及试管等仪器，因其壁薄、机械强度很低，加热时必须小心操作。

二、清点化学分析常用玻璃仪器

根据工位台面上的玻璃仪器清单，清点台面上的玻璃仪器，查阅有关信息，完善表1－1内容。

表1－1　　常用玻璃仪器

名称	规格/数量	主要用途	使用注意事项
烧杯			
锥形瓶			

续表

名称	规格/数量	主要用途	使用注意事项
玻璃棒			
洗瓶			
量筒（杯）			
滴定管			
容量瓶			
移液管			
吸量管			
胶头滴管			
称量瓶			
广口试剂瓶			
细口试剂瓶			
滴瓶			
干燥器			
碘量瓶			
表面皿			
塑料一次性刻度吸管			

活动三　洗涤玻璃仪器

洗涤工位台面上玻璃仪器的步骤如下：

1. 自来水冲刷洗

根据要洗涤的玻璃仪器的形状，选择大小合适的毛刷洗涤玻璃仪器，先用自来水润湿玻璃仪器，再用毛刷刷洗，最后用自来水冲洗，可洗去可溶物质和玻璃表面粘附的灰尘。

2. 用洗涤液刷洗

用毛刷蘸适量的洗涤液刷洗或浸泡玻璃仪器，以除去油污或有机物。再用自来水冲洗 3～5 次，至无泡沫。

3. 用蒸馏水清洗

玻璃仪器在使用前必须用蒸馏水清洗 3 次以上，清洗原则为少量多次、充分振荡、倾倒干净、再次清洗。洗净的玻璃仪器内壁应不挂水珠或形成均匀下坠的水膜，残留水分用 pH 试纸检查应呈中性。

根据上述要求，清洗自己工位台面上的玻璃仪器，相邻工位相互检查玻璃仪器是否清洗干净。

必备知识

一、实验室用水

国家标准《分析实验室用水规格和试验方法》（GB/T 6682—2008）对于分析实验室用水有明确规定，部分内容见表1－2。

表1－2　　分析实验室用水规格

名称	一级	二级	三级
pH值范围（25 ℃）	—	—	5.0～7.5
电导率（25 ℃）/(mS/m)	≤0.01	≤0.1	≤0.5
可氧化物质含量（以O计）/(mg/L)	—	≤0.08	≤0.40
吸光度（254 nm，1 cm光程）	≤0.001	≤0.01	—
蒸发残渣（105 ℃±2 ℃）/(mg/L)	—	≤1.0	≤2.0
可溶性硅（以 SiO_2 计）/（mg/L）	≤0.01	≤0.02	—

注：1. 由于在一级水、二级水的纯度下，难于测定其真实的pH值，因此，对一级水、二级水的pH值范围不做规定。
2. 由于在一级水的纯度下，难于测定可氧化物质或蒸发残渣，对其限量不做规定。可用其他条件和制备方法来保证一级水的质量。

在常规化学分析中，一般使用三级水。

二、常用洗涤液

几种常用洗涤液见表1－3。

表1－3　　常用洗涤液

洗涤液及其配方	适用范围
1. 铬酸洗涤液 将研细的重铬酸钾20 g溶于40 mL水中，慢慢加入360 mL浓硫酸	用于去除器壁残留油污，用少量洗涤液涮洗或浸泡一夜，洗涤液可重复使用；洗涤废液经处理解毒后方可排放
2. 工业盐酸（浓或1:1）	用于洗去碱性物质及大多数无机物残渣
3. 纯酸洗涤液 1:1、1:2或1:9的盐酸或硝酸	用于除去Hg、Pb等重金属杂质，除去微量的离子，常法洗净的仪器浸泡于纯酸洗涤液中不少于24 h
4. 碱性洗涤液 氢氧化钠10%水溶液	水溶液加热（可煮沸）使用，其去油效果较好。注意：煮的时间太长会腐蚀玻璃
5. 氢氧化钠－乙醇（或异丙醇）洗涤液 将120 g氢氧化钠溶于150 mL水中，用95%乙醇稀释至1 L	用于洗去油污及某些有机物
6. 合成洗涤剂 合成洗涤剂使用前可适当稀释	此类洗涤液高效、低毒，能溶解油污，对玻璃器皿腐蚀性小，是洗涤玻璃器皿的最佳选择

续表

洗涤液及其配方	适用范围
7. 有机溶剂	油脂性污染的玻璃仪器，可用汽油、丙酮、酒精、氯仿等有机溶剂浸泡清洗
8. 酸性草酸或酸性羟胺洗涤液 称取 10 g 草酸或 1 g 酸性羟胺，溶于 100 mL(1:4) 盐酸溶液中	洗涤氧化性物质，如洗涤高锰酸钾洗涤液洗后产生的二氧化锰，必要时加热使用
9. 碘 – 碘化钾溶液 称取 1 g 碘和 2 g 碘化钾溶于水，再用水稀释至 100 mL	使用硝酸银溶液后留下的褐色污物可用该洗涤液洗涤

如果工位台面上的玻璃仪器用提供的洗涤液不能洗涤干净，应向指导老师报告，听从指导老师安排。

活动四　干燥、存放玻璃仪器

一、玻璃仪器的干燥方法

洗净的玻璃仪器应沥干水滴，必要时选择合适的方法干燥。

1. 自然晾干

将洗净的玻璃仪器倒置在无尘、干燥处控水晾干，自然晾干是最简便的干燥方法。

2. 加热烘干

用加热器烘干也是常用的方法，将洗净的玻璃仪器置于 110 ~ 120 ℃的清洁烘箱内或加热器上烘烤 1 h 左右，现在许多烘箱或加热器有鼓风驱除湿气功能。

烘干的玻璃仪器一般在空气中自然冷却，但称量瓶等用于精确称量的玻璃仪器应在干燥器中冷却保存。容量瓶等计量玻璃器具均不得用烘干法干燥。图 1 – 1 所示为常用的烘干设备。

图 1 – 1　常用的烘干设备

3. 吹干

急于干燥又不便烘干的玻璃仪器，可以用电吹风机快速吹干。电吹风机可吹冷风或热风，可选择使用。

（1）各种比色管、离心管、试管、锥形瓶、烧杯等均可用此法迅速吹干。

（2）一些不宜高温烘烤的玻璃仪器如吸管、滴定管等也可用电吹风机加快干燥。

（3）如果玻璃仪器带水较多，可先用丙酮、乙醇、乙醚等有机溶剂冲洗一下，可加速吹干。

刚洗涤完成的玻璃仪器，如非必要均选择自然晾干。

二、玻璃仪器的存放要求

参观实验室或库房存放玻璃仪器处，认真倾听指导老师的介绍、讲解。

一般实验室玻璃仪器保管方法如下：

1. 将移液管放置于防尘盒中，垫以清洁纱布，也可放置在移液管架上并罩上塑料薄膜。

2. 滴定管可倒置夹于滴定管架上，或注满蒸馏水夹于滴定管架上，上口罩上小烧杯。

3. 清洁的比色皿、比色管、离心管要放在专用盒内，或倒置在专用架上。

4. 具塞磨口玻璃仪器，如容量瓶、称量瓶、碘量瓶等要衬纸加塞保存，以免日久粘住。

5. 凡配有套塞、盖的玻璃仪器，如称量瓶、容量瓶、分液漏斗、比色管、滴定管等都必须保持原装配套，不得拆散使用和存放。

玻璃仪器应保存在橱柜里，橱柜的隔板上应垫衬清洁滤纸，也可在玻璃仪器上覆盖清洁纱布，关闭柜门防止落尘。

任务二　使用天平

活动一　使用电子台秤

一、电子台秤称量原理

实验室常用电子台秤称量物品，电子台秤的工作原理是：当物体放在秤盘上时，压力施加给传感器，传感器发生弹性变形，使阻抗发生变化，同时激励电压发生变化，该信号经放大电路放大并进行模数转换，输出的数字信号经 CPU 运算控制输出到显示器，显示称量结果。实验室常用电子台秤及原理如图 1－2 所示。

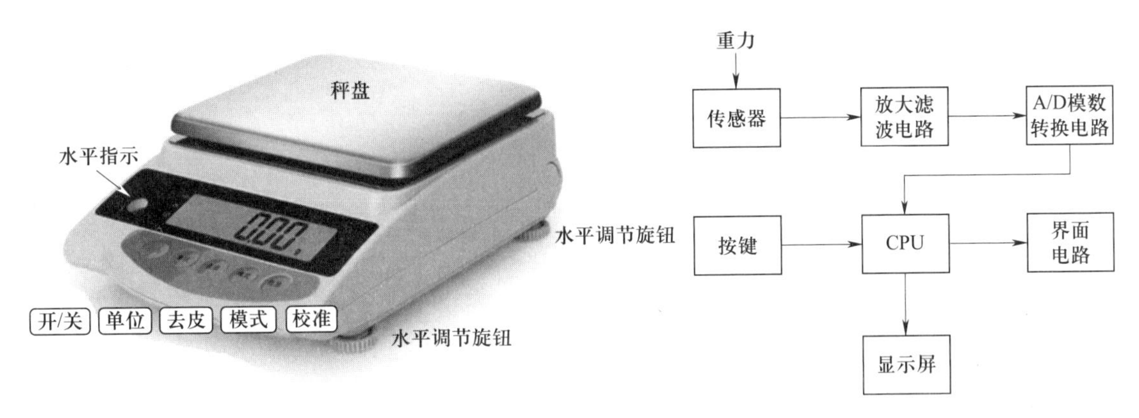

图1－2　实验室常用电子台秤

二、称量练习

练习使用电子台秤，将称量结果记录于表1－4。

表1－4　电子台秤称量练习记录－1

物品名称	小烧杯	称量瓶	表面皿	锥形瓶	称量纸	200 g 校准砝码
质量/g						

用去皮法称取约3 g化学试剂碳酸钠分别装入不同的器具，将称量结果记录于表1－5。

表1－5　电子台秤称量练习记录－2

盛装器具	小烧杯	称量瓶	表面皿	锥形瓶	称量纸
碳酸钠质量/g					

活动二　使用电子分析天平

一、电子分析天平称量原理

电子分析天平是新一代的天平，它的称量原理基于电磁力平衡。当秤盘加上载荷时，秤盘的位置发生了相应的变化，这时位置检测器将此变化量通过PID（比例—积分—微分控制器）调节器和放大器转换成线圈中的电流信号，并在采样电阻上转换成与载荷相对应的电压信号，再经过低通滤波器和模数（A/D）转换器，变换成数字信号传输到计算机进行数据处理，并将结果显示在显示屏幕上，这就是电子分析天平的基本原理。

二、认识电子分析天平

某电子分析天平外形及称量部件如图1－3、图1－4所示，请查阅资料完善表1－6、表1－7。

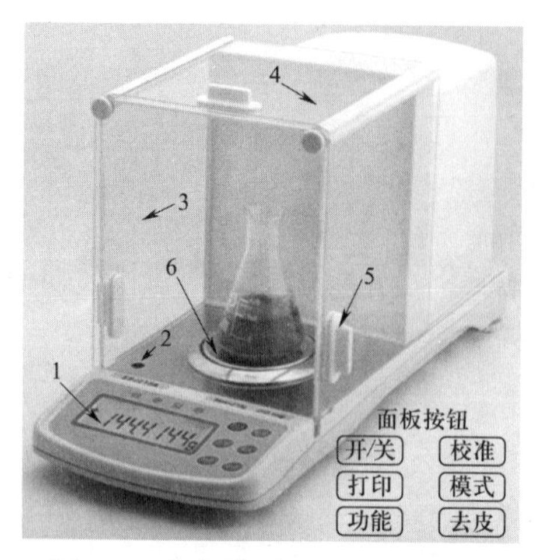

图 1－3　某电子分析天平及按钮面板

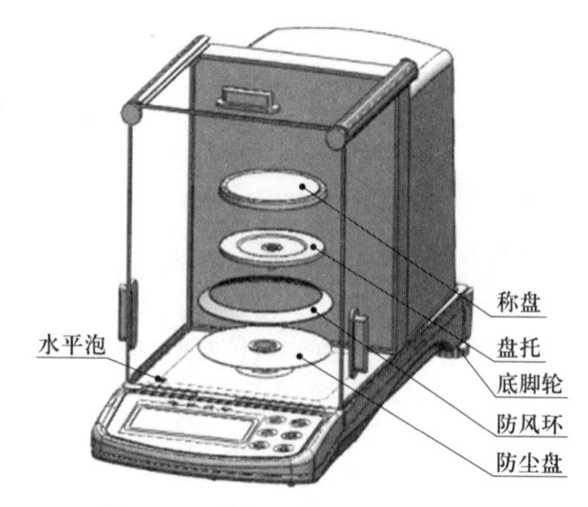

图 1－4　某电子分析天平称量部件

表 1－6　认识天平

编号	名称	作用	编号	名称	作用
1			4		
2			5		
3			6		

表 1－7　认识某电子分析天平面板功能按钮

编号	按钮	操作内容
1	开/关	
2	去皮	
3	校准	
4	模式	
5	功能	
6	打印	

请仔细阅读电子分析天平使用说明书或观察老师对电子分析天平使用的演示，对下面的操作步骤进行合理排序，在表 1－8 序号列填上合理序号。

表 1－8　电子分析天平操作步骤

序号	步骤内容
	预热：天平在初次接通电源或长时间断电之后，至少需要预热 30 min。为取得理想的测量结果，天平应保持在待机状态
	开机：接通电源，按开关按钮 ON/OFF 直至全屏自检
	调水平：调整地脚螺栓高度，使水平仪内空气泡位于圆环中央
	关机：天平应一直保持通电状态（24 h），不使用时将开关按钮调至待机，使天平处于保温状态，可延长天平使用寿命

续表

序号	步骤内容
	校准：首次使用天平必须进行校正，按校准按钮，天平将显示所需校准的砝码质量，放上砝码直至出现单位符号 g，校准结束
	称量：使用去皮按钮 T，去皮清零。放置样品进行称量

请根据老师讲解或查阅资料，回答图 1－5 所示称量纸和称量瓶有关问题。

图 1－5　称量纸和称量瓶

称量纸的用途：称取固体物质的质量时，用来盛放该待测物。

常用的规格：__________、__________、__________等。

使用时的注意事项：____。

称量瓶的用途：称取腐蚀性固体物质或者不挥发性液体的质量时，用来盛装该待测物。

常用的规格：__________、__________、__________等。

使用时的注意事项：____。

三、练习称量

根据试样的不同性质和分析工作的不同要求，可分别采用直接称样法（简称直接法）、指定质量（固定样）称样法和减量称样法（也称差减法）进行称量。

1. 直接称样法

天平通电预热好后，将接收容器放入称量盘，读数稳定后按“去皮”键，将试样装入（抖入或滴入）接收容器，再称量，直到符合称样质量为止。直接称样法又称去皮法，应用广泛。

2. 指定质量称样法

在分析工作中，有时要求准确称取某一指定质量的试样，如配制指定浓度和体积的溶液时，常用指定质量称样法称取所需物质的质量。此法称取的物质应该是不易吸湿，不与空气中各种组分发生作用，且性质稳定的物质。

3. 减量称样法

减量称样法是首先称取装有试样的称量瓶的质量，再称取倒出部分试样后称量瓶的质量，二者之差即是试样的质量。如再倒出一份试样，可连续称出第二份试样的质量。称量方法如下：

减量称样法用称量瓶称量。称量瓶用于称取粉末状（不易吸水、不易氧化、不与空气中二氧化碳反应）的物质，使用前须清洗干净、保持干燥。称量瓶（盖）不能用手直接拿取，要用干净的纸条套在称量瓶上或戴手套。称量瓶的使用如图 1－6 所示。

图 1－6　称量瓶的使用

称量时，先将试样装入称量瓶，放入天平称出称量瓶与试样的总质量（m_1），取出称量瓶后，小心倾出部分试样后再称出称量瓶和余下的试样的总质量（m_2），得出的试样质量为：

$$m = m_1 - m_2$$

用减量称样法称量时，应注意不要让试样洒落到接收容器外，称量瓶口应在接收容器正上方，缓慢倾斜称量瓶，用瓶盖轻敲称量瓶口上沿，使试样缓缓落入接收容器中。初学者可通过“少量多次”倾抖试样，多次称量，直到倾出的试样质量符合要求为止。

将称量练习数据记录在表 1－9、表 1－10、表 1－11 中。

表 1－9　　直接称样法称量记录

记录项目	表面皿	小烧杯	称量瓶	胶帽
被称物质量/g				

表 1－10　　固体试样减量称样法称量记录

记录项目	1	2	3	4
倾样前称量瓶＋碳酸钠质量 m_1/g				
倾样后称量瓶＋碳酸钠质量 m_2/g				
碳酸钠质量 m/g				

表 1－11　　液体试样减量称样法称量记录

记录项目	1	2	3	4
滴液前滴瓶＋磷酸质量 m_1/g				
滴液后滴瓶＋磷酸质量 m_2/g				
磷酸质量 m/g				

四、称量过程考核评价

称量过程考核评价见表 1－12。

表 1－12　　称量过程考核评价

作业项目	考核内容	配分	操作要求	考核记录	扣分说明	扣分	得分
称量	称量操作	10	1. 检查天平水平		每错一项扣相应配分，扣完为止		
		10	2. 清扫天平				
		10	3. 天平预热充分				
		10	4. 将称量瓶（滴瓶或接收容器）放在称量盘中央				
		10	5. 敲样（滴样）动作正确				
		10	6. 试样无洒落				
	称量质量	20	1. 距称量质量 5% 以内，不扣分		每错一次扣相应配分，扣完为止		
			2. 距称量质量 5% ~10%，扣 10 分				
			3. 超过称量质量 10%，扣 20 分				
	结束工作	5	1. 复原天平		每错一项扣相应配分，扣完为止		
		5	2. 放回凳子				
		5	3. 天平罩（手套）复原				
		5	4. 填写使用记录				
合　计							

任务三　配制溶液

活动一　认识化学试剂

一、化学试剂

在化学分析检测工作中，经常要使用化学试剂。化学试剂种类繁多，试剂选择和使用是否恰当，将直接影响分析检测结果的准确性。

我国生产的试剂质量标准分为四级，见表 1－13。试剂级别越高，其生产或提纯过程越复杂，价格越高，所以在满足实验要求的前提下，选用试剂的级别就低不就高，既不超级别造成浪费，也不能随意降低试剂级别而影响分析结果。

表 1－13　国产试剂规格及标签颜色

级别	习惯等级	标签颜色	主要用途
	基准试剂（P. T）	深绿色	纯度很高，作为基准物质，配制、标定标准溶液
一级	优级纯（G. R）	深绿色	纯度很高，适用于精确分析和研究工作
二级	分析纯（A. R）	金光红色	纯度较高，适用于一般分析及科研用
三级	化学纯（C. P）	蓝色	纯度不高，适用于工业分析及化学实验
四级	实验试剂（L. R）	黄色	纯度较差，适用于一般化学实验用

为了规范化学分析工作中一般溶液和标准溶液制备，国家标准化主管机构制定了相应的标准，约束和规范溶液配制行为。

《化学试剂　试验方法中所用制剂及制品的制备》（GB/T 603—2002）规定了化学试剂试验方法中所用制剂及制品的制备方法。

《化学试剂　标准滴定溶液的制备》（GB/T 601—2016）规定了化学试剂标准滴定溶液的配制和标定方法。

二、基准物质

标准溶液配制常用到基准物质，基准物质必须符合下列要求：

1. 具有足够的纯度，一般要求纯度在 99.9% 以上，而杂质含量不应影响分析结果的准确性。

2. 物质的组成（包含结晶水）要与化学式完全相符。

3. 性质稳定，在空气中不吸湿，不和空气中氧气、二氧化碳等作用，加热干燥时不分解。

4. 使用时易溶解。

5. 具有较大的摩尔质量。

在生产、储运过程中可能会有少量水分和杂质进入基准物质，因此，在使用前必须经过一定的处理，见表 1－14。

表 1－14　常用基准物质的干燥条件和应用范围

基准物质		干燥后组分	干燥条件/℃	标定对象
名称	化学式			
无水碳酸钠	Na_2CO_3	Na_2CO_3	270～300	酸
邻苯二甲酸氢钾	$KHC_8H_4O_4$	$KHC_8H_4O_4$	110～120	碱
重铬酸钾	$K_2Cr_2O_7$	$K_2Cr_2O_7$	140～150	还原剂
溴酸钾	$KBrO_3$	$KBrO_3$	130	还原剂
草酸钠	$Na_2C_2O_4$	$Na_2C_2O_4$	130	氧化剂

续表

基准物质		干燥后组分	干燥条件/℃	标定对象
名称	化学式			
氧化锌	ZnO	ZnO	900～1 000	EDTA
氯化钠	NaCl	NaCl	500～600	$AgNO_3$

活动二　配制普通溶液

普通溶液是指一定浓度范围的溶液。配制普通溶液通常用电子台秤称取或用量筒量取液体状的化学试剂，并经溶解、稀释、搅匀来完成。配制一定浓度范围氯化钠溶液的过程如图 1－7 所示。

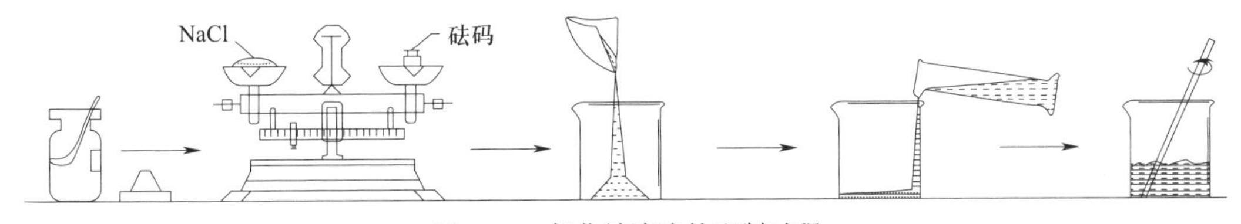

图 1－7　氯化钠溶液的配制过程

请回答下列问题：

1. 使用电子台秤称量时，左盘放__________（砝码/药品）、右盘放__________（砝码/药品）。

2. 用电子台秤称量所需的氯化钠时，发现电子台秤的指针偏向左盘，应__________。

A. 适量增加氯化钠固体　　B. 适量减少氯化钠固体　　C. 调节平衡螺母

3. 配制质量分数为 0.9% 的氯化钠溶液 500 mL（溶液密度 $\rho = 1$ g/mL），写出配制过程。

活动三　配制准确浓度的溶液

配制准确浓度的溶液通常包括计算、称量（或量取）、溶解、转移、洗涤、定容、摇匀、装试剂瓶、粘贴标签等过程，如图 1－8 所示。

注意：

1. 容量瓶是单刻度线精密容器，洗涤容量瓶时，不能用试管刷刷洗容量瓶内壁。

2. 手持容量瓶时，只能用手指拿用容量瓶，不能用手掌握容量瓶，防止手温改变容量瓶体积。

3. 定容时，眼睛平视液面下沿，溶液凹液面的最下沿一定要与容量瓶的刻度线相切。

练习配制物质的量浓度为 0.100 0 mol/L、250 mL 的氯化钠溶液，请把工作步骤填写在表 1－15 中。

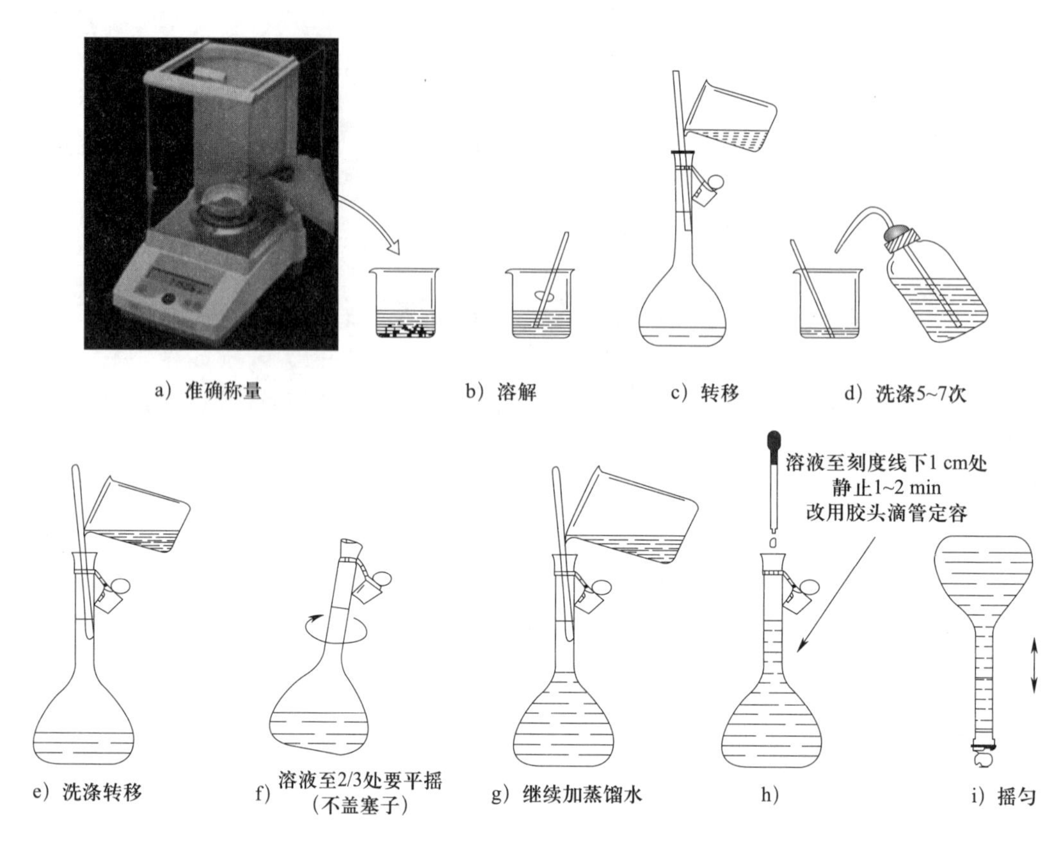

图 1－8　准确浓度溶液的配制过程

表 1－15　　配制准确浓度氯化钠溶液

序号	工作步骤名称	操作要点
1		
2		
3		
4		
5		
6		
7		
8		
9		

你领取的基准物质氯化钠试剂的标签颜色是＿＿＿＿＿色。

写出所需基准物质氯化钠质量的计算过程：＿＿＿＿＿＿＿＿＿＿＿＿＿＿＿＿。

活动四　计算配制溶液的浓度

一、溶液浓度的表示方法

1. 质量分数

质量分数浓度表示一定质量的溶液所含溶质的多少，用 ω_B 表示。

$$\omega_B = \frac{溶质质量}{溶液质量} \times 100\% = \frac{溶质质量}{溶液密度 \times 溶液体积} \times 100\%$$

注意：

（1）角标“B”代表溶质。

（2）百分号“100%”可以不用，直接用分数表示。

2. 质量浓度

质量浓度表示 1 L 溶液所含溶质的质量，用 ρ_B 表示，在化工分析中，常用单位有 g/L、mg/L、g/cm^3（或 g/mL）。

$$\rho_B = \frac{m_B}{V}$$

式中　ρ_B——质量浓度，g/L；

m_B——溶质质量，g；

V——溶液体积，L。

3. 物质的量浓度

物质的量浓度表示单位体积溶液中所含溶质的物质的量的多少，用 c_B 表示，常用单位为 mol/L。

$$c_B = \frac{溶质的物质的量}{溶液体积} = \frac{n_B}{V}$$

式中　c_B——量浓度，mol/L；

n_B——溶质的量，mol；

V——溶液体积，L。

注意：

$$n_B = \frac{溶质的质量（g）}{溶质的摩尔质量（g/mol）} = \frac{m_B}{M_B}$$

二、稀释溶液

在化工分析中，经常需要将浓度较大的溶液稀释成所需浓度的溶液。在稀释过程中，溶质的质量或物质的量是不变的。

$$\rho_{B1} V_1 = \rho_{B2} V_2$$

注意：右下角标“1”通常代表浓溶液，右下角标“2”通常代表稀溶液。

三、计算溶液浓度

1. 计算配制 500 mL（$\rho \approx 1.0$ g/mL）质量分数为约 5% 的氯化钠溶液需要称取多少克氯化钠和多少毫升水（$\rho_{H_2O} \approx 1.0$ g/mL）。

2. 配制 0.1 mol/L 的硫酸溶液 500 mL，计算需要用量筒量取多少体积的浓硫酸，已知浓硫酸的物质的量浓度约为 18.4 mol/L。说明应注意的安全事项。

3. 计算配制浓度为 0.100 0 mol/L、250 mL 的硫酸铜溶液，需要用电子分析天平称取的胆矾（$CuSO_4 \cdot 5H_2O$）的质量。

任务四　化学分析滴定练习

活动一　使用移液管

一、认识移液管

移液管是用来准确移取一定体积液体的玻璃量器，分为单标线大肚移液管和刻度吸量管，如图 1－9 所示。当准确移取较大体积溶液时，如移取 10.00 mL、25.00 mL、50.00 mL、100.00 mL 溶液时，要选用单标线大肚移液管；当准确移取较小体积的溶液时，应选用刻度吸量管。

单标线大肚移液管

刻度吸量管

图 1－9　移液管

二、使用移液管

1. 洗涤

一般先用自来水冲洗，当冲洗不干净时再使用铬酸洗涤液洗涤。将移液管插入洗涤液中，左手用洗耳球吸取洗涤液至移液管容积的 1/3 处，右手食指按住管口，取出，放平旋转，让洗涤液布满全管，停放 1 ~2 min，从管尖将铬酸洗涤液放回原瓶。用洗涤液洗涤后，沥尽洗涤液，再用自来水充分冲洗，最后用蒸馏水洗涤 3 次。洗涤操作如图 1 –10 所示。

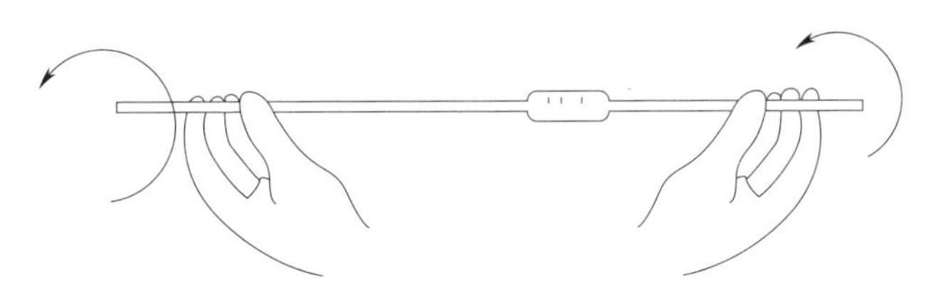

图 1 –10　洗涤移液管

注意：

（1）洗涤前要检查移液管的上口和排液嘴，必须完整无损。

（2）洗涤时只能从下管尖放出溶液。

（3）移液管洗净的标志是内壁均匀、不挂水珠。

（4）洗净的移液管应放在干净的移液管架上。

2. 润洗

用少量待移溶液均匀润洗移液管内壁 3 次，润洗时，可不断转动移液管，不留润洗死角。

3. 吸取溶液

右手拿移液管，将移液管尖插至液面下 1 ~2 cm 处。左手拿洗耳球，先把球中的空气挤出，然后将球的尖嘴端接在移液管的管口上，慢慢松开洗耳球将液体吸入管内，当液面升到标线以上时，移去洗耳球，立即用右手的食指按住管口。

4. 调节液面

将移液管的下管尖提出液面，用滤纸擦去管外溶液，然后将移液管的下端靠在一洁净小烧杯的内壁上，稍稍放松食指，使液面下降，直到溶液的弯月面与标线相切，眼睛与标线平视，立即按紧食指，使溶液不再流出。

5. 放出溶液

放出溶液时要将锥形瓶倾斜，约 45°。移液管保持垂直，管尖紧靠锥形瓶内壁，松开食指，使液体自然地沿瓶壁流下，待液面下降到管尖后，停留 15 s，然后左右旋转提出移液管。移液管的使用如图 1 –11 所示。

注意：

（1）移液管不可烘干或加热。

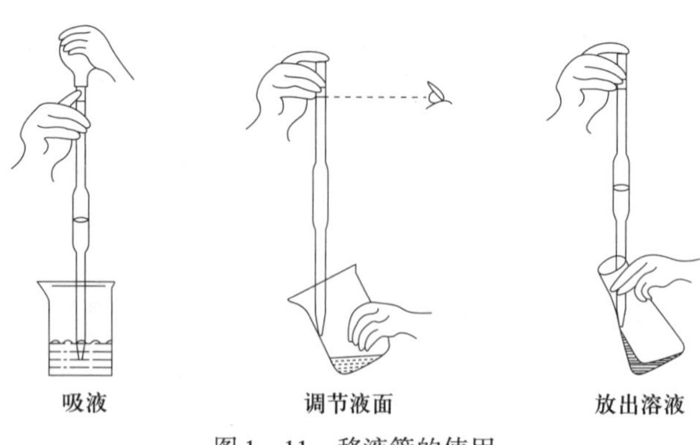

图 1－11　移液管的使用

（2）同一实验中应使用同一移液管。

（3）吸取溶液后，用滤纸擦干管尖外壁，调节好液面后，不可再用滤纸擦管尖外壁，以免管尖出现气泡。

移液训练：用 25.00 mL 移液管移取蒸馏水至 250.00 mL 容量瓶中，10 次为一组，记录液面与容量瓶刻度线的差异，练习 3～5 组。

活动二　使用滴定管

一、认识滴定管

滴定管是准确测量溶液体积的量出式量器。常见的滴定管分为酸式滴定管、碱式滴定管和聚四氟乙烯活塞酸碱两用滴定管，目前普遍使用聚四氟乙烯活塞酸碱两用滴定管。滴定管标称容量通常有 25 mL 和 50 mL 两种，最小刻度为 0.1 mL，读数可估读到 0.01 mL。常量分析常用滴定管及标志如图 1－12 所示。

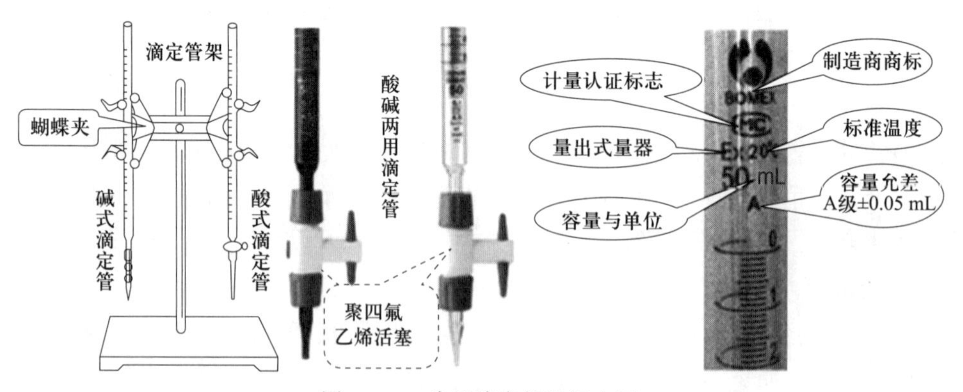

图 1－12　常用滴定管及标志图

注意：滴定管“0”刻度线以上，“50”刻度线以下是没有刻度的，所以在滴定前要调“0”，液面不能超过“0”刻度线。滴定完毕，液面不能低于“50”刻度线。

二、滴定管使用前的准备

使用滴定管一般遵循如下步骤：

1. 检查

检查滴定管外观是否破损，刻度线是否清晰，活塞能否顺反转动，松紧是否合适。

2. 试漏

检查活塞松紧度，关闭活塞（使活塞手柄处于水平位置），放水至“0”刻度附近，如图 1－13 所示检查滴定管是否漏液。

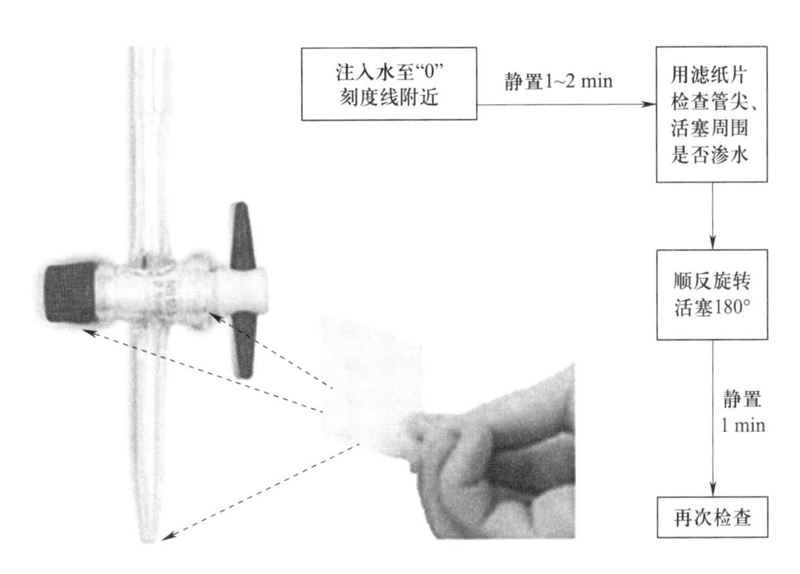

图 1－13　滴定管试漏

如果漏液，通常调节活塞松紧度就可以解决。

3. 洗涤

滴定管洗涤如图 1－14 所示。

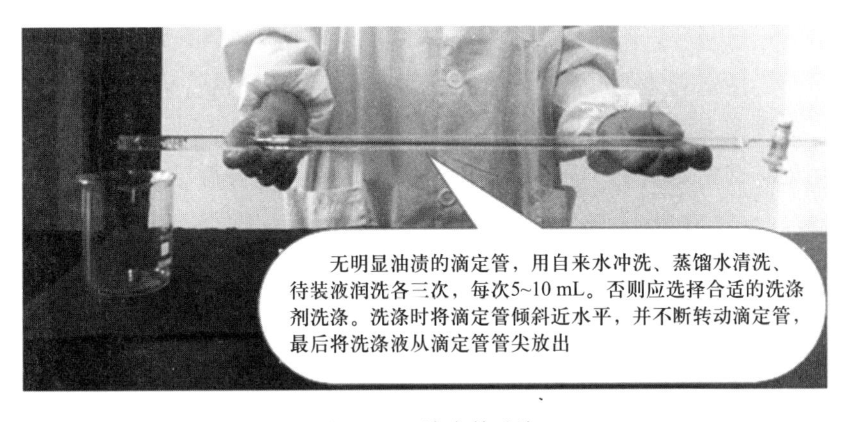

图 1－14　滴定管洗涤

4. 装液排气泡

滴定管“50”刻度线以下是没有刻度的，所以管尖不能有气泡。排气泡的方法如图 1－15 所示。

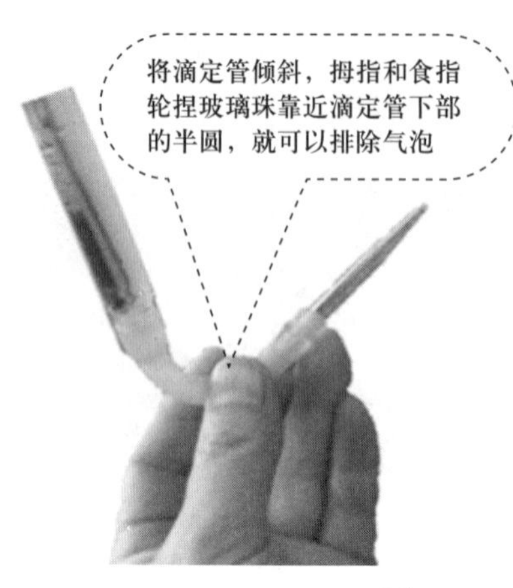

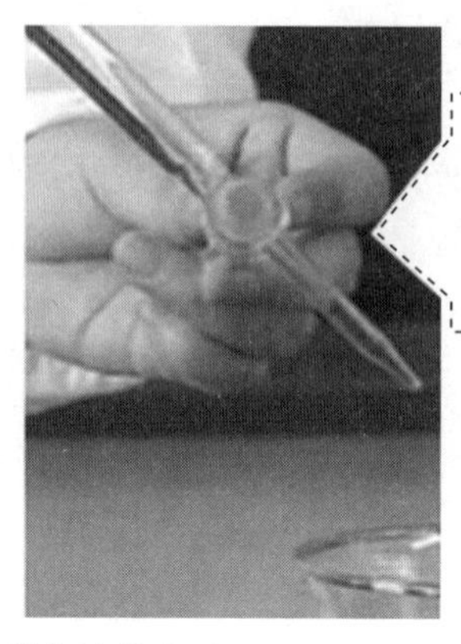

图 1－15　排气泡的方法

5. 读数与调零点

滴定管读数如图 1－16 所示。

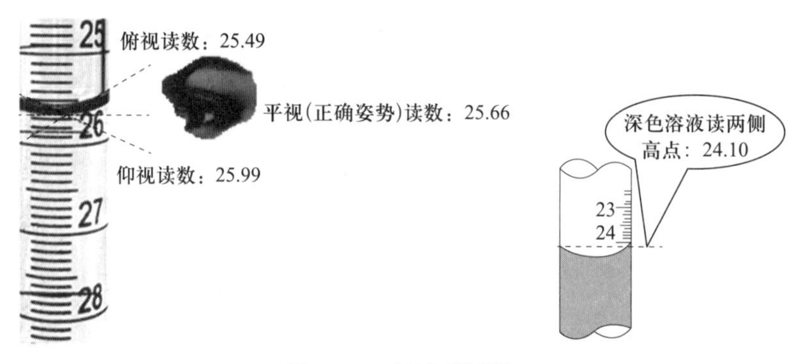

图 1－16　滴定管读数

注意：

（1）读数前，活塞应关至水平，管尖无液珠悬挂，手中滴定管呈自然垂直状态。

（2）装、放液结束后，必须等待 1～2 min 方可读数。

（3）滴定前，补加溶液到“0”刻度线以上 5 mm 左右，等待足够时间，重新调零。

三、滴定基本操作

熟练操作滴定管是保证滴定精密度最基本的要求。将滴定管里的溶液滴加到锥形瓶中的过程称为滴定，滴定管盛装的溶液又称为标准滴定溶液或滴定剂。如果是用滴定剂测定另一标准滴定溶液的浓度，该滴定又称为标定。滴定时，手握滴定管的姿势如图 1－17 所示。

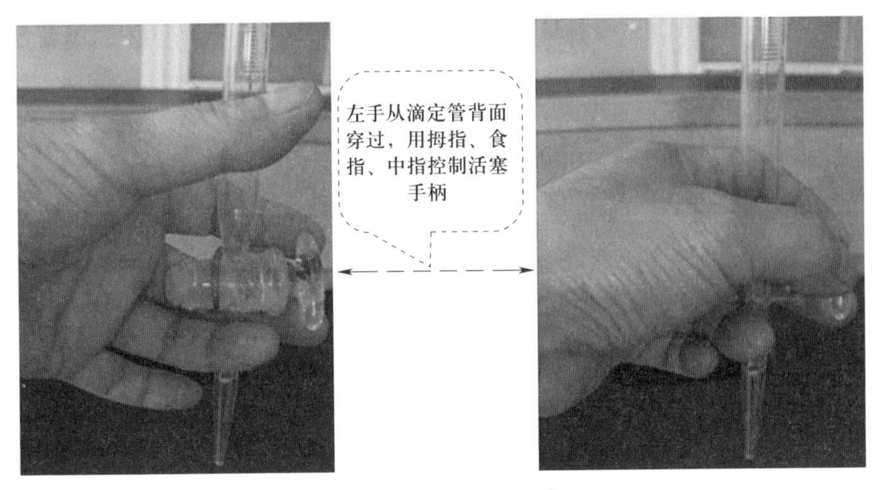

图 1－17　滴定管活塞的握法

注意：

（1）滴定速度，开始可“见滴呈线”，每秒 3～4 滴。接近终点，应一滴一滴加入，最后是半滴靠入（慢慢转动活塞，注意观察管尖的液珠状态）。读数前，活塞应关至水平，管尖无液珠悬挂，手中滴定管呈自然垂直状态。

（2）滴定时，靠入瓶颈的液滴应用洗瓶的蒸馏水吹洗锥形瓶内壁至其流入溶液里。

（3）调“0”后，滴定前，滴定管管尖液珠应靠出（如用洁净小烧杯内壁接入），滴定结束，管尖液珠应靠入锥形瓶（因为已计数）。

四、滴定训练

用 25.00 mL 移液管移取 0.1 mol/L 盐酸或氢氧化钠溶液至 250 mL 锥形瓶，滴定管装相同浓度氢氧化钠溶液或盐酸溶液，用酚酞或甲基橙作指示剂进行练习，请将滴定数据记录于表 1－16。

表 1－16　　**滴定练习记录**

实验编号 实验内容	1	2	3	4	5	6	7	8
V_{HCl}/mL	25.00	25.00	25.00	25.00				
V_{NaOH}/mL					25.00	25.00	25.00	25.00

活动三　实验数据处理

一、有效数字

1. 有效数字概述

有效数字是指在分析工作中实际能测量到的数字。在有效数字中，只有最末一位数字是可疑的。例如，用台秤称取4.68 g氯化钠的最后一位数字“8”是估读的，用滴定管装的盐酸滴定锥形瓶里的氢氧化钠，滴定管读出的体积是25.16 mL，最后一位数字“6”是估读的，也是可疑的。表1－17列举了分析检测中经常遇到的各类数据的处理要求。

表1－17　分析检测中常见数据记录及处理保留要求

测量数据	数据举例	有效数字（测量方式）
试样质量	0.568 0 g	四位有效数字（用分析天平）
溶液体积	25.63 mL 25.00 mL 25 mL	四位有效数字（用滴定管） 四位有效数字（用移液管） 两位有效数字（用量筒）
溶液浓度	0.105 8 mol/L 0.1 mol/L	四位有效数字 一位有效数字
质量分数	27.68%	四位有效数字
溶液pH值	5.60	两位有效数字（小数点前的数是幂指数，不是有效数字）
解离常数$K^{\ominus}$	1.8×10^{-5}	两位有效数字

请相互检查实验数据记录的有效数字位数是否正确，并请记录有误的同学加以说明。

2. 有效数字修约规则

（1）修约规则。记录一个测定值时，只保留一位可疑数据，整理数据和运算中弃取多余数字时，采用“数字修约规则”。数字修约规则总结为如下口诀：

四舍六入五考虑，五后非零则进一；
五后皆零视奇偶，五前为奇则进一；
五前为偶则舍弃，不许连续做修约。

将表1－18所示的实验数据修约成三位有效数字，要求小组成员相互展示、讨论。

表1－18　有效数字修约练习

数字	修约结果	数字	修约结果
3.158		25.67	
8.105 0		1.255 0	
3.685 2		21.15	
3.345		7.305	
35.64		12.555	

（2）运算规则

1）加减法。以小数点后位数最少的数据的位数为准。

个人在小组里展示0.001 5＋25.25＋5.009 8的运算结果。

结果：

2）乘除法。以有效数字位数最少的数据为准。

个人展示$\frac{15.1\times 0.1356}{1.201}$的运算结果。

结果：

小组展示$\frac{13.3\times 0.1356+3.1890}{2.201}$的运算结果。

结果：

二、准确度与精密度

1. 准确度与误差

分析结果的准确度是指测定值与真实值相符合的程度，通常用误差来表示。误差越小，表示分析结果的准确度越高，实验数据越可靠，所以误差的大小是衡量准确度高低的尺度。误差分为绝对误差和相对误差两种。

$$绝对误差（E_a）=测得值（X_i）-真实值（T）$$

$$相对误差（E_r）=\frac{绝对误差}{真实值}\times 100\% =\frac{E_a}{T}\times 100\%$$

通常用相对误差比较测定结果的准确度。

【例 1-1】用分析天平称得两个试样，1 号样的质量为 1.754 2 g、2 号样的质量为 0.175 4 g。假定两者的真实质量各为 1.754 3 g 和 0.175 5 g，求两者称量的绝对误差和相对误差。

解：两者称量的绝对误差分别为：

1 号样：　$E_{a1}=1.7542-1.7543=-0.0001$（g）

2 号样：　$E_{a2}=0.1754-0.1755=-0.0001$（g）

可见两者的绝对误差一样。

两者称量的相对误差分别为：

1 号样：　$E_{r1}=\frac{-0.0001}{1.7543}\times 100\% =-0.0057\%$

2 号样：　$E_{r2}=\frac{-0.0001}{0.1755}\times 100\% =-0.057\%$

虽然两者的绝对误差一样，但相对误差却相差 10 倍，可见用相对误差更能表达称量值与真实值之间的关系，还可以看出，在绝对误差相同的情况下，称样量越大，相对误差越小。

小组讨论并展示：已知分析天平的精度（绝对误差）是 0.000 1 g，假设称两次完成一个称样，一般化学分析要求称量相对误差控制在 0.1%，试讨论最小称样量应是多少克?

以小组为单位展示计算过程及结果，评选最优。

2. 精密度与偏差

精密度是指在相同条件下，用同一种方法对同一种试样进行多次测定（也称平行测定）的结果相互接近的程度。通常用偏差的大小来表示，偏差越小，说明平行测定的结果越接近，精密度越高，所以偏差的大小是衡量精密度高低的尺度。滴定分析中常用相对平均偏差表示精密度。

（1）绝对偏差（d_i）

$$d_i = x_i - \bar{x}\text{（测定结果平均值）}$$

$$\bar{x} = \frac{x_1 + x_2 + \cdots + x_n}{n} = \frac{\sum_{i=1}^{n} x_i}{n}$$

（2）相对平均偏差（$\bar{d}_r$）

$$\bar{d}_r = \frac{\sum |d_i|}{n\bar{x}} = \frac{|x_1 - \bar{x}| + |x_2 - \bar{x}| + \cdots + |x_n - \bar{x}|}{n \times \bar{x}} \times 100\%$$

（3）极差（R）。在一组数据中最大值与最小值之差称为极差，用 R 表示。

$$R = X_{max} - X_{min}$$

$$\text{相对极差} = \frac{R}{\bar{x}} \times 100\%$$

（4）标准偏差（S）。标准偏差用来描述有限次测定数据的分散程度。

$$S = \sqrt{\frac{\sum_{i=1}^{n}(x_i - \bar{x})^2}{n-1}} = \sqrt{\frac{\sum_{i=1}^{n} d_i^2}{n-1}}$$

经常用相对标准偏差（RSD）描述有限次测定数据的分散程度。

$$RSD = \frac{\sqrt{\frac{\sum_{i=1}^{n}(x_i - \bar{x})^2}{n-1}}}{\bar{x}} \times 100\% = \frac{\sqrt{\frac{\sum_{i=1}^{n} d_i^2}{n-1}}}{\bar{x}} \times 100\%$$

某同学滴定练习的实验数据见表 1-19，所有同学计算滴定管的氢氧化钠滴定锥形瓶中的盐酸的相对极差和滴定管的盐酸滴定锥形瓶中的氢氧化钠的相对标准偏差 RSD，每个小组要求展示计算过程并判断谁滴定谁的精密度更好。

表 1-19　　滴定练习的实验数据

实验内容 \ 实验编号	1	2	3	4	5	6	7	8
V_{HCl}/mL	25.00	25.00	25.00	25.00	24.93	24.97	24.94	24.98
V_{NaOH}/mL	25.03	24.99	24.97	25.01	25.00	25.00	25.00	25.00

请写出表 1-19 实验数据的相对平均偏差、相对标准偏差、相对极差的计算过程。

项目评价

项目综合评价见表 1-20。

表 1-20　项目综合评价

评价指标	评价内容	配分	扣分	得分
安全意识及 HSE 管理	能简述实验室安全规则，安全意识强，否则扣 1～5 分	5		
	做好个人安全防护，提醒或帮助他人做好安全防护，缺项或防护不规范扣 1～10 分	10		
玻璃仪器洗涤与滴定管试漏	玻璃仪器清洗干净不挂水珠，滴定管正确试漏，洗涤不干净或试漏不规范扣 1～5 分	5		
药品称量或移取溶液配制	1. 药品称量操作规范、方法正确，不规范、不正确、超出称量范围扣 1～5 分 2. 溶液配制方法正确，不正确扣 1～5 分	10		
滴定练习	1. 移液操作规范，不规范扣 1～4 分 2. 滴定管润洗、排气泡、调零不规范扣 1～4 分 3. 滴定管活塞操作规范、滴定速度适宜，否则扣 1～4 分 4. 滴定终点颜色判断准确，否则扣 1～6 分 5. 滴定管读数正确，错误一次扣 2 分，不倒扣	20		
数据记录及处理	数据记录及处理规范（及时规范记录、无计算错误、有效数字保留位数正确），不及时、不规范、涂改数据、计算错误扣 1～5 分	5		
结束工作	1. 实验结束后将仪器清洗干净，不干净扣 1 分 2. 仪器设备台面整理干净，不整洁干净扣 1 分 3. 将仪器恢复到初始状态并摆放整齐，不恢复原样扣 1 分 4. 防护用品摆放整齐规范，不正确、不规范扣 1 分 5. 废液废渣处理符合要求，不符合要求扣 1 分	5		
实验结果	1. 实验结果评价为优级，不扣分 2. 实验结果评价为良好，扣 7 分 3. 实验结果评价为合格，扣 12 分 4. 实验结果评价为不合格，不得分	30		
文明操作	1. 台面整洁、环境清洁、物品摆放整齐，否则扣 2 分 2. 注重自身和他人安全，关注健康和环保，否则扣 2 分 3. 轻言细语、轻拿轻放、谈吐举止文明，否则扣 2 分 4. 有效沟通，及时解决技术问题，不及时扣 2 分 5. 主动参与、服从安排，否则扣 2 分	10		

目标检测

一、选择题

1. 优级纯、分析纯、化学纯试剂的代号依次为（　　）。

A. GR、AR、CP　　　　B. AR、GR、CP

C. CP、GR、AR　　　　D. GR、CP、AR

2. 优级纯、分析纯、化学纯试剂的瓶签颜色依次为（　　）。

A. 绿色、红色、蓝色　　B. 红色、绿色、蓝色

C. 蓝色、绿色、红色　　D. 绿色、蓝色、红色

3. 直接法配制标准滴定溶液必须使用（　　）。

A. 基准试剂　　B. 化学纯试剂

C. 分析纯试剂　　D. 优级纯试剂

4. 常规化学分析中，一般使用（　　）级水。

A. 一　　B. 二　　C. 三　　D. 四

5. （　　）不能在烘箱内烘干。

A. 碳酸钠　　B. 重铬酸钾

C. 苯甲酸　　D. 邻苯二甲酸氢钾

6. 滴定管可估读到 ±0.01 mL，若要求滴定的相对误差小于 0.1%，滴定管内的溶液至少应耗用（　　）mL。

A. 10　　B. 20　　C. 30　　D. 40

7. 欲配制 1 000 mL、0.1 mol/L 盐酸，应取浓盐酸（$\rho \approx 12$ mol/L）（　　）mL。

A. 0.84　　B. 8.4　　C. 1.2　　D. 12

8. 由计算器算得$\frac{2.236 \times 1.1124}{1.036 \times 0.2000}$的结果为 12.004 471，按有效数字运算规则应将结果修约为（　　）。

A. 12　　B. 12.0　　C. 12.00　　D. 12.004

9. 下列 4 个数据中修改为 4 位有效数字后为 0.731 4 的是（　　）。

A. 0.731 46　　B. 0.731 349　　C. 0.731 45　　D. 0.731 451

10. 对某试样进行 3 次平行测定，得氧化钙平均含量为 30.6%，而真实值含量为 30.3%，则 30.6% − 30.3% = 0.3% 为（　　）。

A. 相对误差　　B. 相对偏差　　C. 绝对误差　　D. 系统误差

二、判断题

1. （　　）进入实验室不带食物、不留长发、不穿高跟鞋，不化浓妆，禁带金属饰品。

2. （　　）实验产生的废液、废渣，不可乱扔，应按环保要求分类回收，统一处理。

3. （　　）配制铬酸洗液时，应缓慢将浓硫酸倒入重铬酸钾溶液中，边倒边搅拌。

4. （　　）使用一段时间后，铬酸洗液颜色呈黄绿色时，表明氧化能力已显著降低，基本不能使用。

5. （　　）一些不宜高温烘烤的玻璃仪器如移液管、滴定管等可用电吹风机吹干。

6. （　　）在台秤的托盘上放上称量纸后的指针向右偏，应将天平左边的平衡螺母向右旋。

7. (　　) 有效数字中的所有数字都是准确、有效的。

8. (　　) 两位同学同时测定某一试样中硫的质量分数，称取试样均为 3.5 g，分析报告结果为甲：0.042%、0.041%；乙：0.040 99%、0.042 01%。甲的报告是合理的。

9. (　　) 滴定分析的相对误差一般要求小于 0.1%，滴定时消耗的标准溶液体积应控制在 10 ~ 15 mL。

10. (　　) 滴定结束，应立即读数，防止溶液挂在滴定管管尖，如管尖已挂有液滴，应用洁净小烧杯内壁将其靠掉。

三、填空题

1. 移液管移液操作时，__________（左/右）手拿洗耳球，__________（左/右）手拇指和中指拿移液管上端靠近管口的位置。移液管提离液面后，应用__________（滤纸/镜头纸）擦干外壁，调节液面时，将洁净的小烧杯倾斜成约__________，使其内壁与移液管管尖紧贴，移液管应__________。放液操作时，移液管的管尖应__________接收器内壁。溶液流出后，应停留__________ s。

2. 配制溶液时，将小烧杯中的溶液沿玻璃棒转移至容量瓶中后，洗涤烧杯至少__________次，并将洗液也转移到容量瓶中。加水至容量瓶总体积的__________左右时，应平摇容量瓶（不要盖瓶塞，不能倒置，水平转动摇匀）数圈。定容前，加水至刻度线稍下方（约 1 cm 处），应放置________ min。混匀过程中，塞紧瓶塞，倒置摇动容量瓶________次（注意其间要提起 1 次瓶塞放气）。

3. 洗净后的滴定管，应用待装溶液荡洗滴定管________次，每次大约用________ mL 待装溶液。润洗液应从滴定管__________放出，排除气泡后，调节液面通常在__________刻度。滴定管在装进或放出溶液后，读数前通常应静置__________ min。使附着在内壁上的溶液流下来以后才能读数。滴定接近终点时，滴定速度应十分缓慢，应一滴或__________地加入，并用少量蒸馏水吹洗滴定管管尖与锥形瓶内壁的靠点。

4. 电子天平清零去皮时，应在天平出现稳定的符号__________后进行，去皮后称出的是__________的质量。

四、简答题

1. 实验室安全有哪些要求？
2. 如何配制 0.1 mol/L、500 mL 的碳酸钠溶液？
3. 什么是有效数字，有效数字的修约规则是什么？
4. 什么是准确度、精密度？

五、计算题

1. 将 10 mg 氯化钠溶于 100 mL 水中，请用 c、ω、ρ 表示该溶液中氯化钠的浓度。

2. 市售盐酸的密度为 1.18 g/mL，HCl 的含量为 36% ~ 38%，欲用此盐酸配制 500 mL、

0. 1 mol/L 的 HCl 溶液，应量取多少毫升？

3. 有 0. 098 2 mol/L 的硫酸 480 mL，现欲使其浓度增至 0. 100 0 mol/L。问应加入 0. 500 0 mol/L 的硫酸多少毫升？

4. 标定某溶液浓度的 4 次结果是：0. 204 1 mol/L、0. 204 9 mol/L、0. 203 9 mol/L 和 0. 204 3 mol/L。计算其测定结果的平均值、平均偏差、极差、相对极差和标准偏差。

项目二

测定工业硫酸的纯度

》任务引入

该项目有 3 个代表性工作任务。

硫酸（H_2SO_4）是无机化工“三酸两碱”（硫酸、硝酸、盐酸、氢氧化钠、碳酸钠）中三大无机强酸之一，“三酸两碱”是最重要的通用基础化工原料，用途十分广泛。

硫酸是一种无色无味油状液体。常用的浓硫酸质量分数为 98.3%，密度为 1.84 g/cm^3、物质的量浓度为 18.4 mol/L、熔点为 10.371 ℃、沸点为 337 ℃。浓硫酸易溶于水，能以任意比与水混溶，溶解时放出大量的热，因此浓硫酸稀释时应该“酸入水，沿器壁，慢慢倒，不断搅”。硫酸具有非常强的腐蚀性，在使用、储存、运输过程中要注意安全。

》分析方法

工业硫酸纯度常用酸碱滴定法测定，酸碱滴定法是以酸碱反应为基础的滴定分析方法。酸碱滴定法的反应实质是：

$$H^+ + OH^- = H_2O$$

在酸碱滴定法中，常用的标准滴定溶液有强酸溶液如盐酸、硫酸，强碱溶液如氢氧化钠、氢氧化钾等。工业硫酸纯度测定常用氢氧化钠标准滴定溶液进行直接测定，测定反应如下：

$$H_2SO_4 + 2NaOH = Na_2SO_4 + 2H_2O$$

任务目标

【知识、技能与素养】

知识	技能	素养
1. 学会酸碱滴定基本原理 2. 学会酸碱指示剂变色原理 3. 学会酸碱滴定基本单元确定的基本规则 4. 学会绘制滴定管体积校正曲线的相关知识 5. 学会滴定分析准确度和精密度相关知识 6. 学会不同温度下标准滴定溶液的体积补正值计算方法 7. 学会误差产生的原因和减小误差的方法，明白准确度与精密度之间的关系 8. 学会溶液 pH 值的基本计算方法	1. 能用酚酞作指示剂、基准物质邻苯二甲酸氢钾标定氢氧化钠标准滴定溶液的浓度 2. 能正确稀释、配制工业硫酸样品溶液 3. 能用甲基红—亚甲基蓝混合指示剂，氢氧化钠标准滴定溶液测定工业硫酸样品的纯度 4. 能正确进行空白试验 5. 能利用滴定管体积校准曲线、不同温度下滴定溶液体积补正值、空白试验数据校正滴定体积，计算工业硫酸样品的纯度 6. 能正确计算测定结果的准确度和测定过程的精密度 7. 能按 6S 管理要求整理整顿实验现场 8. 能规范填写检测报告 9. 能正确总结评价学习目标达成度	交流沟通 自我管理 计划组织 自主学习 安全意识 环保意识 劳动意识 科学规范 诚实守信 爱岗敬业 工匠精神

任务一　准备 NaOH 标准滴定溶液

活动一　准备仪器与试剂

准备仪器

电子台秤、称量纸、分析天平、滴定分析成套玻璃仪器。

准备试剂

NaOH（A. R.）、邻苯二甲酸氢钾（基准物质）、10 g/L 酚酞指示剂乙醇溶液。

必备知识

一、化学计量点

根据化学反应计量方程式：

$$2NaOH + H_2SO_4 \xlongequal{} Na_2SO_4 + 2H_2O$$

2 mol NaOH 与 1 mol H_2SO_4 的滴定反应，刚好完成的点就是化学计量点。

二、指示剂

为确定化学计量点，往锥形瓶溶液中加入少量能在化学计量点附近发生颜色变化的指示剂，并把指示剂颜色发生变化的这一点称为滴定终点。酸碱滴定所用的指示剂又称为酸碱指示剂，常用的酸碱指示剂有酚酞、甲基橙等。

酸碱指示剂一般是结构比较复杂的有机弱酸或有机弱碱。改变溶液的 pH 值，指示剂的解离平衡被破坏，从而使指示剂呈现不同的颜色，这就是酸碱指示剂的变色原理。甲基橙的变色原理如图 2－1 所示。

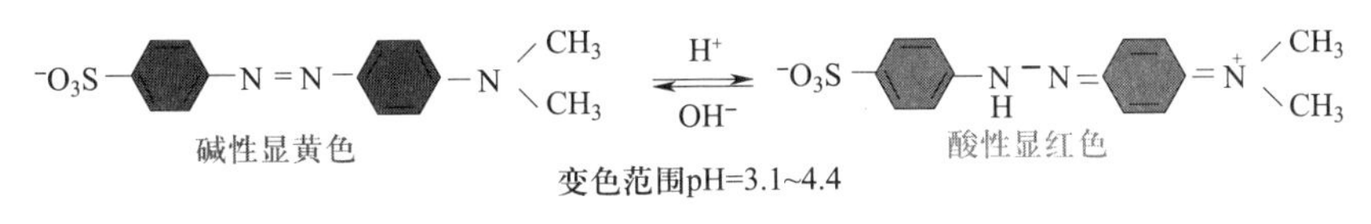

图 2－1　甲基橙变色原理

甲基橙在 pH＜3.1 的溶液显红色，在 pH＞4.4 的溶液里显黄色，在 pH 3.1～4.4 间溶液则显红黄的混合色，即橙色，因此，把 pH 值为 3.1～4.4 的区间称为指示剂的变色范围。又如，酚酞指示剂，在 pH＜8.2 的溶液里显无色，在 pH＞10.0 的溶液里显红色，因此，酚酞指示剂的变色范围则为 8.2～10.0，溶液显浅粉红色。

为使指示剂变色更敏锐、变色范围更窄、误差更小，常用混合指示剂。例如，工业硫酸纯度测定，使用的就是按照《工业硫酸》（GB/T 534—2014）规定的甲基红—亚甲基蓝混合指示剂。常用指示剂见附录一。

活动二　配制 NaOH 标准滴定溶液

NaOH 不是基准物质，其标准滴定溶液用间接法配制。间接法是先配制近似于所需浓度的溶液，再用其他标准滴定溶液或基准物质标定其准确浓度，间接法也称标定法。NaOH 标准滴定溶液的配制过程如图 2－2 所示。

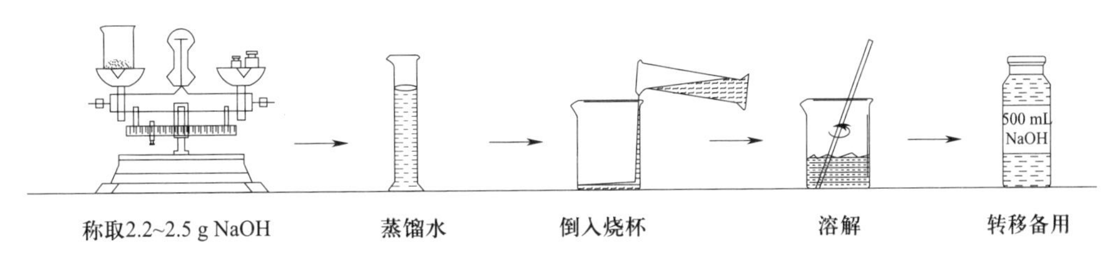

图 2－2　配制 NaOH 标准滴定溶液

必备知识

一、基准物质——邻苯二甲酸氢钾

邻苯二甲酸氢钾是一种有机化合物，分子式是 $C_8H_5O_4K$，熔点为 295～300 ℃、沸点为 378.3 ℃、密度为 1.006 g/cm³，白色结晶粉末，在空气中稳定，能溶于水，微溶于醇，用作 pH 值测定的缓冲剂、分析基准物质。

二、邻苯二甲酸氢钾标定 NaOH 标准滴定溶液反应原理

邻苯二甲酸氢钾基准物质标定 NaOH 标准滴定溶液的浓度。反应方程式为：

$$C_6H_4(COOH)(COOK) + NaOH = C_6H_4(COONa)(COOK) + H_2O$$

若邻苯二甲酸氢钾的浓度为 0.1 mol/L，化学计量点的 pH = 9.11（pH 值计算可参考表 2－10），因此，可用酚酞（变色范围 pH8.2～10.0）作指示剂，溶液由无色变为浅粉红色，半分钟不褪色为滴定终点。

三、滴定分析对化学反应的基本要求

1. 反应必须严格按化学反应方程式的计量关系进行，没有副反应。
2. 化学反应必须进行完全，被测组分必须有 99.9% 以上转化为生成物。
3. 反应速度要快，速度较慢的反应可通过加热或加入催化剂等方法来加快反应速度。
4. 有适当的指示剂或其他方法确定滴定终点。

四、称量范围

万分之一分析天平称量误差为 ±0.000 1 g，一次称量要读两次数，可能造成的最大误差为 ±0.000 2 g。所以，为了保证称量的相对误差控制在 ±0.1%，称取的最小质量 m 应满足：

$$\frac{|\pm 0.0002|}{m} \times 100\% \leqslant |\pm 0.1\%|$$

则 $m \geqslant 0.2$ g。

五、空白试验

空白试验就是在不加试样的情况下，按照试样分析同样的操作规程和条件进行的平行测定，测定所得结果称为空白值。空白值一般由试剂和器皿带进的杂质造成，处理检测数据时应扣除空白值。

活动三　标定 NaOH 标准滴定溶液

一、标定

标定 NaOH 标准滴定溶液浓度的过程见表 2－1。

表 2－1　标定 NaOH 标准滴定溶液浓度

锥形瓶	1. 用分析天平分别准确称取基准物质邻苯二甲酸氢钾 0.4～0.6 g 置于 3 个 250 mL 锥形瓶中 2. 用量筒向锥形瓶中各加 50 mL 蒸馏水，溶解、摇匀 3. 滴加 2 滴酚酞指示剂，摇匀
滴定管	1. 在滴定管中装入待标定的浓度约为 0.100 0 mol/L 的 NaOH 标准滴定溶液，排气泡，调“零” 2. 用 NaOH 标准滴定溶液标定至锥形瓶的溶液由无色变为浅红色，保存 30 s 不褪色为终点，记录 NaOH 标准滴定溶液消耗的体积 3. 平行标定 3 次，同时做一份空白试验

二、数据记录与处理

数据记录与处理见表 2－2。

表 2－2　NaOH 标准滴定溶液的标定

实验内容 ＼ 实验编号	1	2	3
倾倒前称量瓶＋($KHC_8H_4O_4$)/g			
倾倒后称量瓶＋($KHC_8H_4O_4$)/g			
$m(KHC_8H_4O_4)$/g			
NaOH 溶液初读数/mL			
NaOH 溶液终读数/mL			
$V(NaOH)$/mL			
V_0/mL			
$c(NaOH)$/(mol/L)			
$\bar{c}(NaOH)$/(mol/L)			

任务二　测定工业硫酸样品的纯度

活动一　仪器与试剂的准备

准备仪器

电子分析天平（精度 ±0.000 1 g），50 mL 滴定管（A 级，容量允差 0.05 mL）、25 mL 单标线移液管（A 级，容量允差 0.03 mL）、滴定分析成套玻璃仪器。

准备试剂

0.1 mol/L NaOH 标准滴定溶液、工业硫酸试样、甲基红—亚甲基蓝混合指示剂。

活动二　配制工业硫酸样品的待测溶液

配制工业硫酸样品的待测溶液过程如图 2-3 所示。

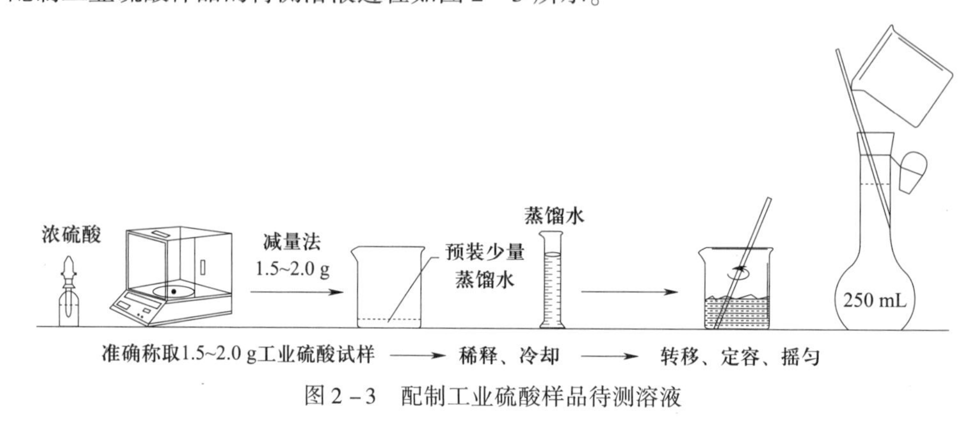

图 2-3　配制工业硫酸样品待测溶液

活动三　测定工业硫酸纯度

测定工业硫酸纯度的过程见表 2-3。

表 2-3　测定工业硫酸纯度

锥形瓶	1. 分别准确移取 25.00 mL 工业硫酸样品待测溶液于 3 个 250 mL 锥形瓶中 2. 用量筒向锥形瓶中各加 25 mL 蒸馏水 3. 滴加 2~3 滴甲基红—亚甲基蓝混合指示剂，摇匀
滴定管	1. 在滴定管中装入准确浓度约为 0.100 0 mol/L 的 NaOH 标准滴定溶液，排气泡，调“零” 2. 用 NaOH 标准滴定溶液滴定至锥形瓶的溶液由红紫色变为灰绿色即为终点，记录 NaOH 标准滴定溶液消耗的体积 3. 平行测定 3 次，同时做一份空白试验

必备知识

一、滴定分析的基本单元

标准溶液的浓度，通常用物质的量浓度来表示，单位是 mol/L，因为摩尔是表示微粒集合的单位，所以必须指明构成微粒的基本单元。

在滴定分析的计算中，为简化计算，引入了“等物质的量反应规则”，即 $n_A = n_B$，表示消耗标准滴定物质的量 = 待测物质的量。酸碱滴定确定基本单元的具体方法是：酸碱滴定通

常以能接受或给出一个质子（即 H^+）的特定组合作为基本单元，如 H_2SO_4 因能电离出 $2H^+$，硫酸的基本单元为 $\frac{1}{2}H_2SO_4$。它是一个整体，该基本单元的摩尔质量 $M\left(\frac{1}{2}H_2SO_4\right)=\frac{M(H_2SO_4)}{2}=\frac{98.07}{2}=49.035$。

氢氧化钠能电离出一个 OH^- 结合一个质子生成 H_2O，氢氧化钠的基本单元就是其本身：NaOH，氢氧化钠标准滴定溶液测定工业硫酸样品的滴定反应为：

$$NaOH+\frac{1}{2}H_2SO_4 = \frac{1}{2}Na_2SO_4+H_2O$$

盐酸能给出一个 H^+，基本单元就是其本身：HCl；碳酸钠接受一个 H^+ 生成碳酸氢钠（$NaHCO_3$），基本单元就是其本身：Na_2CO_3；当碳酸钠接受 2 个 H^+ 生成碳酸（CO_2+H_2O）时，基本单元为 $\frac{1}{2}Na_2CO_3$。

二、滴定体积与试样溶液浓度的估算

1. 滴定体积的估算

在滴定分析中，滴定管读数误差为 ±0.01 mL，完成一次滴定一般要读两次数（调零读一次、终点读一次），读数可能造成的最大误差为 ±0.02 mL。所以，为了保证滴定的相对误差控制在 ±0.1%，滴定消耗的滴定剂的体积 V 应满足：$\frac{|\pm 0.02|}{V}\times 100\% \leqslant |\pm 0.1\%|$，则 $V \geqslant 20$ mL，所以，滴定时一般要求滴定剂消耗体积大于 20 mL，通常控制在 30 mL 左右。

2. 试样溶液浓度的估算

滴定分析，一般用单标线 25 mL 移液管移取 25 mL 待测溶液到锥形瓶，按照“等物质的量 $n_A=n_B$ 反应规则”，若滴定管消耗的体积约为 25 mL，由 $c_AV_A=c_BV_B$ 可知，进行试样预处理时，尽可能把待测试样的浓度调整到与滴定剂的浓度大体相当，这是化学分析检验的基本技能。

三、滴定曲线

通常，将滴定过程消耗的滴定剂的体积与溶液对应的 pH 值记录下来，以 pH 值作纵坐标，消耗滴定剂体积 V 为横坐标绘制的曲线称为滴定曲线。例如，用 0.1 mol/L NaOH 溶液滴定 0.1 mol/L $\frac{1}{2}H_2SO_4$ 溶液的滴定曲线如图 2-4 所示。

通常情况下，滴定到化学计量点 ±0.1% 范围时，溶液的 pH 值变化较快，pH 值的这一变化范围叫滴定突跃。如上述滴定的 pH 值突跃范围是 4.30 ~ 9.70。由理论推算（或实验）数据绘制的滴定曲线的主要作用是寻找合适的指示剂。

如图 2-4 所示，指示剂甲基橙的变色范围是 3.1 ~ 4.4，酚酞的变色范围是 8.2 ~ 10.0，距离化学计量点 pH = 7.0 有一段距离，《工业硫酸》（GB/T 534—2014）使用的是甲基红—

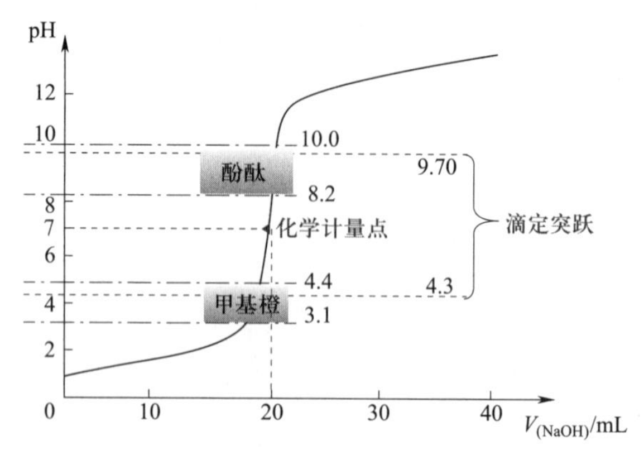

图 2－4　0.1 mol/L NaOH 溶液滴定 0.1 mol/L $\frac{1}{2}H_2SO_4$ 溶液的滴定曲线

亚甲基蓝混合指示剂，该指示剂在 pH＜5.4 时显紫红色，在 pH＞5.4 时显灰绿色，pH＝5.4 时更靠近化学计量点 pH＝7.0。

为了减小滴定相对误差，要求选用的指示剂的变色范围必须全部或部分处于突跃范围之内。这样才能保证滴定准确度。

活动四　数据记录与处理

计算公式为：

$$\omega(H_2SO_4)=\frac{c(NaOH)\times V(NaOH)\times 10^{-3}\times M\left(\frac{1}{2}H_2SO_4\right)}{m(\text{试样})\times\frac{25}{250}}\times 100\%$$

将工业硫酸纯度测定的数据记录与处理填写于表 2－4。

表 2－4　　工业硫酸纯度的测定

实验内容 ＼ 实验编号	1	2	3
$c(NaOH)$ mol/L			
滴液前滴瓶＋试样（H_2SO_4）/g			
滴液后滴瓶＋试样（H_2SO_4）/g			
m(试样 H_2SO_4)/g			
$V(NaOH)$ 溶液初读数/mL			
$V(NaOH)$ 溶液终读数/mL			
$V(NaOH)$/mL			
V_0/mL			
$\omega(H_2SO_4)$/%			

续表

实验内容＼实验编号	1	2	3
$\overline{\omega}(H_2SO_4)/\%$			
相对极差/%			

过程评价

通过过程评价，不断检查与改进，培养学生科学、规范、自我管理、计划与组织、安全、环保、节约、求真务实等职业素养，过程评价指标见表 2－5。

表 2－5　　过程评价

操作项目	不规范操作项目名称	评价结果			
		是	否	扣分	得分
基准物和试样称量操作（20 分）	不看水平，扣 2 分				
	不清扫或校正天平零点后清扫，扣 2 分				
	称量开始或结束零点不校正，扣 2 分				
	用手直接拿称量瓶或滴瓶，扣 2 分				
	称量瓶或滴瓶放在桌子台面上，扣 2 分				
	称量或敲样时不关门，或开关门太重，扣 2 分				
	称量物品洒落在天平内或工作台上，扣 2 分				
	离开天平室，物品留在天平内或放在工作台上，扣 2 分				
	称量物称样量不在规定量 ±5% 以内，扣 2 分				
	重称，扣 4 分（追加罚分，下同）				
玻璃器皿试漏洗涤（10 分）	需试漏的玻璃仪器容量瓶、滴定管等未正确试漏，扣 2 分				
	滴定管挂液，扣 2 分				
	移液管挂液，扣 2 分				
	容量瓶挂液，扣 2 分				
	玻璃仪器不规范书写粘贴标签，扣 2 分				
容量瓶定容操作（10 分）	试液转移操作不规范，扣 2 分				
	试液溅出，扣 2 分				
	烧杯洗涤不规范，扣 2 分				
	稀释至刻度线不准确，扣 2 分				
	2/3 处未平摇或定容后摇匀动作不正确，扣 2 分				
移液管操作（10 分）	移液管未润洗或润洗不规范，扣 2 分				
	吸液时吸空或重吸，扣 2 分				
	放液时移液管不垂直，扣 2 分				
	移液管管尖不靠壁，扣 2 分				
	放液后不停留一定时间（约 15 s），扣 2 分				

续表

操作项目	不规范操作项目名称	评价结果			
		是	否	扣分	得分
滴定管操作（30分）	滴定管不试漏或滴定中漏液，扣2分				
	滴定管未润洗或润洗不规范，扣2分				
	装液操作不正确或未赶气泡，扣2分				
	滴定管调“0”不规范，扣2分				
	手摇锥形瓶操作不规范，扣2分				
	滴定速率控制不当，扣2分				
	滴定终点判断不准确，扣5分				
	平行测定时，不看指示剂颜色变化，只看滴定管的读数，扣4分				
	为等待30 s读数，读数操作不规范，扣4分				
	重新滴定，扣5分				
数据记录及处理（10分）	不记在规定的记录纸上，扣2分				
	计算错误，扣4分				
	有效数字位数保留不正确，扣4分				
安全文明结束工作（10分）	玻璃仪器不清洗，扣2分				
	废液废渣处理不规范，扣2分				
	工作台不整理或玻璃仪器摆放不整齐未恢复原样，扣2分				
	防护用品未及时归还或摆放不整齐，扣2分				
	未请实验指导老师检查工作台面就结束实验，离开实验室，扣2分				
	本项不计分，损坏玻璃仪器除按规定赔偿外，倒扣10分				
实验过程合计得分（总分100分）					

知识拓展

一、准确度与精密度的关系

1. 误差产生的原因

误差可分为系统误差和偶然误差。

（1）系统误差。系统误差是指由于某些固定原因所导致的误差，具有“重复性”“单向性”“可测性”的特点。

系统误差分为以下几种：

1）仪器误差。仪器误差是指由于仪器本身的缺陷所造成的误差，如天平灵敏度不符合要求、砝码质量未校正、滴定管刻度值与真实值不相符等引起的误差。

2）试剂误差。试剂误差是指由于试剂不纯或蒸馏水中含有微量杂质而引起的误差。

3）操作误差。操作误差是指由于操作不当而引起的误差。产生个人操作误差的原因：一是由于自身观察判断能力的缺陷或不良习惯引起的；二是来源于自身的偏见或先入为主的

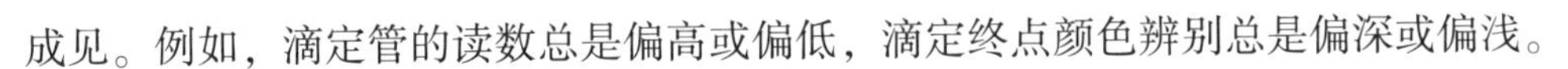

成见。例如，滴定管的读数总是偏高或偏低，滴定终点颜色辨别总是偏深或偏浅。

4）方法误差。方法误差是指由于所采用的分析方法本身所引起的误差，这种误差是不可避免的。例如，滴定反应有副反应，在质量分析中沉淀溶解损失。

（2）偶然误差。偶然误差是指由于某些偶然的、微小的和不可知的因素所引起的误差。例如，测量时环境温度、压力、湿度发生变化，仪器性能发生微小波动，空气中尘埃降落速度不恒定等其他未确定因素均将引起偶然误差。偶然误差的出现呈正态分布，小误差出现的概率大，大误差出现的概率小，大小相等的正负误差出现的概率相等。

2. 减小分析误差的方法

（1）选择适当的分析方法。在生产实践和一般科研工作中，对测定结果要求的准确度常与试样的组成、性质和待测组分的相对含量有关。化学分析的灵敏度虽然不高，但对于常量组分的测定能得到较准确的结果，一般相对误差不超过千分之几。仪器分析具有较高的灵敏度，用于微量或痕量组分含量的测定，对测定结果允许有较大的相对误差。

（2）减小测量的相对误差。仪器和量器的测量误差是产生系统误差的因素之一，应根据其测量精度，选择合理称量范围。

（3）检验和消除系统误差

1）对照试验。对照试验用于检验和消除方法误差。用待检验的分析方法测定某标准试样或纯物质，并将结果与标准值或纯物质的理论值相对照。

2）空白试验。空白试验是在不加试样的情况下，按照与试样测定完全相同的条件和操作方法进行试验，所得的结果称为空白值，从试样测定结果中扣除空白值，就起到了校正误差的作用。空白试验的作用是检验和消除由试剂、溶剂和分析仪器中某些杂质引起的系统误差。

3）校准仪器。由于仪器不准确引起的系统误差，可以通过校准仪器减小误差，如校准天平、滴定管、移液管。

4）适当增加平行测定次数，减小随机误差。

3. 准确度和精密度的关系

通常，精密度好是保证准确度高的先决条件。若存在系统误差，精密度虽高，但准确度不一定高。如果精密度很低，说明测定结果不可靠，在这种情况下，自然失去了衡量准确度的意义。所以在评价分析结果时，必须将系统误差和偶然误差的影响结合起来考虑，以提高分析结果的准确度。

二、玻璃量器的校正

随着电子分析天平的广泛使用，玻璃仪器滴定管、移液管常采用称量法进行放出或装入溶液体积的绝对校正。

1. 玻璃量器的体积校正

许多玻璃仪器的刻度是在 20 ℃刻制的，刻度是否精确，需要进行校准。以滴定管刻度校准为例，先把不同温度下滴定管放出或装入溶液的体积校正为 20 ℃的体积，计算公式为：

$$V_{20}=\frac{m_t}{\gamma_t}$$

式中　m_t——t ℃时，在空气中用砝码称得的玻璃仪器中放出或装入的纯水的质量，g；

γ_t——每毫升纯水在 t ℃时用黄铜砝码称得的质量，g。具体查附录二“不同温度下玻璃容器中 1 mL 纯水在空气中用黄铜砝码称得的质量”表。

然后利用公式计算该段滴定管体积校正值。

$$\Delta V=V_{实际}-V_{标称}$$

式中　$V_{实际}$——滴定管放出溶液的实际体积，mL；

$V_{标称}$——滴定管放出溶液至相应刻度线所标示的体积，mL。

【例 2－1】 校准滴定管刻度时，在 21 ℃时由滴定管中放出 0.00→10.03 mL 处的水，称得其质量为 9.981 g，计算该段滴定管在 20 ℃时的实际体积。

解： 查附录二“不同温度下玻璃容器中 1 mL 纯水在空气中用黄铜砝码称得的质量”，21 ℃ 1 mL 水的质量为 0.997 00 g，则该段滴定管在 20 ℃时的实际体积为：

$$V_{20}=\frac{m_t}{r_t}=\frac{m_{21}}{r_{21}}=\frac{9.981}{0.997\ 00}=10.01\ (\text{mL})$$

该段滴定管体积校正值

$$\Delta V=V_{实际}-V_{标称}=10.01-10.03=-0.02\ (\text{mL})$$

2. 滴定管体积校准曲线的绘制与使用

滴定管是化学分析必备的玻璃仪器，滴定管刻度线造成的体积系统误差可以通过滴定体积校正克服。滴定分析实验室每根滴定管一般有唯一的编号，并配有滴定体积校正曲线。下面用表 2－6 所测定的某滴定管体积校准数据绘制校正曲线。

表 2－6　某滴定管体积校准数据

滴定管所放溶液体积/mL	该段滴定管在 20 ℃的体积累计校正值/mL
0.00	0.00
0.00→10.00	0.02
0.00→20.00	0.00
0.00→30.00	0.05
0.00→40.00	0.03
0.00→50.00	－0.05

以滴定管的标称体积为横坐标，以滴定管滴定体积累计校正值为纵坐标，利用 EXCEL 表绘制滴定管体积校正曲线，如图 2－5 所示。

如图 2－5 所示，某滴定分析实验室 A03 号滴定管，某次滴定消耗滴定剂 35.00 mL，利用该管的滴定体积校正曲线查得：消耗滴定剂 35.00 mL 的校正值是＋0.04 mL，则校正后滴定剂消耗的实际体积为：

$$V_{实际}=35.00+(+0.04)=35.04\ (\text{mL})$$

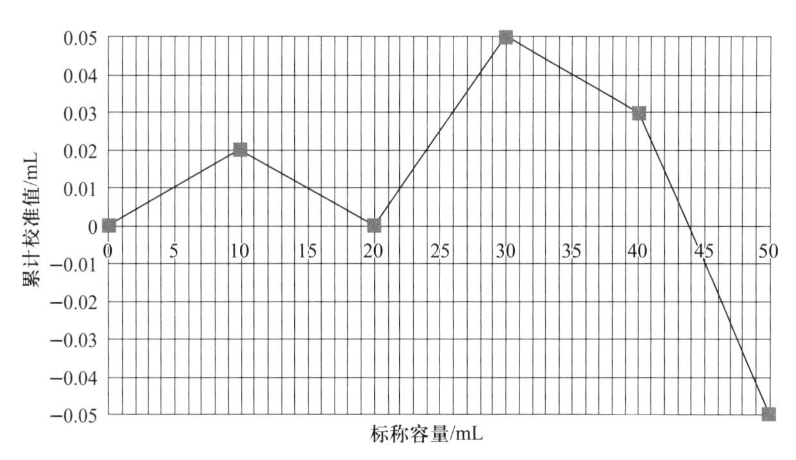

图 2－5　某滴定管的滴定体积校正曲线

三、溶液体积温度校正

温度会引起玻璃容器和溶液的体积变化，不同浓度、不同溶液的体积膨胀系数还不一样，当温度变化不大时，玻璃容器的容积变化很小，所以忽略不计。溶液体积的变化可以根据附录三“不同温度下标准滴定溶液的体积补正值（GB/T 601—2016）[1 000 mL 溶液由 t ℃换算为 20 ℃时的补正值/(mL/L)]”表进行溶液体积校准，其体积温度补正值计算公式为：

$$V_{温度校准}=V_t\times\frac{V_{补正值}}{1\ 000}$$

式中　V_t——t ℃时溶液体积，mL；

　　$V_{补正值}$——t ℃时查表所得的溶液体积补正值，mL。

【例 2－2】 10 ℃时，滴定用去 26.00 mL 0.1 mol/L 的标准滴定溶液，计算在 20 ℃时，该溶液的体积温度校准值和实际体积是多少？

解： 查附录三，10 ℃时 1 L 0.1 mol/L 溶液的温度补正值为 +1.5 mL。则在 20 ℃时该溶液的体积温度校正值为：

$$V_{温度校准}=V\times\frac{V_{补正值}}{1\ 000}=26.00\times\frac{1.5}{1\ 000}=0.04\ (\mathrm{mL})$$

$$V_{20}=V_{10}+V_{温度校准}=26.00+0.04=26.04\ (\mathrm{mL})$$

所以，滴定时滴定消耗的溶液的实际体积应为：

$$V_{20}=V_t+V_{补正值}+V_{温度校准}$$

【例 2－3】 25 ℃时，图 2－5 所示 A03 滴定管用去 30.00 mL 0.1 mol/L 的标准滴定溶液，计算在 20 ℃时，滴定用去该标准滴定溶液的实际体积是多少？

解： 查图 2－5，A03 号滴定管的滴定体积校正曲线，在滴定体积 30.00 mL 时，滴定管体积校正值是 +0.048 mL。

再查附录三，25 ℃时 1 L 0.1 mol/L 溶液的温度补正值为 −1.1 mL，则在 20 ℃时该溶液的体积温度校正值为：

$$V_{温度校准}=V\times\frac{V_{补正值}}{1\ 000}=30.00\times\frac{-1.1}{1\ 000}=-0.033\ (\text{mL})$$

所以，滴定时滴定消耗的溶液的实际体积应为：

$$\begin{aligned}V_{20}&=V_t+V\ (\text{滴定管体积校正值})+V\ (\text{溶液温度校准值})\\&=30.00+(+0.048)+(-0.033)\\&=30.015\\&=30.02\ (\text{mL})\end{aligned}$$

任务三　混合碱组分含量测定

无机化工中的“三酸两碱”中的两碱是指 NaOH（俗名烧碱、火碱或苛性钠）和 Na_2CO_3（俗称纯碱、苏打）。无论是在“两碱”的生产过程中，还是在“两碱”的运输和储存过程中，“两碱”易与容器和空气中的水分和二氧化碳发生反应形成混合碱，影响产品纯度。

混合碱通常是指 NaOH 与 Na_2CO_3 或 Na_2CO_3 与 $NaHCO_3$（小苏打）的混合物。工业用氢氧化钠中氢氧化钠和碳酸钠含量的测定执行国家检测标准《工业用氢氧化钠 氢氧化钠和碳酸钠含量的测定》（GB/T 4348.1—2013）；工业用碳酸钠含量测定执行国家检测标准《工业碳酸钠》（GB/T 210—2022）。混合碱组分测定，实验室常采用双指示剂法，先用酚酞作指示剂将混碱溶液滴定至接近无色（终点 pH≈8.2）。滴定反应为：

$$NaOH+HCl=\!=\!=NaCl+H_2O$$

$$Na_2CO_3+HCl=\!=\!=NaHCO_3+NaCl$$

记录滴定剂 HCl 消耗的体积 V_1。加入甲基橙指示剂，继续滴定至溶液由黄色变为橙色，到达第二个滴定终点（pH≈3.89），形成 CO_2 的饱和溶液。滴定反应为：

$$NaHCO_3+HCl=\!=\!=NaCl+H_2O+CO_2\uparrow$$

记录滴定剂 HCl 消耗的体积 V_2。根据连续滴定消耗 HCl 体积 V_1 和 V_2 的关系即可判断混合碱的组成情况。V_1 和 V_2 关系与混合碱组成见表 2－7。

表 2－7　V_1、V_2 的关系与混合碱的组成

混合碱组分	V_1	V_2
只含 NaOH	$V_1>0$	$V_2=0$
只含 Na_2CO_3	$V_1=V_2$	
只含 $NaHCO_3$	$V_1=0$	$V_2>0$
含 NaOH 和 Na_2CO_3	$V_1>V_2$	
含 Na_2CO_3 和 $NaHCO_3$	$V_1<V_2$	

活动一　准备仪器与试剂

准备仪器

电子台秤、分析天平、滴定分析成套玻璃仪器。

准备试剂

浓盐酸、基准物质 Na_2CO_3（于 270～300 ℃灼烧至恒重）、溴甲酚绿—甲基红混合指示剂（3 份 2 g/L 的溴甲酚绿乙醇溶液与 2 份 1 g/L 的甲基红乙醇溶液混合）。

活动二　配制 HCl 标准滴定溶液

浓盐酸浓度约为 12 mol/L。首先计算出配制 500 mL 1 mol/L HCl 溶液所需浓盐酸的体积，在抽风橱下，用洁净的 10 mL 规格的量筒量取所需的浓盐酸约 4.5 mL，小心倒入盛有 300 mL 蒸馏水的 500 mL 烧杯中，再加水稀释至约 500 mL，摇匀。转移、倒入洁净的 500 mL 玻璃塞试剂瓶中，盖好瓶塞，贴上标签，待标定。

活动三　标定 HCl 标准滴定溶液

准确称取无水碳酸钠 1.5～2.0 g 于 250 mL 锥形瓶中，加 50 mL 蒸馏水使其溶解，摇匀，加 10 滴溴甲酚绿—甲基红混合指示剂，然后用 HCl 标准滴定溶液滴定，由绿色变为暗红色，煮沸 2 min 排出 CO_2，冷却后继续滴定至溶液再呈暗红色为终点（pH = 5.1）。

平行测定三次，同时做空白试验。

活动四　记录与处理数据

计算公式为：

$$c(\mathrm{HCl}) = \frac{m(\mathrm{Na_2CO_3})}{M\left(\frac{1}{2}\mathrm{Na_2CO_3}\right) \times (V_{\mathrm{HCl}} - V_0) \times 10^{-3}}$$

将盐酸标准滴定溶液标定的数据填写于表 2－8。

表 2－8　　盐酸标准滴定溶液的标定

内容＼测定次数	1	2	3
倾倒前：称量瓶 + Na_2CO_3/g			

续表

内容 \ 测定次数		1	2	3
倾倒后：称量瓶 + Na_2CO_3/g				
基准物碳酸钠的质量 m/g				
试样试验	标定消耗 HCl 标准滴定溶液的用量/mL			
	滴定管体积校正值/mL			
	溶液温度校正值/mL			
	实际消耗 HCl 标准滴定溶液的体积 V_{HCl}/mL			
V_0 空白消耗 HCl 溶液的体积 V_0/mL				
HCl 标准滴定溶液的浓度 c/（mol/L）				
HCl 标准滴定溶液的平均浓度 $\bar{c}$/（mol/L）				
相对极差 R_r/%				

注：若用去皮法称量基准物质 Na_2CO_3，倾倒前、倾倒后数据不填，画“/”。

活动五　准备混合碱试样

准确称取 3 份混合碱试样 1.5 ~ 2.0 g 于 3 个小烧杯，分别加 50 mL 水使其溶解，将溶液转移到 3 个 250 mL 容量瓶，稀释、定容、摇匀待用。

活动六　测定混合碱各组分含量

准确移取 25.00 mL 混合碱溶液于 250 mL 锥形瓶中，加入 50 mL 水，摇匀，加入 2 滴酚酞指示剂，用滴定管中的 HCl 标准滴定溶液滴定至锥形瓶里溶液接近无色为第一滴定终点，记录消耗 HCl 的体积为 V_1。在锥形瓶溶液里，滴加 1 ~ 2 滴甲基橙指示剂，滴定管调零后，继续用 HCl 标准滴定溶液滴定至锥形瓶里溶液的颜色由黄色变为橙色为第二滴定终点，记录消耗 HCl 的体积为 V_2。

同理，准确移取另外 2 个容量瓶的混合碱溶液于 250 mL 锥形瓶中，按上述步骤完成平行测定实验。

活动七　记录与处理数据

1. 烧碱组分检测计算公式

$$\omega(\mathrm{NaOH}) = \frac{c(\mathrm{HCl}) \times V_1 \times 10^{-3} \times M(\mathrm{NaOH})}{m \times \frac{25}{250}} \times 100\%$$

$$\omega(Na_2CO_3)=\frac{c(HCl)\times 2V_2\times 10^{-3}\times M\left(\frac{1}{2}Na_2CO_3\right)}{m\times\frac{25}{250}}\times 100\%$$

式中　m——烧碱试样的质量，g。

2. 纯碱组分检测计算公式

$$\omega(Na_2CO_3)=\frac{c(HCl)\times 2V_1\times 10^{-3}\times M\left(\frac{1}{2}Na_2CO_3\right)}{m\times\frac{25}{250}}\times 100\%$$

$$\omega(NaHCO_3)=\frac{c(HCl)\times(V_2-V_1)\times 10^{-3}\times M(NaHCO_3)}{m\times\frac{25}{250}}\times 100\%$$

式中　m——纯碱试样的质量，g。

3. 将混合碱组分的含量测定

将混合碱组分的含量测定数据填写于表 2－9。

表 2－9　　混合碱组分的含量测定

实验内容＼实验编号	1	2	3
HCl 的平均浓度/（mol/L）			
倾倒前：称量瓶＋样品/g			
倾倒后：称量瓶＋样品/g			
m(试样)/g			
指示剂	酚酞		
滴定前：V(HCl)/mL	0.00	0.00	0.00
滴定后：V(HCl)/mL			
滴定管体积校正值/mL			
溶液温度校正值/mL			
V_1(HCl)/mL			
指示剂	甲基橙		
滴定前：V(HCl)/mL	0.00	0.00	0.00
滴定后：V(HCl)/mL			
滴定管体积校正值/mL			
溶液温度校正值/mL			
V_2(HCl)/mL			
NaOH 含量/%			
NaOH 平均含量/%			
相对极差 R_r/%			

续表

实验内容 \ 实验编号	1	2	3
Na_2CO_3 含量/%			
Na_2CO_3 平均含量/%			
相对极差 R_r/%			
$NaHCO_3$ 含量/%			
$NaHCO_3$ 平均含量/%			
相对极差 R_r/%			

注：未检出的单元格画“/”。

知识拓展

一、酸碱质子理论

酸碱质子理论认为，凡是能给出质子（H^+）的物质都是酸，如 H_2O、HCl、H_2SO_4、NH_4^+、$H_2PO_4^-$ 等都能电离出 H^+，是酸。凡是能接受质子的物质都是碱，如 H_2O、OH^-、NH_3、H_2PO_4 等都能接受 H^+，是碱。能给出 H^+ 又能接受 H^+ 的物质，既是酸又是碱，是酸碱两性物质。如 $H_2PO_4^-$、HCO_3^-、H_2O 等，是两性物质。

酸给出质子后，生成的碱称为该酸的共轭碱。而碱结合质子后，生成的酸称为该碱的共轭酸。酸与碱之间的这种依赖关系称为共轭关系。相应的一对酸碱被称为共轭酸碱对。例如，HAc 的共轭碱是 Ac^-，Ac^- 的共轭酸是 HAc，HAc 和 Ac^- 是一对共轭酸碱。

通式表示如下：

$$\text{共轭酸} \rightleftharpoons \text{质子} + \text{共轭碱}$$

$$HAc \rightleftharpoons H^+ + Ac^-$$

$$H_2O \rightleftharpoons H^+ + OH^-$$

二、酸碱滴定可行性分析

1. 直接准确滴定一元弱酸（碱）的可行性判断

滴定反应用指示剂指示滴定终点。如果要求滴定相对误差控制在 ±0.1% 内，必须使滴定突跃有 0.3 个 pH 单位的变化值，即 $\Delta pH \geqslant 0.3$，此时，人的肉眼才可以辨别出指示剂的颜色变化。只有当浓度 c_0 与弱酸（碱）的解离常数 $K_{a(b)}$ 的乘积 $c_0 \times K_{a(b)} \geqslant 10^{-8}$ 时，该弱酸（碱）才能被强碱（酸）直接准确滴定。因此，通常以 $c_0 \times K_{a(b)} \geqslant 10^{-8}$ 且 $c_0 \geqslant 10^{-3}$ mol/L 为判断弱酸（碱）能否被直接准确滴定的依据。

2. 直接准确滴定多元弱酸（碱）的可行性判断

理论和实验证明，多元酸（碱）的滴定可按下述原则判断：

（1）当 $c_{a(b)} \times K_{ai(bi)} \geqslant 10^{-8}$ 时，这一级解离的 $H^+(OH^-)$ 可以被直接滴定。

（2）当相邻的两级$\frac{K_{ai(bi)}}{K_{ai+1(bi+1)}} \geq 10^5$时，较强的那一级解离的$H^+(OH^-)$先被滴定，出现第一个滴定突跃，较弱的那一级解离的$H^+(OH^-)$后被滴定，但能否出现第二个滴定突跃，则取决于酸（碱）的第二级解离常数与浓度的乘积是否满足$c_{a(b)} \times K_{ai+1(bi+1)} \geq 10^{-8}$。

（3）如果相邻的两级$K_{a(b)}$的比值$<10^5$，则滴定时两个滴定突跃将混在一起，这时只出现一个滴定突跃。

三、酸碱滴定过程 pH 值的计算

在化学分析检测过程中，能计算常用溶液的 pH 值，是化学分析检验的基本要求。表 2－10 列出了常见组态溶液的 pH 值计算公式和使用条件。

表 2－10　　常见组态溶液的 pH 值近似计算公式和使用条件

溶液组态类型		pH 值计算公式	使用条件
一元强酸强碱溶液	一元强酸溶液	$[H^+] \approx c_{HA}$　$pH \approx pc_{HA}$	$c \geq 10^{-6}$ mol/L
	一元强碱溶液	$[OH^-] \approx c_{BOH}$　$pOH \approx pc_{BOH}$	
一元弱酸弱碱溶液	一元弱酸溶液	$[H^+] = \sqrt{K_a C}$	$cK_a > 20K_w$　$c/K_a > 400$
	一元弱碱溶液	$[OH^-] = \sqrt{K_b C}$	$cK_b > 20K_w$　$c/K_b > 400$
多元弱酸弱碱溶液	多元弱酸溶液	$[H^+] = \sqrt{K_{a1} C}$	$cK_{a1} > 20K_w$　$c/K_{a1} > 400$
	多元弱碱溶液	$[OH^-] = \sqrt{K_{b1} C}$	$cK_{b1} > 20K_w$　$c/K_{b1} > 400$
两性物质溶液	NaHA 型的溶液	$[H^+] = \sqrt{K_{a1} K_{a2}}$	$cK_{a2} \geq 20K_w$　$c \geq 20K_{a1}$
	NaH_2A 型的溶液	$[H^+] = \sqrt{K_{a1} K_{a2}}$	$cK_{a2} > 20K_w$　$c > 20K_{a1}$
	Na_2HA 型溶液	$[H^+] = \sqrt{K_{a2} K_{a3}}$	$cK_{a2} > 20K_w$　$c > 20K_{a1}$
	弱酸弱碱盐溶液（NH_4Ac 型）	$[H^+] = \sqrt{K_a \frac{K_w}{K_b}}$	$c\frac{K_w}{K_b} > 20K_w$　$c > 20K_a$
酸碱缓冲溶液	盐—酸型缓冲溶液（NaAc－HAc 型）	$pH = pK_a + \lg \frac{c_{盐(共轭碱)}}{c_{酸}}$	
	盐—碱型缓冲溶液（$NH_4Cl-NH_3 \cdot H_2O$ 型）	$pOH = pK_b + \lg \frac{c_{盐(共轭酸)}}{c_{碱}}$	

注：缓冲溶液通常是由弱酸及其对应的盐或弱碱及其对应的盐构成，如 HAc－NaAc、$NH_3 \cdot H_2O-NH_4Cl$ 等，具有维持溶液的 pH 值基本不变的能力。

【例 2－4】 求 25 ℃时，0.005 mol/L 的 H_2SO_4 溶液的 pH 值。

解： H_2SO_4 是强酸，0.005 mol/L 的 H_2SO_4 溶液中 $c(H^+) = 1 \times 10^{-2}$。

$$pH = -\log[H^+] = -\log(1 \times 10^{-2}) = 2$$

【例2-5】求25 ℃时，10^{-5} mol/L的NaOH溶液的pH值。

解：NaOH是强碱，显碱性的溶液建议先计算pOH，再计算pH。

10^{-5} mol/L的NaOH溶液中$c(OH^-)=1\times10^{-5}$ mol/L，则

$$pOH=-\log[OH^-]=-\log(1\times10^{-5})=5$$

$$pH=14-pOH=9$$

【例2-6】求25 ℃时，0.1 mol/L的HAc溶液的pH值。

解：CH_3COOH是弱酸，$[H^+]=\sqrt{K_a\times c}$。

$$pH=-\log(\sqrt{K_a\times c})=\frac{-\log(K_a\times c)}{2}=\frac{pK_a+(\log c)}{2}=\frac{4.76+1}{2}=2.88$$

【例2-7】计算25 ℃时，0.1 mol/L的$NH_3\cdot H_2O$溶液的pH值。

解：$NH_3\cdot H_2O$是弱碱，$[OH^-]=\sqrt{K_b\times c}$。

$$pOH=-\log(\sqrt{K_b\times c})=\frac{pK_b+(-\log c)}{2}=\frac{4.74+1}{2}=2.87$$

$$pH=14-2.87=11.13$$

【例2-8】计算25 ℃时，0.1 mol/L的Na_2CO_3溶液的pH值。

解：Na_2CO_3是强碱弱酸盐，水解显碱性，CO_3^{2-}能接受2个H^+是二元弱碱，所以

$$K_{b1}(CO_3^{2-})=\frac{K_w}{K_{a2}(HCO_3^-)}$$

$$pK_{b1}=pK_w-pK_{a2}=14-10.25=3.75$$

$$pOH=-\log(\sqrt{K_{b1}\times c})=\frac{pK_{b1}+(-\log c)}{2}=\frac{3.75+1}{2}=2.38$$

$$pH=14-2.38=11.62$$

【例2-9】计算25 ℃时，0.100 0 mol/L的HCl滴定0.100 0 mol/L Na_2CO_3溶液到达第一滴定终点的pH值。

解：第一滴定终点的产物是$NaHCO_3$，可认为是两性物质，属NaHA型的溶液。

$$[H^+]=\sqrt{K_{a1}\times K_{a2}}$$

$$pH=\frac{pK_{a1}+pK_{a2}}{2}=\frac{6.38+10.25}{2}=8.32$$

【例2-10】25 ℃时，用0.100 0 mol/L的HCl滴定25.00 mL 0.100 0 mol/L $NH_3\cdot H_2O$溶液，计算滴定到50%时，锥形瓶中溶液的pH值。

解：滴定到一半时，锥形瓶中溶液组态为$NH_3\cdot H_2O$—NH_4Cl，可认为是缓冲溶液。

$$c(NH_3\cdot H_2O)=c(NH_4Cl)=\frac{12.5\times0.1}{25+12.5}=3.333\times10^{-2}(mol/L)$$

$$pOH=pK_b(NH_3\cdot H_2O)+\lg\frac{c_{盐(共轭酸)}}{c_{碱}}=4.74+0=4.74$$

$$pH=14-4.74=9.26$$

项目评价

项目综合评价见表 2－11。

表 2－11 **项目综合评价**

评价指标	评价内容	配分	扣分	得分
HSE 管理	做好个人防护，提醒或帮助他人做好个人防护，缺项或防护不规范扣 1～10 分	10		
玻璃仪器洗涤与试漏	玻璃仪器清洗干净，并正确试漏，洗涤不干净或试漏不规范、有遗漏扣 1～5 分	5		
药品称量与溶液配制	1. 药品称量操作规范、方法正确，不规范、不正确、超出称量范围扣 1～5 分 2. 溶液配制方法正确，不正确扣 1～5 分	10		
样品预处理	样品预处理规范、正确，不正确、不规范扣 1～5 分	5		
滴定分析	1. 移液操作不规范扣 1～3 分 2. 滴定管润洗、排气泡、调零不规范扣 1～3 分 3. 标定、样品测定滴定速度适宜，不正确扣 1～5 分 4. 标定、样品测定终点判断准确，不正确扣 1～5 分 5. 对照（或空白）试验正确，不正确最多扣 2 分 6. 滴定管读数错误一次扣 2 分，扣完为止	20		
数据记录与处理	数据记录与处理规范（及时规范记录、无计算错误、有效数字保留位数正确），不及时、不规范、涂改数据、计算错误扣 1～5 分	5		
结束工作	1. 实验结束后将仪器清洗干净，不干净扣 1 分 2. 仪器设备台面整理干净，不整洁干净扣 1 分 3. 将仪器恢复到初始状态并摆放整齐，不恢复原样扣 1 分 4. 防护用品摆放整齐规范，不正确、不规范扣 1 分 5. 废液、废渣处理符合要求，不符合要求扣 1 分	5		
实验报告	实验报告内容完整、清晰，缺乏条理、内容不完整、报告有错误扣 1～5 分	5		
实验结果	1. 实验结果评价达到优级，不扣分 2. 实验结果评价达到良好，扣 7 分 3. 实验结果评价达到合格，扣 12 分 4. 实验结果评价达到不合格，不得分	30		
文明操作	1. 台面整洁、环境清洁、物品摆放整齐，不符合要求扣 1 分 2. 注重自身和他人安全防护，关注健康和环保，不符合要求扣 1 分 3. 轻言细语、轻拿轻放、谈吐举止文明，不符合要求扣 1 分 4. 有效沟通，及时解决技术问题，不及时扣 1 分 5. 主动参与、服从安排，不符合要求扣 1 分	5		

目标检测

一、选择题

1. 标定 NaOH 标准滴定溶液常用的基准物是（　　）。

A. 无水 Na_2CO_3　　B. 邻苯二甲酸氢钾

C. $CaCO_3$　　D. 硼砂

2. 甲基红—亚甲基蓝混合指示剂的理论变色点是（　　）。

A. 4.4 ~ 6.2　　B. 7.0　　C. 5.1　　D. 5.4

3. 标定 HCl 溶液常用的基准物是（　　）。

A. 无水 Na_2CO_3　　B. 邻苯二甲酸氢钾

C. $CaCO_3$　　D. 硼砂

4. 溴甲酚绿—甲基红混合指示剂下列描述不正确的是（　　）。

A. 变色时 pH = 5.1

B. 酸式色为酒红色、碱式色为绿色

C. 溴甲酚绿—甲基红变色敏锐

D. 用溴甲酚绿—甲基红作指示剂，标定 HCl 标准滴定溶液时，锥形瓶的碳酸钠溶液由暗红色变为绿色

5. 用 HCl 标准滴定溶液测定混合碱组分时消耗的体积 $V_2 = 2V_1$，则混合碱的组分为（　　）。

A. Na_2CO_3　　B. $NaHCO_3$

C. $Na_2CO_3 + NaHCO_3$　　D. NaOH

6. 用 HCl 标准滴定溶液测定混合碱组分时消耗的体积 $V_2 = 0$，则混合碱的组分为（　　）。

A. Na_2CO_3　　B. $NaHCO_3$

C. $Na_2CO_3 + NaHCO_3$　　D. NaOH

7. 0.083 mol/L 的 HAc（$pK_{a,HAc} = 4.76$）溶液的 pH 值是（　　）。

A. 0.083　　B. 2.9　　C. 2　　D. 2.92

8. 0.04 mol/LH_2CO_3（$K_{a1} = 4.3 \times 10^{-7}$，$K_{a2} = 5.6 \times 10^{-11}$）溶液的 pH 值为（　　）。

A. 4.73　　B. 5.61　　C. 3.89　　D. 7

9. 0.1 mol/L NH_4Cl 溶液的 pH 值为（　　）（氨水的 $K_b = 1.8 \times 10^{-5}$）。

A. 5.13　　B. 6.13　　C. 6.87　　D. 7.0

10. 0.31 mol/L 的 Na_2CO_3 的水溶液 pH 值为（　　）（H_2CO_3 的 $pK_{a1} = 6.38$，$pK_{a2} =$

10.25）。

A. 6.38　　B. 10.25　　C. 8.85　　D. 11.87

二、判断题

1.（　　）$H_2C_2O_4$ 的两步解离常数为 $K_{a1}=5.6\times10^{-2}$，$K_{a2}=5.1\times10^{-5}$，因此不能分步滴定。

2.（　　）强酸滴定弱碱达到化学计量点时 pH > 7。

3.（　　）NaOH 极易吸收空气中 CO_2 和 H_2O 生成 $NaHCO_3$，因此一定要密封储存。

4.（　　）用双指示剂法分析混合碱各组分的含量时，如果其组成是纯 Na_2CO_3，则 HCl 体积的消耗量 V_1 和 V_2 的关系是 $V_1>V_2$。

5.（　　）浓盐酸挥发性强，挥发出氯化氢的蒸气，对皮肤、呼吸系统有一定的伤害，因此浓盐酸的移取、稀释应在通风橱内进行。

6.（　　）超市卖的苏打水就是纯碱碳酸钠的稀溶液。

7.（　　）确定基本单元的原则是使各反应物均按“等物质的量”的关系进行反应，使 $n(A)=n(B)$，以简化计算。用硫酸测定纯碱含量的反应为

$$H_2SO_4+Na_2CO_3 = Na_2SO_4+H_2O+CO_2\uparrow$$

因此，碳酸钠的基本单元必须取$\frac{1}{2}Na_2CO_3$。

8.（　　）根据酸碱质子理论，$NaHCO_3$ 是酸碱两性物质。

9.（　　）甲基红—亚甲基蓝混合指示剂的酸式色为红紫色，碱式色为绿色。

10.（　　）强碱滴定多元酸时，相邻的两级，如 $K_{a1}/K_{a2}\geqslant10^5$ 时，较强的那一级解离出来的 H^+ 先被滴定，出现第一个突跃。但能否出现第二个滴定突跃，则要看是否满足 $cK_{a2}\geqslant10^{-8}$。

三、填空题

1. 无机化工中的“三酸两碱”中的三酸的化学式是________、________、__________。两碱的化学式是__________、__________，两碱吸收空气中少量的二氧化碳和水后，分别易变成__________、__________。

2. 双指示剂滴定法用 HCl 标准滴定溶液测定混合碱组分含量是先用__________作指示剂，第一滴定终点锥形瓶溶液颜色由__________变为__________。接着再用__________作指示剂，第二滴定终点颜色由__________变为__________。

3. 分析天平使用多年未校准，使用中可能带来的误差属于__________，某同学读取滴定管读数时，所读数据总是偏大，这是__________，属于__________误差。标定 HCl 标准滴定溶液时，要求做空白试验，这是为了消除系统误差中的__________误差。在测定过程中，实验室温度波动较大，可能带来__________误差。在平行测定时，一般要求时间相对集中，比如，要么都在上午，要么都在下午，这是为了避免__________。

4. 酸碱质子理论认为凡是能给出质子（H^+）的物质都是__________，凡是能接受质子的物质都是__________。H_2O、OH^-、NH_3、HCO_3^-、$H_2PO_4^-$ 中，属于酸的是__________、__________、__________，属于碱的是________、__________、__________、__________、__________，既属于酸，又属于碱的是__________、__________、__________。

5. 用 1.000 0 mol/L 的 NaOH 标准滴定溶液测定工业硫酸的纯度，化学计量点 pH = __________，可用甲基橙指示剂，其变色范围 pH = __________或甲基红指示剂，其变色范围 pH = __________，为进一步提高测定的准确度，降低测定误差，可选用______________混合指示剂。

四、计算题

1. 移取 25.00 mL HAc 试样溶液，以酚酞作指示剂，用 0.099 8 mol/L NaOH 标准滴定溶液滴定至终点，消耗 NaOH 标准滴定溶液 26.68 mL，试计算醋酸试样的醋酸含量（以 g/L 表示）。

2. 含 Na_2CO_3 与 NaOH 的混合物。现称取试样 0.589 5 g 溶于水中，用 0.300 0 mol/L HCl 滴定至酚酞变色时，用去 HCl 24.08 mL；加甲基橙后继续用 HCl 滴定，又消耗 HCl 12.02 mL。试计算试样中 Na_2CO_3 与 NaOH 的质量分数。

3. 某试样含有 Na_2CO_3、$NaHCO_3$ 及其他惰性物质。称取试样 0.301 0 g，用酚酞作指示剂滴定，用去 0.106 0 mol/L 的 HCl 溶液 20.10 mL，继续用甲基橙作指示剂滴定，共用去 HCl 47.70 mL，计算试样中 Na_2CO_3 与 $NaHCO_3$ 的质量分数。

项目三

测定水质的总硬度

任务引入

该项目有 2 个代表性工作任务和 1 个拓展任务。

日常生活中，平时家里用的毛巾会变硬，烧水用的热水壶会结垢，工业锅炉用久后有爆炸危险，这些都与水的硬度有关。硬水常常给人们带来许多危害，因此水的硬度测定具有非常重要的意义。

分析方法

水硬度测定采用配位滴定法，配位滴定法是以配位反应为基础的滴定分析方法，EDTA 是常用配位剂乙二胺四乙酸二钠的英文缩写。自来水硬度测定执行《生活饮用水标准检验方法》（GB/T 5750.1～13—2006），工业用水硬度的测定执行《锅炉用水和冷却水分析方法　硬度的测定》（GB/T 6909—2018）。

配位滴定受溶液酸度影响较大，常用 NH_3—NH_4Cl 缓冲溶液（pH = 10）来调节溶液的 pH 值，用铬黑 T（简称 EBT，用 In 表示）作指示剂。配位滴定反应如下：

滴定前：　　$M + In \rightleftharpoons MIn$（铬黑 T 指示剂与待测金属离子的反应）

　　　　无色　纯蓝色　酒红色

配位滴定反应：$M + Y \rightleftharpoons MY$（Y 是配位剂 EDTA 在水溶液中的一种存在形式）

　　　　无色　无色　无色

滴定终点时：　$MIn + Y \rightleftharpoons MY + In$

　　　　酒红色　　　　　纯蓝色

M 代表金属离子 M^{n+}（如 Ca^{2+}、Mg^{2+}），当溶液由酒红色变为纯蓝色时，即为滴定终点。

任务目标

【知识、技能与素养】

知识	技能	素养
1. 能识记配位滴定法测定金属离子的原理 2. 能陈述金属指示剂变色原理 3. 能识记 EDTA 标准滴定溶液的标定原理 4. 能简述自来水硬度的测定原理 5. 能简述水质分类的相关知识	1. 能正确称量、溶解 ZnO，配制 Zn^{2+} 标准滴定溶液 2. 能配制 EDTA 标准滴定溶液 3. 能正确添加缓冲溶液，调节溶液 pH 值 4. 能正确通过铬黑 T 指示剂颜色变化确定滴定终点，正确标定 EDTA 标准滴定溶液和测定自来水硬度 5. 能正确记录和处理实验数据，计算水的总硬度、精密度和准确度 6. 能按 6S 质量管理要求整理整顿实验现场，符合健康、环保要求	交流沟通 自我管理 计划组织 自主学习 安全意识 环保意识 劳动意识 科学规范 诚实守信 爱岗敬业 工匠精神

任务一　制备 EDTA 标准滴定溶液

活动一　准备仪器与试剂

准备仪器

电子台秤、分析天平、电炉、滴定分析成套玻璃仪器。

准备试剂

乙二胺四乙酸二钠（A. R）、基准物质 ZnO(850 ± 50)℃灼烧至恒重、NH_3—NH_4Cl 缓冲溶液（pH = 10）、铬黑 T 指示剂、(1:1) 盐酸、(1:1) 氨水。

必备知识

配位剂 EDTA

EDTA 常用 H_4Y 表示，结构简式如下：

$$\begin{matrix} HOOCCH_2 \diagdown & & \diagup CH_2COOH \\ & NCH_2CH_2N & \\ HOOCCH_2 \diagup & & \diagdown CH_2COOH \end{matrix}$$

EDTA 的水溶性较差，故通常将其制成二钠盐，以 $Na_2H_2Y \cdot 2H_2O$ 表示，也称为 EDTA。

22 ℃时，每 100 mL 水中可溶解 11.1 g EDTA 二钠盐，约 0.3 mol/L，pH 值约为 4.7。

若天气较冷，气温较低，可适当加热，帮助 EDTA 二钠盐溶解。

活动二　配制 EDTA 标准滴定溶液

配制 0.02 mol/L EDTA 标准滴定溶液过程：

用电子台秤称取 3.8 g EDTA 二钠盐→溶于水→稀释至 500 mL→装入试剂瓶→粘贴标签。

必备知识

配位剂 EDTA 的离解平衡

EDTA 在水溶液中共有 H_6Y^{2+}、H_5Y^+、H_4Y、H_3Y^-、H_2Y^{2-}、HY^{3-}、Y^{4-} 7 种型体存在，溶液 pH 值是影响型体形态的主要因素，具体见表 3－1。

表 3－1　EDTA 在不同 pH 值水溶液的主要存在型体

pH 值	<1	1～1.6	1.6～2	2～2.7	2.7～6.2	6.2～10.3	≥10.26
主要存在型体	H_6Y^{2+}	H_5Y^+	H_4Y	H_3Y^-	H_2Y^{2-}	HY^{3-}	Y^{4-}
解离平衡常数	1.26×10^{-1}	2.51×10^{-2}	1.00×10^{-2}	2.16×10^{-3}	6.92×10^{-7}	5.50×10^{-11}	/

各种型体的微粒中，只有 Y^{4-}离子（简写为 Y）能与金属离子直接配位生成稳定的配合物，而 EDTA 只有在溶液的 pH≥10.26，才主要以 Y^{4-}离子形式存在，EDTA 的配位能力才越强，所以配位滴定通常要加缓冲溶液来调节溶液的 pH 值。

活动三　配制 ZnO 标准滴定溶液

配制 0.02 mol/L ZnO 标准滴定溶液过程如下：

用电子分析天平准确称取 3 份 0.38～0.42 g ZnO 分别置于 3 个 100 mL 小烧杯⟶各加 5 mL 左右的盐酸（1:1）溶解⟶再各加入 25 mL 蒸馏水稀释⟶分别定量移至 250 mL 容量瓶定容⟶贴上标签。

注意：称量小烧杯的基准物质 ZnO，先用两滴管 1:1 HCl（约 5 mL）溶解至澄清透明后，再用蒸馏水稀释、移液。整个过程中，玻璃棒不能倒置，不要离开小烧杯，防止 ZnO 损失。

必备知识

EDTA 与金属离子配位的特点

1. 配比简单，一般为 1:1。

2. 生成的配合物稳定，易溶于水。

3. 配位反应速度快，容易找到合适的指示剂指示滴定终点。

活动四　标定 EDTA 标准滴定溶液

标定 EDTA 标准滴定溶液的过程，见表 3－2。

表 3－2　标定 EDTA 标准滴定溶液

锥形瓶	1. 将 3 个容量瓶的 Zn^{2+} 溶液倒入 3 个洁净的小烧杯，分别准确移取 25.00 mL Zn^{2+} 标准滴定溶液于 3 个 250 mL 锥形瓶中 2. 在锥形瓶中各加 20 mL 蒸馏水，滴加氨水（1:1）至刚好出现混浊（pH≈8），再加入 10 mL NH_3—NH_4Cl 缓冲溶液（pH＝10） 3. 滴加 4～6 滴铬黑 T 作指示剂
滴定管	1. 在滴定管中装入待标定的 EDTA 标准滴定溶液，排气泡，调“零” 2. 用 EDTA 标准滴定溶液滴定至锥形瓶的溶液由酒红色变为纯蓝色即为终点 3. 做一份空白试验

必备知识

一、金属指示剂

铬黑 T 是金属指示剂。金属指示剂是有机染料配位剂，能与金属离子 M 生成与染料本身颜色不同的配合物。例如，铬黑 T 本身是蓝色的，金属配合物 MIn 是酒红色的，滴定开始时溶液呈现出 MIn 的颜色。金属指示剂 In 与待测金属离子配合物 MIn 的稳定性要小于 EDTA 与待测金属离子配合物 MY 的稳定性，终点时，滴定剂 EDTA 夺取 MIn 中的 M 金属离子，使指示剂 In 游离出来，显示指示剂的本色指示达到滴定终点。常见金属指示剂及配制方法见附录一。

二、配位滴定反应必须具备的条件

1. 形成的配合物要有足够的稳定性，配位平衡常数要足够大，通常 $K_{MY}>10^8$。

2. 在一定条件下配位数必须固定。

3. 反应速度要快。

4. 要有适当的方法找到终点。

活动五　数据记录与处理

1. 计算公式

$$c(\mathrm{EDTA})=\frac{m(\mathrm{ZnO})\times\frac{25}{250}}{M(\mathrm{ZnO})(V_1-V_0)\times10^{-3}}$$

式中　V_1——标定消耗 EDTA 标准滴定溶液的体积，mL；

V_0——空白试验消耗 EDTA 标准滴定溶液的体积，mL。

2. 数据记录与处理

EDTA 标准滴定溶液的配制与标定见表 3－3。

表 3－3　EDTA 标准滴定溶液的配制与标定

实验内容＼实验编号	1	2	3
倾倒前：称量瓶＋ZnO/g			
倾倒后：称量瓶＋ZnO/g			
m(ZnO)/g			
滴定管体积初读数/mL	0.00	0.00	0.00
滴定管体积终读数/mL			
滴定管体积校正值/mL			
溶液温度/℃			
温度补正值			
溶液温度校正值/mL			
实际消耗 EDTA 标准滴定溶液体积 V_1/mL			
空白试验消耗 EDTA 标准滴定溶液体积 V_0/mL			
c(EDTA)/(mol/L)			
$\bar{c}$(EDTA)/(mol/L)			
相对极差/%			

任务二　测定水质样品的总硬度

活动一　仪器与试剂的准备

准备仪器

100 mL 移液管、滴定分析成套玻璃仪器。

准备试剂

EDTA 标准滴定溶液、HCl(1:1)、pH＝10 的 NH_3—NH_4Cl 缓冲溶液、铬黑 T 指示剂、刚果红试纸、ρ＝200 g/L 的三乙醇胺溶液、ρ＝20 g/L 的 Na_2S 溶液、水样。

活动二　测定水样

测定水样总硬度的过程，见表3－4。接近终点时，应慢滴多摇，注意运用半滴、1/4滴滴加技术，确保滴定和终点判断准确。

表3－4　测定水质样品总硬度

锥形瓶	1. 用移液管准确移取100.00 mL水样于3个250 mL锥形瓶中 2. 加2～4滴盐酸（1:1）酸化（用刚果红试纸检验变紫色），根据水质情况可加入5 mL三乙醇胺掩蔽铁、铝离子干扰，加入1 mL Na_2S溶液掩蔽铅、铜等重金属离子干扰 3. 滴加氨水（1:1）至刚好出现混浊，此时pH≈8，然后加入10 mL NH_3—NH_4Cl缓冲溶液 4. 滴加3～5滴铬黑T指示剂呈纯蓝色
滴定管	1. 在滴定管中装入待标定的EDTA标准滴定溶液，排气泡，调“零” 2. 用EDTA滴定溶液滴定至溶液由酒红色变为纯蓝色即为终点 3. 平行测定3次，同时做空白试验

必备知识

水的硬度

水的硬度以Ca、Mg总量折算成CaO的量来衡量，各国采用的硬度单位有所不同。本书采用我国常用的表示方法：以度（°）计，即1 L水中含有10 mg CaO称为1°，有时也以mg/L表示。例如，国家标准规定，饮用水硬度以$CaCO_3$计，不能超过450 mg/L。我国水质分类标准见表3－5。

表3－5　水质分类标准

总硬度	0°～4°	4°～8°	8°～16°	16°～25°	25°～40°	40°～60°	60°以上
水质	很软水	软水	中硬水	硬水	高硬水	超硬水	特硬水

活动三　数据记录与处理

计算公式为：

$$\rho_{总(单位:度)}=\frac{\dfrac{c(\mathrm{EDTA})\times(V-V_0)\times M(\mathrm{CaO})}{10}}{V(水样)\times10^{-3}}$$

$$\rho_{(以CaCO_3计)}=\frac{c(\mathrm{EDTA})\times(V-V_0)\times M(\mathrm{CaCO_3})}{V(水样)\times10^{-3}}$$

式中　V——水样消耗EDTA标准滴定溶液的体积，mL；

V_0——空白试验消耗EDTA标准滴定溶液的体积，mL。

将测定水质样品总硬度数据记录于表3－6。

表3－6　　测定水质样品的总硬度

实验内容＼实验编号	1	2	3
c(EDTA)/(mol/L)			
V(水样)/mL	100.00	100.00	100.00
滴定管体积初读数/mL	0.00	0.00	0.00
滴定管体积终读数/mL			
滴定管体积校正值/mL			
溶液温度/℃			
温度补正值			
溶液温度校正值/mL			
实际消耗 EDTA 标准滴定溶液体积 V/mL			
空白试验消耗 EDTA 标准滴定溶液体积 V_0/mL			
$\rho(CaCO_3)$/(mg/L)			
$\bar{\rho}(CaCO_3)$/(mg/L)			
相对极差/%			

必备知识

水硬度两种单位的换算

$$\rho_{CaO}=\rho_{CaCO_3}\times\frac{M_{CaO}}{10\times M_{CaCO_3}}$$

【例3－1】 国家饮用水硬度以$CaCO_3$计，不能超过450 mg/L，若$CaCO_3$含量为450 mg/L，试计算水质硬度相当于多少度，并判断水质类型。

解： $\rho_{CaO}=\rho_{CaCO_3}\times\frac{M_{CaO}}{10\times M_{CaCO_3}}=450\times\frac{56.08}{10\times100.09}=25.2°$

由表3－5水质分类可知，该水质已属于高硬水。

过程评价

通过过程评价，不断检查与改进，培养学生科学、规范、自我管理、计划与组织、安全、环保、节约、求真务实等职业素养。过程评价指标见表3－7。

表 3－7　　滴定分析过程评价

操作项目	不规范操作项目名称	评价结果			
		是	否	扣分	得分
基准物和试样称量操作（20 分）	不看水平，扣 2 分				
	不清扫或校正天平零点后清扫，扣 2 分				
	称量开始或结束不校正零点，扣 2 分				
	用手直接拿称量瓶或滴瓶，扣 2 分				
	将称量瓶或滴瓶放在桌子台面上，扣 2 分				
	称量时或敲样时不关门，或开关门太重，扣 2 分				
	称量物品洒落在天平内或工作台上，扣 2 分				
	离开天平室，物品留在天平内或放在工作台上，扣 2 分				
	称量物称样量不在规定量 ±5% 以内，扣 2 分				
	重称，扣 4 分				
玻璃器皿试漏洗涤（10 分）	需试漏的玻璃仪器容量瓶、滴定管等未正确试漏，扣 2 分				
	滴定管挂液，扣 2 分				
	移液管挂液，扣 2 分				
	容量瓶挂液，扣 2 分				
	玻璃仪器不规范书写、粘贴标签，扣 2 分				
容量瓶定容操作（10 分）	试液、移液操作不规范，扣 2 分				
	试液溅出，扣 2 分				
	烧杯洗涤不规范，扣 2 分				
	稀释至刻度线不准确，扣 2 分				
	2/3 处未平摇或定容后摇匀动作不正确，扣 2 分				
移液管操作（10 分）	移液管未润洗或润洗不规范，扣 2 分				
	吸液时吸空或重吸，扣 2 分				
	放液时移液管不垂直，扣 2 分				
	移液管管尖不靠壁，扣 2 分				
	放液后不停留一定时间（约 15 s），扣 2 分				
滴定管操作（30 分）	滴定管不试漏或滴定中漏液，扣 2 分				
	滴定管未润洗或润洗不规范，扣 2 分				
	装液操作不正确或未赶气泡，扣 2 分				
	滴定管调“零”不规范，扣 2 分				
	手摇锥形瓶操作不规范，扣 2 分				
	滴定速度控制不当，扣 2 分				
	滴定终点判断不准确，扣 5 分				
	平行测定时，不看指示剂颜色变化，只看滴定管的读数，扣 4 分				
	未等待 30 s 读数，读数操作不规范，扣 2 分				
	重新滴定，扣 5 分				

续表

操作项目	不规范操作项目名称	评价结果			
		是	否	扣分	得分
数据记录及处理（10分）	不记在规定的记录纸上，扣2分				
	计算错误，扣4分				
	有效数字位数保留不正确，扣4分				
安全文明结束工作（10分）	玻璃仪器不清洗，扣2分				
	废液、废渣处理不规范，扣2分				
	工作台不整理或玻璃仪器摆放不整齐，未恢复原样，扣2分				
	防护用品未及时归还或摆放不整齐，扣2分				
	未请实验指导老师检查工作台面就结束实验，离开实验室，扣2分				
	本项不计分，损坏玻璃仪器除按规定赔偿外，倒扣10分				
实验过程合计得分（总分100分）					

知识拓展

一、EDTA 配位反应的平衡常数

EDTA 参加配位反应的是其电离出来的 Y^{4-} 离子，配位反应通常表示为：

$$M + Y = MY$$

式中，M 代表金属离子 M^{n+}，Y 代表 Y^{4-}。

配位反应的平衡常数也称为配合物的稳定常数，可表示为：

$$K_{MY} = \frac{[MY]}{[M][Y]}$$

式中，[MY]、[M]、[Y] 分别表示配位平衡时配合物 MY 和金属离子 M^{n+}、Y^{4-} 的平衡浓度。

常见金属离子与 EDTA 生成的配合物的稳定常数，见表 3－8。

表 3－8　金属离子—EDTA 配合物的稳定常数

金属离子	$\lg K_{MY}$	金属离子	$\lg K_{MY}$	金属离子	$\lg K_{MY}$
Na^{+}	1.66	Ce^{3+}	15.98	Cu^{2+}	18.80
Li^{+}	2.79	Al^{3+}	16.30	Hg^{2+}	21.8
Ba^{2+}	7.86	Co^{2+}	16.31	Th^{4+}	23.2
Sr^{2+}	8.73	Cd^{2+}	16.46	Cr^{3+}	23.0
Mg^{2+}	8.69	Zn^{2+}	16.50	Fe^{3+}	24.23
Ca^{2+}	10.69	Pb^{2+}	18.04	U^{4+}	25.80
Mn^{2+}	13.87	Y^{3+}	18.09	Bi^{3+}	27.94
Fe^{2+}	14.32	Ni^{2+}	18.62		

理论和实践证明，在适当条件下，稳定常数只要满足 $\lg K_{MY} \geq 8$ 就可以准确滴定，因此，即使碱土金属如钙、镁金属离子也可用 EDTA 滴定。

二、EDTA 配位反应的条件平衡常数

影响配位滴定反应的因素很多。由于 H^+ 的存在，EDTA 参加与待测金属离子的配位主反应能力降低，这种现象称为 EDTA 的酸效应，酸效应的强弱用酸效应系数 $\alpha_{Y(H)}$ 来表示。

如果用［Y′］表示没有参加与待测金属离子 M 配位的 EDTA 的各种型体的总浓度，即

$$[Y'] = [H_6Y] + [H_5Y] + [H_4Y] + [H_3Y] + [H_2Y] + [HY] + [Y]$$

［Y］表示配位反应平衡时游离的 Y^{4-} 离子的平衡浓度，则酸效应系数

$$\alpha_{Y(H)} = \frac{[Y']}{[Y]}$$

$\alpha_{Y(H)}$ 越大，表示参加配位主反应的 EDTA 的浓度越小，H^+ 引起的副反应越严重，当酸度高于某一限度时，就不能准确滴定，这一限度称为允许滴定的最高酸度即最低 pH 值。

在只有酸效应时，必须要求：

$$\lg K_{MY} - \lg \alpha_{Y(H)} \geq 8$$

即：

$$\lg \alpha_{Y(H)} \leq \lg K_{MY} - 8$$

当 $\alpha_{Y(H)} = 1$ 时，表示 EDTA 全部以 Y（即 Y^{4-}）的形式存在，此时没有 H^+ 引起副反应。表 3－9 列出了 EDTA 的 $\lg \alpha_{Y(H)}$ 值。

表 3－9　不同 pH 值的 EDTA 的 $\lg \alpha_{Y(H)}$ 值

pH 值	$\lg \alpha_{Y(H)}$	pH 值	$\lg \alpha_{Y(H)}$	pH 值	$\lg \alpha_{Y(H)}$	pH 值	$\lg \alpha_{Y(H)}$
0.0	23.64	3.0	10.60	6.0	4.65	9.0	1.28
0.4	21.32	3.4	9.7	6.4	4.06	9.4	0.92
0.8	19.08	3.8	8.85	6.8	3.55	9.8	0.59
1.0	18.01	4.0	8.44	7.0	3.32	10.0	0.45
1.4	16.02	4.4	7.64	7.4	2.88	10.4	0.24
1.8	14.27	4.8	6.84	7.8	2.47	10.8	0.11
2.0	13.51	5.0	6.45	8.0	2.27	11.0	0.07
2.4	12.19	5.4	5.69	8.4	1.87	12.0	0.00
2.8	11.09	5.8	4.98	8.8	1.48		

从表 3－9 的数据可以看出，溶液 pH 值接近 12 时，EDTA 的酸效应很弱，由 H^+ 引起的副反应可以忽略不计。

由于实际反应中存在副反应，因此，需要对配合物 MY 的稳定常数进行修正，修正后

的稳定常数称为条件稳定常数，在只考虑酸效应的情况下，条件稳定平衡常数可由下式计算：

$$\lg K'_{MY} = \lg K_{MY} - \lg\alpha_{Y(H)}$$

条件稳定常数 K'_{MY}的大小，说明了配位化合物 MY 在一定条件下的稳定程度，也是判断配位滴定可行性的重要依据。

【例 3－2】 若只考虑酸效应，计算在 pH＝2.0 和 pH＝6.0 时 ZnY 的 K'_{ZnY}，并判断能否准确滴定。

解：

pH＝2.0，查表 3－9，$\lg\alpha_{Y(H)} = 13.51$，查表 3－8，$\lg K_{ZnY} = 16.50$。

$\lg K'_{ZnY} = \lg K_{ZnY} - \lg\alpha_{Y(H)} = 16.50 - 13.51 = 2.99 < 8$，不能准确滴定。

pH＝6.0，查表 3－9，$\lg\alpha_{Y(H)} = 4.65$。

$\lg K'_{ZnY} = \lg K_{ZnY} - \lg\alpha_{Y(H)} = 16.50 - 4.65 = 11.85 > 8$，能准确滴定。

三、共存金属离子的干扰

配位滴定除酸效应干扰外，与待测金属离子共存的其他金属离子（用 N 表示）也可能干扰配位滴定，因此，在配位滴定中要尽量避免各种副反应的发生。为了消除共存金属离子的干扰，通常加入掩蔽剂，让其与共存干扰离子生成更稳定的物质消除干扰，如用 EDTA 滴定 Ca^{2+}、Mg^{2+}时，加 Na_2S 掩蔽 Cu^{2+}和 Pb^{2+}的干扰。常用的掩蔽剂见附录四。

四、金属指示剂在使用中存在的问题

1. 指示剂的封闭现象

如果指示剂与金属离子形成的配合物极稳定，即 $\lg K'_{MIn} > \lg K'_{MY}$，以至于加入过量的滴定剂也不能将金属离子从 MIn 配合物中夺取出来，溶液在计量点附近没有颜色变化，这种现象称为指示剂的封闭现象。

例如，用铬黑 T 作指示剂，当 pH＝10.0 时，用 EDTA 滴定 Ca^{2+}、Mg^{2+}时，Al^{3+}、Fe^{3+}、Ni^{2+}和 Co^{2+}等离子对铬黑 T 有封闭作用，这时可加入少量三乙醇胺掩蔽 Al^{3+}和 Fe^{3+}的干扰，加入 KCN 掩蔽 Co^{2+}和 Ni^{2+}的干扰。

2. 指示剂的僵化现象

有些指示剂本身或 MIn 配合物在水中的溶解度太小，使滴定剂与 MIn 配合物进行置换反应的速度变慢，导致终点到达时间拖长。这种现象称为指示剂的僵化。解决办法是加入有机溶剂或加热以加快反应速度。如用 PAN［1－(2－吡啶偶氮)－2－萘酚］作指示剂时，可加入少量甲醇或乙酸，也可以将溶液适当加热，以加快置换速度，使指示剂的变色较明显。

如需防止金属指示剂氧化变质，如铬黑 T、钙指示剂的水溶液可加入盐酸羟胺防止氧化，要保存较长时间的铬黑 T、钙指示剂，可按 1:100 加入固体 NaCl 混匀保存。

拓展任务　返滴定法测定铝盐中的铝含量

［执行标准：《工业硫酸铝》（HG/T 2225—2018）］

一、工学一体化准备

1. 检测原理

由于 Al^{3+} 与 EDTA 的配位反应较慢，在一定酸度条件下，需要加热才能完全反应，同时由于 Al^{3+} 对二甲酚橙指示剂有封闭作用，酸度不高时，Al^{3+} 又会水解，因此采用返滴定法测定铝盐中铝的含量。试样中的 Al^{3+} 与过量的 EDTA 反应，调节溶液 pH≈6，以二甲酚橙为指示剂，用 Zn^{2+} 标准滴定溶液滴定过量的 EDTA，计算铝盐中铝含量。

2. 仪器

分析天平、50 mL 滴定管、250 mL 容量瓶、25 mL 移液管、烧杯、300 mL 锥形瓶、量筒、洗瓶、电炉等。

3. 试剂

EDTA 标准滴定溶液（0. 05 mol/L），0. 025 mol/L Zn^{2+} 标准滴定溶液，HCl 溶液（1:1），乙酸钠溶液（189 g/L，用无水乙酸钠配制），二甲酚橙指示剂（2 g/L），铝盐试样。

二、工学一体化过程

1. EDTA 标准滴定溶液、Zn^{2+} 标准滴定溶液，指示剂及辅助试剂由学习工作站统一提供。

2. 试样溶液的制备

准确称取约 2. 5 g 铝盐试样或约 6. 5 g 液体试样置于 250 mL 烧杯中。加入 50 mL 水和 2 mL 盐酸溶液，加热溶解，煮沸 5 min（必要时过滤），用水冷却，全部移至 250 mL 容量瓶中，用水稀释至刻度，摇匀，备用。

3. 检测

用移液管移取 25 mL 试样溶液，置于 300 mL 锥形瓶中，再用移液管加入 25 mL EDTA 标准滴定溶液，煮沸 1 min，冷却，加入 5 mL 乙酸钠溶液和 2 滴二甲酚橙指示剂，用 Zn^{2+} 标准滴定溶液滴定至浅粉红色，即为终点。

同时做空白试验，铝盐试样可用工业硫酸铝。

三、数据记录与处理

计算公式为：

$$\omega(\mathrm{Al}) = \frac{c(\mathrm{Zn}^{2+})(V - V_0) \times 10^{-3} \times M(\mathrm{Al})}{m \times \frac{25}{250}} \times 100\%$$

将铝盐中铝含量测定数据记录于表 3－10。

表 3－10　　　　铝盐中铝含量测定

实验内容 \ 实验编号	1	2	3
准确称取铝盐试样的质量 m/g			
稀释定容后试样溶液体积/mL	250.00		
准确移取试样溶液体积/mL	25.00	25.00	25.00
EDTA 标准滴定溶液浓度/(mol/L)			
准确加入 EDTA 标准滴定溶液体积/mL			
Zn^{2+} 标准滴定溶液浓度/(mol/L)			
滴定管初读数/mL	0.00	0.00	0.00
滴定管终读数/mL			
滴定消耗锌标准滴定溶液体积/mL			
滴定管体积校正值/mL			
溶液温度/℃			
溶液温度补正值/(mL/L)			
溶液温度校正值/mL			
滴定消耗锌标准滴定溶液实际体积 V/mL			
空白试验消耗锌标准滴定溶液体积 V_0/mL			
试样中铝的含量/%			
试样中铝含量的平均值/%			
相对极差/%			

知识拓展一

一、配位滴定常用方法

为了扩展配位滴定的应用，配位滴定有多种滴定方法。

1. 直接滴定法

直接滴定法是最常用的方法，将被测物质处理成溶液后，调节酸度，加入指示剂（有时还需要加入适当的辅助配位剂及掩蔽剂），直接用 EDTA 标准滴定溶液进行滴定，如测定自来水的硬度。

2. 返滴定法

当被测离子与 EDTA 标准滴定溶液反应慢时，一般先加入过量的 EDTA 标准滴定溶液，待其与被测的离子完全反应后，再用另外一种金属离子的标准滴定溶液滴定剩余的 EDTA，这种方法称为返滴定法。例如，Al^{3+} 与 EDTA 配合速度缓慢，Al^{3+} 易水解，对常用的指示剂二甲酚橙有封闭作用，因此测定 Al^{3+} 一般用返滴定法。

3. 置换滴定法

利用置换反应，置换出等物质的量的另一种金属离子（或 EDTA），然后滴定，这就是置换滴定法。置换滴定法灵活多样，不仅能扩大配位滴定的应用范围，还可以提高配位滴定的选择性。

例如，Ag^+ 与 EDTA 的配合物不稳定，不能直接滴定，可在 Ag^+ 试样中加入过量的 $Zn(CN)_4^{2-}$，会发生如下反应：

$$2Ag^+ + Zn(CN)_4^{2-} \!=\!=\!= 2Ag(CN)_2^- + Zn^{2+}$$

用 EDTA 标准滴定溶液滴定置换出来的 Zn^{2+}，就可求出 Ag^+ 含量。

4. 间接滴定法

有些金属离子（如 Li^+、Na^+、K^+ 等）EDTA 的配位物不稳定，或者一些非金属离子（如 SO_4^{2-}、PO_4^{3-} 等）不能与 EDTA 配位，这时可采用间接滴定法进行测定。

例如，测定 PO_4^{3-} 含量，先将 PO_4^{3-} 沉淀为 $MgNH_4PO_4$，然后过滤、洗净、溶解，调节溶液的 pH = 10.0，用铬黑 T 作指示剂，以 EDTA 标准滴定溶液滴定 Mg^{2+}，从而求得试样中 PO_4^{3-} 的含量。

二、EDTA 酸效应曲线的应用

滴定不同的金属离子有不同的最低 pH 值（最高酸度），以金属离子的 $\lg K_{MY}$ 为横坐标，以最低 pH 值为纵坐标，绘制 pH-$\lg K_{MY}$ 曲线，此曲线称为酸效应曲线，如图 3－1 所示。

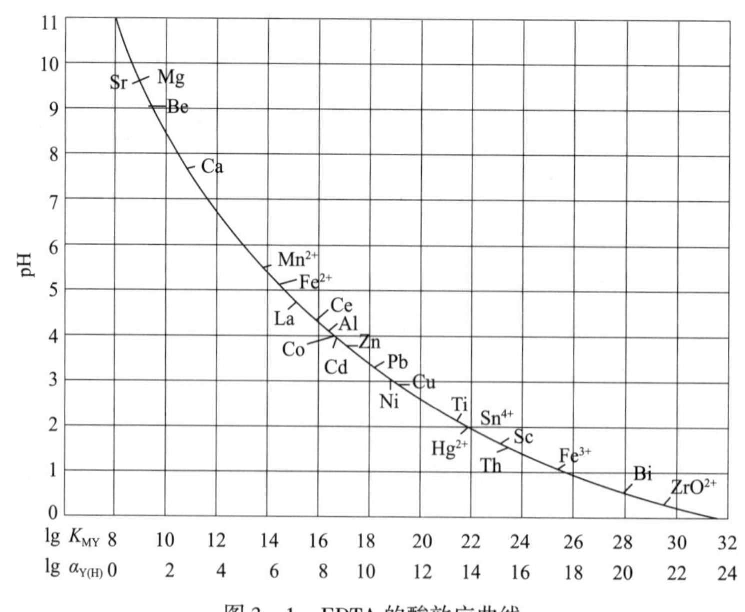

图 3－1　EDTA 的酸效应曲线

应用酸效应曲线，能较方便地解决滴定中可能遇到的一系列问题。

1. 选择滴定的合适酸度条件

【例 3－3】 试用 EDTA 酸效应曲线计算分别滴定 0.01 mol/L Al^{3+}、Zn^{2+}、Ca^{2+} 和 Mg^{2+} 的最低允许 pH 值（即最高允许酸度）。

解： 在酸效应曲线上找到各离子的位置，该位置对应的纵坐标即为单独滴定该金属离子的最低允许 pH 值（最高允许酸度）。

$$pH(Al^{3+})=4.2,\quad pH(Zn^{2+})=4.0,\quad pH(Ca^{2+})=7.6,\quad pH(Mg^{2+})=9.7$$

配位滴定的最高允许 pH 值（最低允许酸度）需利用金属离子的 $M(OH)_n$ 的溶度积 K_{sp} 求得。

【例 3－4】 求 1.0×10^{-2} mol/L EDTA 溶液滴定相同浓度的 Zn^{2+} 的最低允许酸度（最大允许 pH 值）。

解： 查附录六，$Zn(OH)_2$ 的 $K_{sp}=1.2\times10^{-17}$，由 $K_{sp}=c(OH^-)^2c(Zn^{2+})$ 可知：

$$pOH=-\lg[OH^-]=-\lg\sqrt{\frac{K_{sp}}{c(Zn^{2+})}}=-\lg\sqrt{\frac{1.2\times10^{-17}}{1.0\times10^{-2}}}=7.5$$

$$pH=14-pOH=14-7.5=6.5$$

即溶液的最高允许 pH 值应满足：$pH\leqslant6.5$。

2. 判断共存离子的干扰情况

在酸效应曲线上，位于被测离子 M 下方的其他离子 N 由于 $\lg K_{NY}$ 大于 $\lg K_{MY}$，明显对待测离子产生干扰，理论推导和实践证明，当被测离子 M 的 $\lg K_{MY}$ 与其他离子 N 的 $\lg K_{NY}$ 满足

$$\Delta\lg K=\lg K_{MY}-\lg K_{NY}\geqslant5$$

M 可以被准确滴定，而 N 不干扰。

【例 3－5】 在 pH＝5～6 的条件下，用 EDTA 滴定 Zn^{2+} 时，判断试液中共存的 Cu^{2+}、Mn^{2+}、Ca^{2+} 是否干扰 Zn^{2+} 的测定。

解： 查酸效应曲线，Cu^{2+} 位于 Zn^{2+} 下方，明显有干扰。

Mn^{2+}、Ca^{2+} 位于 Zn^{2+} 上方，由

$\lg K_{ZnY}-\lg K_{MnY}=16.5-14.0=2.5<5$，$Mn^{2+}$ 有干扰。

$\lg K_{ZnY}-\lg K_{CaY}=16.5-10.7=5.8>5$，$Ca^{2+}$ 不干扰。

知识拓展二

一、置信度与置信区间

分析结果在某一指定范围内出现的概率称为置信度（或称为置信概率），这个范围就称为置信区间。例如，置信度为 95% 就表示测定结果出现在置信区间的概率为 95%。置信区间可表示为：

$$u=\bar{x}\pm t\frac{s}{\sqrt{n}}$$

式中　$\bar{x}$——测定结果的平均值；

s——标准偏差；

n——测定次数；

$\pm t\frac{s}{\sqrt{n}}$——围绕平均值的置信区间；

t——置信因子，可根据测定次数和置信度从表3-11中查得。

表3-11　不同测定次数和不同置信度的 t 值

测定次数 n	置信度				
	50%	90%	95%	99%	99.5%
2	1.000	6.314	12.706	63.675	127.32
3	0.816	2.920	4.303	9.925	14.089
4	0.765	2.353	3.182	5.841	7.453
5	0.741	2.132	2.776	4.604	5.598
6	0.727	2.015	2.571	4.032	4.773
7	0.718	1.943	2.447	3.707	4.317
8	0.711	1.895	2.365	3.500	4.317
9	0.706	1.860	2.306	3.335	3.832
10	0.703	1.833	2.262	3.14	3.690
11	0.700	1.812	2.228	3.169	3.561
21	0.687	1.725	2.086	2.845	3.153
∞	0.674	1.645	1.960	2.576	2.807

【例3-6】 测定某标准滴定溶液的物质的量浓度，6次测定结果是0.082、0.086、0.084、0.088、0.084和0.089，计算置信度为95%时的置信区间。

解：测定结果的平均值、标准偏差分别为

$$\bar{x}=\frac{0.082+0.086+0.084+0.088+0.084+0.089}{6}=0.086$$

$$s=\sqrt{\frac{(-0.004)^2+(0.000)^2+(-0.002)^2+(0.002)^2+(-0.002)^2+(0.003)^2}{6-1}}$$

$$=0.0027$$

查表3-11，当置信度为95%、$n=6$时，$t=2.571$，则置信区间

$$u=0.086\pm 2.571\frac{0.0027}{\sqrt{6}}=0.086\pm 0.003$$

计算表明，平行测定6次，测定结果出现在某区间的概率为95%的置信区间是0.083~0.089。

通常在检验某一新分析方法是否可靠时，可用已知含量的标准试样进行对照，求出n次测定结果的平均值$\bar{x}$和标准偏差s，并计算出置信因子$t_{计}$。$t_{计}$可按下式计算：

$$t_{计}=\frac{|\bar{x}-u|}{s}\sqrt{n}$$

然后将 $t_{计}$ 与表 3－11 中的 $t_{0.95}$ 相比较（通常选用置信度为 95% 对应测定次数的置信因子作为检验标准），如果 $t_{计} < t_{0.95}$ 则说明所拟定的分析方法准确可靠，无系统误差。这种检验方法称为 t 检验法。

【例 3－7】 用某新方法测定分析纯 NaCl 中氯的含量 10 次，测定的平均值 $\bar{x}=60.68\%$，$s=0.044\%$，已知样品中氯的实际含量为 60.66%，问这种新方法是否准确可靠，有无系统误差存在？

解： $t_{计}=\dfrac{|\bar{x}-u|}{s}\sqrt{n}=\dfrac{|60.68\%-60.66\%|}{0.044\%}\sqrt{10}=1.43$

查表 3－11，当置信度为 95%、$n=10$ 时，$t=2.262$，$t_{计}<t_{0.95}$，说明 $\bar{x}$ 与 u 之间不存在系统误差，该方法准确可靠。

二、可疑测定值的取舍

在所测得的实验数据中，可能有个别数据与其他数据相差较远，这一数据称为可疑数据。可疑数据是保留还是舍去，常用以下方法进行判断：

1. $4\bar{d}$ 法

首先求出不包括可疑值的其余数据的平均值 $\bar{x}$ 和平均偏差 $\bar{d}$。然后，将可疑值与平均值之差的绝对值与 $4\bar{d}$ 比较，如果其绝对值 $\geq 4\bar{d}$，则舍弃可疑值，否则保留。

【例 3－8】 标定某溶液的浓度为 0.101 4 mol/L、0.101 2 mol/L、0.101 9 mol/L 和 0.101 6 mol/L，问 0.101 9 mol/L 是否舍去，平均浓度是多少？

解： 先求出不包含可疑数据的平均值和平均偏差：

$$\bar{x}=\frac{0.1014+0.1012+0.1016}{3}=0.1014\ (\text{mol/L})$$

$$\bar{d}=\frac{|0.0000|+|-0.0002|+|0.0002|}{3}=0.00013\ (\text{mol/L})$$

可疑值与平均值之差的绝对值为：

$$|0.1019-0.1014|=0.0005\ \text{mol/L}$$

$$4\bar{d}=4\times 0.00013=0.00052\ \text{mol/L}$$

可疑值与平均值之差的绝对值 $0.0005<4\bar{d}$，所以数据 0.101 9 mol/L 应保留。平均浓度为：

$$\bar{x}=\frac{0.1014+0.1012+0.1016+0.1019}{4}=0.1015\ (\text{mol/L})$$

2. Q 检验法

将测定的数据按从小到大顺序排列，求出极差（R）即 $x_{max}-x_{min}$，然后求舍弃商 $Q_{计}$（可疑值与邻近值之差的绝对值除以极差），最后比较相同条件下的 $Q_{计}$ 和查表 3－12 得到的 $Q_{查}$ 大小，若 $Q_{计}>Q_{查}$，可疑值需弃去，否则可疑值应保留。

表 3－12　不同测定次数的 Q 值（置信度 90%）

测定次数	3	4	5	6	7	8	9	10
$Q_{0.90}$	0.94	0.76	0.64	0.56	0.51	0.47	0.44	0.41

【**例3－9**】测定试样中钙的含量分别为22.38%、22.39%、22.36%、22.40%和22.44%，某一标准溶液的4次测定值为0.101 4、0.101 2、0.102 5、0.101 6 mol/L。试用Q检验法判断22.44%是否弃去（置信度为90%）？

解：首先将测定数据排序：22.36%、22.38%、22.39%、22.40%、22.44%

求极差$R = x_{max} - x_{min} = 22.44\% - 22.36\% = 0.08\%$

然后求舍弃商$Q_{计}$

$$Q_{计} = \frac{|x_{可疑} - x_{邻近}|}{R} = \frac{|22.44\% - 22.40\%|}{0.08\%} = \frac{0.04\%}{0.08\%} = 0.50$$

查表3－12，当$n=5$时，$Q_{0.90}=0.64$，$Q_{计} < Q_{查表}$，所以测定数据22.44%应保留。

以上两种方法，$4\bar{d}$比较简单，常用来处理一些要求不高的实验数据；Q检验法比较严谨，置信度可达90%，适用于测定3～10次之间的数据处理。

3. G检验法（格鲁布斯检验法）

格鲁布斯检验法常用于检验多种测定值的平均值的一致性，也可以用来检验同一组核定中的测定值的一致性，下面以同一组测定值之中数字一致性的检验为例来展示其检验步骤。

（1）将数据从大到小排序：x_1、x_2、…、x_n。求出算术平均值$\bar{x}$和标准偏差s。

（2）确定检验x_1或x_n或两个都做检验。

（3）根据公式$G = \frac{|\bar{x} - x_1(或x_n)|}{s}$计算检验数据的$G_{计}$值。

（4）查格鲁布斯检验临界值表3－13，得$G_{查}$。

表3－13　格鲁布斯检验临界值表

n（测量次数）＼ p（置信度）	0.95	0.99	n（测量次数）＼ p（置信度）	0.95	0.99
3	1.153	1.155	17	2.475	2.785
4	1.463	1.492	18	2.504	2.821
5	1.672	1.749	19	2.532	2.854
6	1.822	1.944	20	2.557	2.884
7	1.938	2.097	21	2.580	2.912
8	2.032	2.231	22	2.603	2.939
9	2.110	2.323	23	2.624	2.963
10	2.176	2.410	24	2.644	2.987
11	2.234	2.485	25	2.663	3.009
12	2.285	2.550	30	2.745	3.103
13	2.331	2.607	35	2.811	3.178
14	2.371	2.659	40	2.866	3.240
15	2.409	2.705	45	2.914	3.292
16	2.443	2.747	50	2.956	3.336

（5）比较 $G_{计}$ 与 $G_{查}$，如果 $G_{计} \geqslant G_{查}$，数据 x_1 或 x_n 是可疑的，应剔除；反之应保留。

（6）剔除第一个异常数据后，如果仍有可疑数据需要判别，则应重新计算平均值 $\bar{x}$ 和标准偏差 s，求出新的 $G_{计}$，再次查表比较、检验。以此类推直到无异常数据为止。

【例 3－10】 10 个实验室分析同一样品的实验室测定的平均值由小到大顺序为 3.61、4.49、4.50、4.51、4.64、4.75、4.81、4.95、5.01、5.59，请用格鲁布斯检验法检验置信度为 0.95 的实验室数据平均值 3.61 是否应该舍去。

解：

$$\bar{x} = \frac{3.61 + 4.49 + 4.50 + 4.51 + 4.64 + 4.75 + 4.81 + 4.95 + 5.01 + 5.59}{10} = 4.686$$

$$s = \sqrt{\frac{\sum (x_i - \bar{x})^2}{n - 1}} = 0.50$$

$$G_{计} = \frac{|\bar{x} - x_1(\text{或 } x_n)|}{s} = \frac{4.686 - 3.61}{0.5} = 2.152$$

$$G_{计} = 2.152 < G_{查}(n = 10,\ p = 0.95) = 2.176$$

所以，3.61 应该保留。

项目评价

项目综合评价，见表 3－14。

表 3－14　　项目综合评价

评价指标	评价内容	配分	扣分	得分
HSE 管理	做好个人安全防护，提醒或帮助他人做好安全防护，缺项或防护不规范扣 1～10 分	10		
玻璃仪器洗涤与试漏	玻璃仪器清洗干净，需试漏的玻璃仪器要正确试漏，洗涤不干净或试漏不规范、有遗漏扣 1～5 分	5		
药品称量与溶液配制	1. 药品称量操作规范、方法正确，不规范、不正确、超出称量范围扣 1～5 分 2. 溶液配制方法正确，不正确扣 1～5 分	10		
样品预处理	样品预处理规范、正确，不正确、不规范扣 1～5 分	5		
滴定分析	1. 移液操作规范、正确，不规范扣 1～3 分 2. 滴定管润洗、排气泡、调零规范、正确，不规范、不正确扣 1～3 分 3. 标准滴定溶液的标定、样品测定滴定速度适宜，不正确扣 1～5 分 4. 标准滴定溶液的标定、样品测定终点判断准确，不正确扣 1～5 分 5. 对照（或空白）试验正确，不正确最多扣 2 分 6. 滴定管读数错误一次扣 2 分，扣完为止	20		
数据记录与处理	数据记录及处理规范（及时规范记录、无计算错误、有效数字保留位数正确），不及时、不规范、涂改数据、计算错误扣 1～5 分	5		

续表

评价指标	评价内容	配分	扣分	得分
结束工作	1. 实验结束后将仪器清洗干净，不干净扣1分 2. 仪器设备台面整理干净，不整理干净扣1分 3. 将仪器恢复到初始状态并摆放整齐，不恢复原样扣1分 4. 防护用品摆放整齐规范，不正确、不规范扣1分 5. 废液、废渣处理符合要求，不符合要求扣1分	5		
实验报告	实验报告内容完整、清晰，缺乏条理、内容不完整、报告有错误扣1～5分	5		
实验结果	1. 实验结果评价达到优级，不扣分 2. 实验结果评价达到良好，扣7分 3. 实验结果评价达到合格，扣12分 4. 实验结果评价不合格，不得分	30		
文明操作	1. 台面整洁、环境清洁、物品摆放整齐，不符合要求扣1分 2. 注重自身和他人安全，关注健康和环保，不符合要求扣1分 3. 轻言细语，轻拿轻放，谈吐、举止文明，不符合要求扣1分 4. 有效沟通，及时解决技术问题，不及时扣1分 5. 主动参与、服从安排，不符合要求扣1分	5		

目标检测

一、选择题

1. EDTA的水溶液有7种存在型体，其中能与金属离子直接配位的是（　　）。

A. H_6Y　　B. H_2Y^{2-}　　C. HY^{3-}　　D. Y^{4-}

2. 下列不是实验室常用于标定EDTA标准滴定溶液的基准试剂是（　　）。

A. MgO　　B. ZnO　　C. Zn　　D. $CaCO_3$

3. 用EDTA溶液直接滴定无色金属离子，终点时溶液所呈颜色是（　　）。

A. 金属指示剂和金属离子形成的配合物的颜色

B. 无色

C. 游离指示剂的颜色＋EDTA与金属离子形成的配合物的颜色

D. EDTA与金属离子形成的配合物的颜色

4. EDTA与金属离子形成的配合物，其配位比一般为（　　）。

A. 1:1　　B. 1:2　　C. 1:3　　D. 2:1

5. EDTA与金属离子配位的特点有（　　）。

A. 因生成的配合物稳定性很高，与溶液酸度无关

B. 能与所有的金属离子形成稳定的配合物

C. 生成的配合物大多易溶于水

D. 生成的配合物都没有颜色

6. 金属指示剂应具备的条件是（　　）。

A. MIn 在水中的溶解度要小

B. MIn 的稳定性要小于 MY 的稳定性

C. MIn 的稳定性要大于 MY 的稳定性

D. In 与 MIn 的颜色要相近

7. 当 pH≥12 时，一般认为 $\lg\alpha_{Y(H)}$（　　）。

A. >1.00　　B. =1.00　　C. >0.00　　D. =0.00

8. 若只考虑酸效应，当 pH=2.0 时，用 EDTA 滴定 Zn^{2+} 含量的条件稳定常数为（　　）。

A. 13.51　　B. 16.50　　C. 8.00　　D. 2.99

二、判断题

1.（　　）EDTA 与金属离子形成的配合物均无色。

2.（　　）EDTA 与金属离子大多数是以 1:1 的关系配合。

3.（　　）EDTA 的酸效应系数 $\alpha_{Y(H)}$ 与溶液的 pH 值有关，pH 值越大，则 $\alpha_{Y(H)}$ 也越大。

4.（　　）酸度越高，配合物的稳定性越高。

5.（　　）金属指示剂的应用条件是 $K'_{MIn} > K'_{MY}$。

6.（　　）配位滴定反应，要求 MY 要有足够的稳定性，即 $K_{MY} \geq 10^8$。

7.（　　）酸度是影响配位滴定的主要因素之一，溶液酸性越强，酸效应系数越大。

8.（　　）溶液中 $c(EDTA) = [H_6Y] + [H_5Y] + [H_4Y] + [H_3Y] + [H_2Y] + [HY] + [Y] + [MY]$。

三、填空题

1. EDTA 是一种常用的配位滴定剂，名称是________，分子式可表示为________，其结构式为____________。配制标准滴定溶液时一般采用 EDTA 二钠盐，分子式为________，22 ℃时，100 mL 水能溶解 EDTA 的二钠盐________ g。

2. 一般情况下，水溶液中的 EDTA 有________、________、________、________、________、________、________ 7 种型体存在，其中以________与金属离子形成的配合物最稳定，溶液 pH >________时，EDTA 才主要以此种型体存在。

3. 影响配位滴定的主要因素之一是________效应，一般要求 $\lg K'_{MY} - \lg\alpha_{Y(H)} >$ ________。

4. 测定水的总硬度时，以________作指示剂，用________溶液调节试液的 pH≈________，用 EDTA 滴定至溶液由________色变为________色即为终点。

5. 有些指示剂本身或 MIn 配合物在水中的溶解度太小，使滴定剂与 MIn 配合物进行置换反应的速度变__________，导致终点到达时间__________。这种现象称为指示剂的__________。

四、简答题

1. EDTA 与金属离子配位有哪些特点？
2. 配位滴定反应必须具备哪些条件？

五、计算题

1. 准确称取 0.416 2 g ZnO 基准物质，用盐酸溶解，定容至 250 mL。吸取此溶液 25.00 mL，以 EDTA 标准滴定溶液滴定至终点，用去 21.56 mL，计算 EDTA 溶液的物质的量浓度。

2. 测定水的总硬度，用移液管移取 100.0 mL 水样于锥形瓶中，以铬黑 T 为指示剂，用 $c(\text{EDTA}) = 0.020\ 0$ mol/L 的 EDTA 标准溶液滴定，消耗 EDTA 标准溶液 7.00 mL，空白试验消耗 EDTA 标准溶液 0.01 mL。试计算水的总硬度是多少度。

项目四

测定双氧水中过氧化氢的含量

任务引入

该项目有 2 个代表性工作任务和 1 个拓展任务。

过氧化氢（H_2O_2）的水溶液俗称双氧水，常用于生产加工助剂，具有消毒、杀菌、漂白等功能。在造纸、环保、食品、医药、纺织、矿业、农业废料加工等领域得到广泛应用。双氧水稳定性不好，容易变质，因此，测定过氧化氢含量有很大的实际意义。

分析方法

双氧水中过氧化氢的含量常用氧化还原滴定法，氧化还原滴定法是以氧化还原反应为基础的滴定分析方法。化学试剂过氧化氢的测定执行标准《化学试剂　30% 过氧化氢》（GB/T 6684—2002），工业过氧化氢的测定执行标准《工业过氧化氢》（GB/T 1616—2014）。

在酸性溶液中，$KMnO_4$ 与 H_2O_2 的反应如下：

$$2MnO_4^- + 5H_2O_2 + 6H^+ = 2Mn^{2+} + 5O_2\uparrow + 8H_2O$$

此反应是在室温下的 H_2SO_4 介质中完成的，$KMnO_4$ 显紫红色，可用作自身指示剂。开始滴定时，滴加速度应特别慢，当第一滴 $KMnO_4$ 颜色消失后再继续滴定，随着 Mn^{2+} 的生成反应速度不断加快，这时滴定速度可适当加快（注意不能太快）。滴定过程中，为了确保 $KMnO_4$ 被还原为 Mn^{2+}，需使溶液呈强酸性，用 $KMnO_4$ 标准溶液滴定至溶液变为粉红色，且 30 s 内不褪色即为终点。

任务目标

【知识、技能与素养】

知识	技能	素养
1. 能简述氧化还原滴定法中的高锰酸钾法、重铬酸钾法、碘量法 2. 能陈述氧化还原指示剂的分类、变色原理、选用等 3. 能简述高锰酸钾标准滴定溶液标定过程的注意事项 4. 能正确确定氧化还原滴定法的基本单元 5. 能简述双氧水的物理化学特性和过氧化氢含量的测定原理	1. 能正确称量、溶解高锰酸钾，制备 $KMnO_4$ 标准滴定溶液 2. 能正确使用递减称量法称取基准试剂草酸钠（$Na_2C_2O_4$） 3. 能正确对待标定的高锰酸钾溶液进行加热 4. 能正确通过高锰酸钾自身指示剂颜色变化确定滴定终点，正确标定高锰酸钾标准滴定溶液和测定双氧水中过氧化氢含量 5. 能正确记录和处理实验数据，计算过氧化氢含量、精密度和准确度 6. 能按 6S 质量管理要求整理整顿实验现场，符合健康、环保要求	交流沟通 自我管理 计划组织 自主学习 安全意识 环保意识 劳动意识 科学规范 诚实守信 爱岗敬业 工匠精神

任务一　制备 $KMnO_4$ 标准滴定溶液

活动一　准备仪器与试剂

准备仪器

电子台秤、分析天平、电炉、滴定分析成套玻璃仪器。

准备试剂

高锰酸钾（A. R）、基准物质 $Na_2C_2O_4$ 105 ~ 110 ℃烘干至恒重、(8∶92) H_2SO_4 溶液。

必备知识

一、高锰酸钾法

高锰酸钾（$KMnO_4$）法是氧化还原滴定法中几种重要的方法之一，它是一种以强氧化剂高锰酸钾为标准溶液进行滴定分析的方法。

高锰酸钾的氧化能力与溶液的酸度密切相关。

在强酸性溶液中：$MnO_4^- + 8H^+ + 5e^- \xlongequal{} Mn^{2+} + 4H_2O \quad \varphi^\theta = 1.51\ V$

在中性或弱碱性溶液中：$MnO_4^- + 2H_2O + 3e^- \xlongequal{} MnO_2 \downarrow + 4OH^- \quad \varphi^\theta = 0.59\ V$

在碱性溶液中：$MnO_4^- + e^- \Longrightarrow MnO_4^{2-} \quad \varphi^\theta = 0.56\ V$。

由于高锰酸钾在强酸性溶液中有更强的氧化性，因此高锰酸钾滴定法一般在0.5～1 mol/L的H_2SO_4介质中使用，不宜用还原性介质盐酸或氧化性介质硝酸，在微酸性、中性、弱碱性和碱性溶液中，$KMnO_4$氧化能力较弱，且生成褐色MnO_2沉淀，影响滴定终点的观察，故应用较少。

二、高锰酸钾法的特点

1. 高锰酸钾具有很强的氧化能力，广泛应用于直接或间接测定多种无机物或有机物。例如，通过直接法测定Fe^{2+}、As（Ⅲ）、H_2O_2等，采用返滴定法对PbO_2、MnO_2等物质进行测定，此外，还可以通过间接法测定Ca^{2+}、Th^{4+}等一些非氧化还原物质。

2. 高锰酸钾溶液为紫红色，用它作为标准溶液滴定无色或浅色试液时可不再另加指示剂。

3. 由于高锰酸钾具有很强的氧化性，能与多种还原性物质反应，因此该方法的选择性不是很好。

4. 高锰酸钾标准溶液一般通过间接法配制，而且其浓度不够稳定，放置时间不能过长，使用过程中需经常标定。

活动二　配制 $KMnO_4$ 标准滴定溶液

配制$c\left(\frac{1}{5}KMnO_4\right)=0.1$ mol/L $KMnO_4$标准滴定溶液过程：

用电子台秤称取1.6 g高锰酸钾固体⟶溶于水⟶稀释至500 mL⟶盖上表面皿⟶用电炉加热至沸腾⟶缓缓煮沸15 min⟶冷却后置于暗处静置数天⟶用4号玻璃过滤锅（预先以同样浓度高锰酸钾溶液缓缓煮沸5 min）过滤⟶储存于干燥具玻璃塞的棕色试剂瓶中⟶粘贴标签。

活动三　标定 $KMnO_4$ 标准滴定溶液

标定$KMnO_4$标准滴定溶液的过程见表4－1。在实验过程中，近终点时应控制好实验温度，不低于65°，不高于90°，一般温度控制在70～80°，注意运用半滴、1/4滴滴加技术，确保滴定和终点判断准确。

表4－1　标定 $KMnO_4$ 标准滴定溶液

锥形瓶	1. 分别准确称取0.25 g 105～110 ℃干燥至恒重的基准试剂$Na_2C_2O_4$，置于3个250 mL锥形瓶中 2. 加入100 mL硫酸（8∶92）溶液，摇动使之全部溶解
滴定管	1. 在滴定管中装入待标定的$KMnO_4$标准滴定溶液，排气泡，调“零” 2. 用$KMnO_4$标准滴定溶液滴定，近终点时加热至约65 ℃，继续滴定至锥形瓶的溶液呈粉红色，并保持30 s不褪色即为终点 3. 平行测定3次，同时做一份空白试验

必备知识

一、高锰酸钾标准溶液

纯高锰酸钾溶液性质相当稳定，而市售的 $KMnO_4$ 试剂中一般含有少许 MnO_2 和其他杂质，蒸馏水中也会含有少量还原性物质，它们都可以与 MnO_4^- 发生反应而析出 $MnO(OH)_2$ 沉淀。以上生成物以及光、热、酸、碱等外界条件的改变都会促进高锰酸钾分解，制备高锰酸钾标准溶液，通常先配制近似浓度的高锰酸钾溶液，为了获得比较稳定的高锰酸钾溶液，需将配制好的溶液加热至沸腾，并保持微沸约 1 h，然后放置 2 ~ 3 天，使溶液中可能存在的还原性物质完全被氧化。用微孔玻璃漏斗过滤，除去析出的沉淀，再将过滤后的高锰酸钾溶液储存于棕色试剂瓶中，并放在阴暗处，待标定。

目前，标定 $KMnO_4$ 标准滴定溶液常用基准物质 $Na_2C_2O_4$，在 105 ~ 110 ℃烘干至恒重，冷却后即可使用。标定反应如下：

$$2MnO_4^- + 5C_2O_4^{2-} + 16H^+ \longrightarrow 2Mn^{2+} + 10CO_2\uparrow + 8H_2O$$

二、标定高锰酸钾标准溶液的注意事项

用 $Na_2C_2O_4$ 标定高锰酸钾溶液时，应注意以下滴定条件：

1. 酸度

用 H_2SO_4 调节溶液酸度，使 H_2SO_4 浓度保持在 0.5 ~ 1 mol/L 范围。若酸度不足，易生成 MnO_2 沉淀；酸度过高，则会使 $H_2C_2O_4$ 分解。

2. 温度

在室温下，这个反应的速度缓慢，因此，常将溶液加热至 70 ~ 80 ℃时进行滴定。但温度不宜过高，若温度高于 90 ℃时，部分 $H_2C_2O_4$ 分解。

$$H_2C_2O_4 \longrightarrow CO_2\uparrow + CO\uparrow + H_2O$$

3. 滴定速度

开始滴定时的速度不宜太快，否则加入的高锰酸钾溶液来不及与 $C_2O_4{}^{2-}$ 反应，即在热的酸性溶液中发生分解。

$$4MnO_4^- + 12H^+ \longrightarrow 4Mn^{2+} + 5O_2\uparrow + 6H_2O$$

4. 催化剂

开始加入的几滴 $KMnO_4$ 溶液褪色较慢，随着滴定产物 Mn^{2+} 的生成，反应速度逐渐加快。因此，常在滴定前加入几滴 $MnSO_4$ 作催化剂。

5. 指示剂

$KMnO_4$ 自身可作为滴定时的指示剂，称为自身氧化还原指示剂。

6. 滴定终点

用 $KMnO_4$ 溶液滴定至终点后，溶液中出现的粉红色不能持久，这是因为空气中的还原性气体和灰尘都能使 MnO_4^- 还原，使溶液的粉红色逐渐消失。所以，滴定时溶液中出现的

粉红色如在 30 s 内不褪色，即已达到滴定终点。

三、氧化还原滴定的基本单元

氧化还原滴定是以能接受或给出一个电子的特定组合作为基本单元。由高锰酸钾标准溶液的标定反应

$$MnO_4^- + 5e^- + 8H^+ \longrightarrow Mn^{2+} + 4H_2O,\quad C_2O_4^{2-} - 2e^- + 8H^+ \longrightarrow 2CO_2\uparrow + 4H_2O$$

可知，高锰酸钾的基本单元为$\frac{1}{5}KMnO_4$，草酸钠的基本单元为$\frac{1}{2}Na_2C_2O_4$。

【例 4－1】 配制 $c\left(\frac{1}{5}KMnO_4\right)=0.1$ mol/L $KMnO_4$ 标准溶液 1 000 mL，应称取 $KMnO_4$ 多少克？

解：已知 $M(KMnO_4)=158$ g/mol

$$m(KMnO_4)=c\left(\frac{1}{5}KMnO_4\right)\cdot V(KMnO_4)\cdot M\left(\frac{1}{5}KMnO_4\right)=0.1\times1\times\frac{1}{5}\times158=3.16\ (g)$$

因此，应称取 $KMnO_4$ 的质量为 3.16 g。

活动四　数据记录与处理

计算公式为：

$$c\left(\frac{1}{5}KMnO_4\right)=\frac{m(Na_2C_2O_4)}{M\left(\frac{1}{2}Na_2C_2O_4\right)(V_1-V_0)\times10^{-3}}$$

式中 $c\left(\frac{1}{5}KMnO_4\right)$——$KMnO_4$ 标准滴定溶液的浓度，mol/L；

$m(Na_2C_2O_4)$ ——称取基准物质 $Na_2C_2O_4$ 的质量，g；

V_1——实际消耗 $KMnO_4$ 标准滴定溶液的体积，mL；

V_0——空白试验消耗 $KMnO_4$ 标准滴定溶液的体积，mL；

$M\left(\frac{1}{2}Na_2C_2O_4\right)$——以$\frac{1}{2}Na_2C_2O_4$ 为基本单元的 $Na_2C_2O_4$ 摩尔质量，67.00 g/mol。

将 $KMnO_4$ 标准滴定溶液的标定数据记录于表 4－2。

表 4－2　　$KMnO_4$ 标准滴定溶液的标定

实验编号 实验内容	1	2	3
倾倒前：称量瓶 + $Na_2C_2O_4$/g			
倾倒后：称量瓶 + $Na_2C_2O_4$/g			
$m(Na_2C_2O_4)$/g			
滴定管体积初读数/mL	0.00	0.00	0.00

续表

实验内容 \ 实验编号	1	2	3
滴定管体积终读数/mL			
滴定管体积校正值/mL			
溶液温度/℃			
溶液温度补正值/（mL/L）			
溶液温度校正值/mL			
实际消耗 $KMnO_4$ 标准滴定溶液体积 V_1/mL			
空白试验消耗 EDTA 标准滴定溶液体积 V_0/mL			
$c(KMnO_4)$/(mol/L)			
$\bar{c}(KMnO_4)$/(mol/L)			
相对极差/%			

任务二　测定双氧水中过氧化氢试样的含量

活动一　仪器与试剂的准备

准备仪器

5 mL 吸量管、250 mL 容量瓶、滴定分析成套玻璃仪器。

准备试剂

$KMnO_4$ 标准滴定溶液、H_2SO_4(3 mol/L) 溶液、双氧水试样。

活动二　测定过氧化氢的含量

测定过氧化氢的含量实验过程，见表 4－3。实验过程中，注意运用半滴、1/4 滴滴加技术，确保滴定和终点判断准确。

表 4－3　测定过氧化氢的含量

容量瓶	1. 向 250 mL 容量瓶中加入约 200 mL 蒸馏水 2. 准确量取 2 mL 30% 过氧化氢试样注入容量瓶内 3. 加水稀释至刻度线，充分摇匀

续表

锥形瓶	1. 用移液管准确移取25.00 mL上述试液于250 mL锥形瓶中 2. 加入3 mol/L的 H_2SO_4 溶液20 mL
滴定管	1. 在滴定管中装入 $KMnO_4$ 标准滴定溶液，排气泡，调“零” 2. 用 $KMnO_4$ 滴定溶液滴定至溶液呈微红色，并保持30 s不褪色即为终点 3. 平行测定3次，同时做空白试验

必备知识

过氧化氢的性质

纯过氧化氢是淡蓝色的黏稠液体，密度为1.148 g/mL，在152 ℃沸腾，在-1.7 ℃时凝固成针状结晶。它可以与水、乙醇以任意比例互溶。其水溶液称为双氧水。一般的双氧水商品有3%（质量分数）和30%两种，前一种多用作医药行业消毒杀菌剂，后一种多用作工业和化学实验试剂。

过氧化氢是一种强氧化剂，受热分解放出氧：

$$2H_2O_2 = 2H_2O + O_2\uparrow$$

这种分解反应受碱性物质影响较大，碱性物质能加速 H_2O_2 的分解。因此，保存 H_2O_2 时，可在溶液中加入少量酸，以防分解。

当 H_2O_2 与比它更强的氧化剂反应时，可显示出还原性，这时 H_2O_2 被氧化放出氧。例如，H_2O_2 与KI反应时，它是氧化剂，能把 I^- 氧化成 I_2：

$$2KI + H_2O_2 = 2KOH + I_2\downarrow$$

它与强氧化剂 Cl_2 反应时，被氧化，而作还原剂：

$$Cl_2 + H_2O_2 = 2HCl + O_2\uparrow$$

在实验室，可用过氧化钡（BaO_2）与稀硫酸反应制取过氧化氢：

$$BaO_2 + H_2SO_4 = BaSO_4\downarrow + H_2O_2$$

活动三　数据记录与处理

1. 计算公式

$$\rho(H_2O_2) = \frac{c\left(\frac{1}{5}KMnO_4\right)\times(V_1 - V_0)\times10^{-3}\times M\left(\frac{1}{2}H_2O_2\right)}{V\times\frac{25}{250}}\times1\ 000$$

式中　$\rho(H_2O_2)$ ——过氧化氢的质量浓度，g/L；

$c\left(\frac{1}{5}KMnO_4\right)$——高锰酸钾标准滴定溶液的浓度，mol/L；

V_1——实际消耗 $KMnO_4$ 标准溶液的体积，mL；

V_0——空白试验消耗 $KMnO_4$ 标准溶液的体积，mL；

$M\left(\frac{1}{2}H_2O_2\right)$——$\frac{1}{2}H_2O_2$ 的摩尔质量，17.01 g/mol；

V——测定时量取过氧化氢试液体积，mL。

2. 数据记录与处理

测定过氧化氢的含量见表 4－4。

表 4－4　　测定过氧化氢的含量

实验内容 \ 实验编号	1	2	3
$c(1/5KMnO_4)/(mol/L)$			
V(过氧化氢试液体积)/mL	2.00	2.00	2.00
滴定管体积初读数/mL	0.00	0.00	0.00
滴定管体积终读数/mL			
滴定管体积校正值/mL			
溶液温度/℃			
溶液温度补正值/(mL/L)			
溶液温度校正值/mL			
实际消耗高锰酸钾标准滴定溶液体积 V_1/mL			
空白试验消耗高锰酸钾标准滴定溶液体积 V_0/mL			
$\rho(H_2O_2)/(mg/L)$			
$\bar{\rho}(H_2O_2)/(mg/L)$			
相对极差/%			

》过程评价

通过过程评价，不断检查与改进，培养学生科学、规范、自我管理、计划与组织、安全、环保、节约、求真务实等职业素养，过程评价指标见表 4－5。

表 4－5　　滴定分析过程评价

操作项目	不规范操作项目名称	评价结果			
		是	否	扣分	得分
基准物和试样称量操作（20 分）	不看天平水平，扣 2 分				
	不清扫或校正天平零点后清扫，扣 2 分				
	称量开始或结束零点不校正，扣 2 分				
	用手直接拿称量瓶或滴瓶，扣 2 分				
	将称量瓶或滴瓶放在桌子台面上，扣 2 分				
	称量时或敲样时不关门，或开关门太重，扣 2 分				
	称量物品洒落在天平内或工作台上，扣 2 分				
	离开天平室物品留在天平内或放在工作台上，扣 2 分				
	称量物称样量不在规定量 ±5% 以内，扣 2 分				
	重称，扣 4 分				

续表

操作项目	不规范操作项目名称	评价结果			
		是	否	扣分	得分
玻璃器皿试漏洗涤（10 分）	需试漏的玻璃仪器容量瓶、滴定管等未正确试漏，扣 2 分				
	滴定管挂液，扣 2 分				
	移液管挂液，扣 2 分				
	容量瓶挂液，扣 2 分				
	玻璃仪器不规范书写粘贴标签，扣 2 分				
容量瓶定容操作（10 分）	试液转移操作不规范，扣 2 分				
	试液溅出，扣 2 分				
	烧杯洗涤不规范，扣 2 分				
	稀释至刻度线不准确，扣 2 分				
	2/3 处未平摇或定容后摇匀动作不正确，扣 2 分				
移取管操作（10 分）	移液管未润洗或润洗不规范，扣 2 分				
	吸液时吸空或重吸，扣 2 分				
	放液时移液管不垂直，扣 2 分				
	移液管管尖不靠壁，扣 2 分				
	放液后不停留一定时间（约 15 s），扣 2 分				
滴定管操作（30 分）	滴定管不试漏或滴定中漏液，扣 2 分				
	滴定管未润洗或润洗不规范，扣 2 分				
	装液操作不正确或未赶气泡，扣 2 分				
	滴定管调零不规范，扣 2 分				
	手摇锥形瓶操作不规范，扣 2 分				
	滴定速度控制不当，扣 2 分				
	滴定终点判断不准确，扣 5 分				
	平行测定时，不看指示剂颜色变化，只看滴定管的读数，扣 4 分				
	未等待 30 s 读数，读数操作不规范，扣 2 分				
	重新滴定，扣 5 分				
数据记录及处理（10 分）	不在规定的记录纸上记录，扣 2 分				
	计算错误，扣 4 分				
	有效数字位数保留不正确，扣 4 分				
安全文明结束工作（10 分）	玻璃仪器不清洗，扣 2 分				
	废液、废渣处理不规范，扣 2 分				
	工作台不整理或玻璃仪器摆放不整齐，未恢复原样，扣 2 分				
	安全防护用品未及时归还或摆放不整齐，扣 2 分				
	未请实验指导老师检查工作台面就结束实验，离开实验室，扣 2 分				
	本项不计分，损坏玻璃仪器除按规定赔偿外，倒扣 10 分				
实验过程合计得分（总分 100 分）					

拓展任务　测定次氯酸钙（漂粉精）有效氯的含量

［执行标准：《次氯酸钙（漂粉精）》（GB/T 10666—2019）］

一、工学一体化准备

1. 检测原理

在酸性介质中次氯酸根与碘化钾反应析出碘，以淀粉为指示剂，用硫代硫酸钠标准滴定溶液滴定，蓝色消失即为终点，计算测定次氯酸钙（漂粉精）有效氯含量。反应式如下：

$$ClO^- + 2I^- + 2H^+ = H_2O + Cl^- + I_2$$

$$I_2 + 2S_2O_3^{2-} = S_4O_6^{2-} + 2I^-$$

2. 仪器

分析天平、50 mL 滴定管、500 mL 容量瓶、25 mL 移液管、烧杯、500 mL 带塞的磨口锥形瓶、量杯、量筒、洗瓶、研钵等。

3. 试剂

碘化钾溶液（100 g/L）、硫酸溶液（3:100）、硫代硫酸钠标准滴定溶液（0. 1 mol/L）、可溶性淀粉溶液（10 g/L）、次氯酸钙（漂粉精）试样。

二、工学一体化过程

1. 硫代硫酸钠标准滴定溶液、指示剂及辅助试剂由学习工作站统一提供。

2. 试样溶液的制备

称取约 3. 5 g 试样（精确至 0. 000 1 g），置于研钵中，加少量水，充分研磨呈均匀乳液，然后全部移至 500 mL 容量瓶中，用水稀释至刻度，摇匀，备用。

3. 测定

移取 25. 00 mL 试样溶液，置于带塞的磨口锥形瓶中，加 20 mL 碘化钾溶液和 10 mL 硫酸溶液，在暗处放置 5 min。用硫代硫酸钠标准滴定溶液滴定至浅黄色，加 1 mL 淀粉指示液，溶液呈蓝色，再继续滴定至蓝色消失即为终点。

同时做空白试验，次氯酸钙试样可用工业次氯酸钙。

三、数据记录与处理

氯含量的计算公式为：

$$\omega(Cl) = \frac{c \times (V - V_0) \times M \times 10^{-3}}{m \times \frac{25.00}{500}} \times 100\%$$

式中　$\omega(Cl)$——次氯酸钙（漂粉精）有效氯的质量分数，%；

c——$Na_2S_2O_3$ 标准滴定溶液的物质的量浓度，mol/L；

V——滴定消耗 $Na_2S_2O_3$ 标准滴定溶液的实际体积，mL；

V_0——空白试验消耗 $Na_2S_2O_3$ 标准滴定溶液的体积，mL；

M——氯的摩尔质量，35.453 g/mol；

m——准确称取次氯酸钙试样的质量，g。

将次氯酸钙（漂粉精）有效氯含量数据记录于表 4－6。

表 4－6　　测定次氯酸钙（漂粉精）有效氯含量

项目	1	2	3
准确称取次氯酸钙试样的质量 m/g			
稀释定容后试样溶液体积/mL	500.00		
准确移取试样溶液体积/mL	25.00	25.00	25.00
$Na_2S_2O_3$ 标准滴定溶液浓度 c/(mol/L)			
滴定管初读数/mL	0.00	0.00	0.00
滴定管终读数/mL			
滴定消耗 $Na_2S_2O_3$ 标准滴定溶液体积/mL			
滴定管体积校正值/mL			
溶液温度/℃			
溶液温度补正值/(mL/L)			
溶液温度校正值/mL			
滴定消耗 $Na_2S_2O_3$ 标准滴定溶液实际体积 V/mL			
空白试验消耗 $Na_2S_2O_3$ 标准滴定溶液体积 V_0/mL			
试样中氯的含量/%			
样品中氯含量的平均值/%			
相对极差/%			

》知识拓展

一、常用氧化还原滴定法

氧化还原滴定法除了高锰酸钾法，还有重铬酸钾法、碘量法等。

1. 重铬酸钾法

重铬酸钾法是铁矿石全铁含量测定的常规方法，按照《铁矿石　全铁含量的测定　三氯化钛还原重铬酸钾滴定法（常规方法）》（GB/T 6730.65—2009）执行，是水质样品化学需氧量 COD_{Cr} 测定的标准方法（HJ 828—2017）。重铬酸钾法使用的重铬酸钾标准滴定溶液有直接配置法和间接标定法。

（1）直接配制法。重铬酸钾易提纯，是常用的基准物质，在 105～110 ℃干燥至恒重后，可作为基准物质直接配制标准溶液，重铬酸钾具有较强的氧化性，使用 $K_2Cr_2O_7$ 作为标准溶液，在酸性溶液中与还原性物质作用，$Cr_2O_7^{2-}$ 得到 $6e^-$ 被还原成 Cr^{3+}，半反应为：

$$Cr_2O_7^{2-} + 14H^+ + 6e = 2Cr^{3+} + 7H_2O \quad \varphi^\theta = 1.33\ V$$

重铬酸钾的基本单元为 $\frac{1}{6}K_2Cr_2O_7$。

重铬酸钾标准滴定溶液的浓度按下式计算：

$$c\left(\frac{1}{6}K_2Cr_2O_7\right) = \frac{m(K_2Cr_2O_7)}{\frac{V(K_2Cr_2O_7)}{1\ 000} \times M\left(\frac{1}{6}K_2Cr_2O_7\right)}$$

（2）间接配制法。使用 $K_2Cr_2O_7$ 试剂配制标准滴定溶液时，需按标准《化学试剂　标准滴定溶液的制备》（GB/T 601—2016）对配制的 $K_2Cr_2O_7$ 标准滴定溶液进行标定。

称取 5 g 重铬酸钾，溶于 1 000 mL 水中，摇匀。准确移取 35.00 ~ 40.00 mL 配制的重铬酸钾溶液，置于碘量瓶中，加 2 g 碘化钾及 20 mL 硫酸溶液（20%），摇匀，置于暗处放置 10 min。加 150 mL 水（15 ~ 20 ℃），用硫代硫酸钠标准滴定溶液 [$c(Na_2S_2O_3) = 0.1$ mol/L] 滴定，近终点时加 2 mL 淀粉指示液（10 g/L），继续滴定至溶液由蓝色变为亮绿色为终点，同时做空白试验。反应为：

$$Cr_2O_7^{2-} + 6I^- + 14H^+ = 2Cr^{3+} + 3I_2 + 7H_2O$$

$$I_2 + 2S_2O_3^{2-} = S_4O_6^{2-} + 2I^-$$

$K_2Cr_2O_7$ 标准滴定溶液的浓度按下式计算：

$$c\left(\frac{1}{6}K_2Cr_2O_7\right) = \frac{(V_1 - V_0)c(Na_2S_2O_3)}{V}$$

式中　$c\left(\frac{1}{6}K_2Cr_2O_7\right)$——重铬酸钾标准滴定溶液的浓度，mol/L；

V_1——滴定时消耗硫代硫酸钠标准滴定溶液的体积，mL；

V_0——空白试验消耗硫代硫酸钠标准滴定溶液的体积，mL；

$c(Na_2S_2O_3)$——硫代硫酸钠标准滴定溶液的浓度，mol/L；

V——重铬酸钾标准滴定溶液的体积，mL。

2. 碘量法

碘量法是利用 I_2 的氧化性和 I^- 的还原性进行滴定的方法。固体 I_2 在水中的溶解度很小（298 K 时为 1.18×10^{-3} mol/L），且易挥发。通常将 I_2 溶解在 KI 溶液中，此时，它以 I_3^- 形式存在，其半反应为：

$$I_3^- + 2e = 3I^- \quad \varphi^\theta(I_3^-/I^-) = 0.54\ V$$

I_2 是较弱的氧化剂，能与较强的还原剂作用；而 I^- 是中等强度的还原剂，能与许多氧化剂作用。因此，碘量法包括直接碘量法和间接碘量法。

（1）直接碘量法。电极电位比 $\varphi^\theta(I_3^-/I^-)$ 低的还原性物质，可以直接用 I_2 标准溶液滴定，如 S^{2-}、SO_3^{2-}、Sn^{2+}、维生素 C 等，该方法称为直接碘量法或碘滴定法。直接碘量法不

能在碱性溶液中进行滴定，因为碘与碱作用发生歧化反应。

$$I_2 + 2OH^- = IO^- + I^- + H_2O$$

$$3IO^- = IO_3^- + 2I^-$$

（2）间接碘量法。电极电位比 $\varphi^\theta(I_3^-/I^-)$ 高的氧化性物质可在一定条件下用 I^- 还原，定量析出 I_2，然后用 $Na_2S_2O_3$ 标准溶液滴定 I_2，这种方法称为间接碘量法或滴定碘法。基本反应为：

$$2I^- - 2e = I_2$$

$$I_2 + 2S_2O_3^{2-} = S_4O_6^{2-} + 2I^-$$

间接碘量法可以测定很多氧化性物质，如 Cu^{2+}、IO_3^-、$Cr_2O_7^{2-}$、NO_2^- 等。

（3）滴定终点的确定。直接碘量法淀粉指示液在滴定开始时加入，终点时溶液由无色突变为蓝色；间接碘量法淀粉指示液在滴定到近终点时加入，终点时溶液由蓝色变为无色。

除上述 3 种方法外，还有溴酸盐法、铈量法等。

二、氧化还原指示剂

氧化还原滴定中，常用的指示剂有以下几种类型：

1. 自身指示剂

在氧化还原滴定中，有些标准溶液或被滴定的物质本身有颜色，如果反应后变为无色或浅色物质，那么滴定时就不必另加指示剂。例如，在高锰酸钾法中，MnO_4^- 本身显紫红色，可用它滴定无色或浅色的还原剂溶液，在滴定中，MnO_4^- 被还原为无色的 Mn^{2+}，滴定到化学计量点时，只要 MnO_4^- 稍微过量就可使溶液呈粉红色，表示已到达滴定终点。实验表明，$KMnO_4$ 的浓度约为 2×10^{-6} mol/L 时，就可以看到溶液呈粉红色。

2. 专属指示剂

有的物质本身并不具有氧化还原性，但它能与氧化剂或还原剂产生特殊的颜色，因而可以指示滴定终点。例如，可溶性淀粉与碘溶液反应，生成深蓝色的化合物，当 I_2 被还原为 I^- 时，深蓝色消失，因此，在碘量法中，可用淀粉溶液作指示剂。在室温下，用淀粉可检出约 10^{-5} mol/L 的碘溶液。温度升高，灵敏度降低。淀粉称得上是碘量法的专属指示剂。

3. 氧化还原指示剂

这类指示剂本身具有氧化还原性质。它们的氧化态和还原态具有不同的颜色。例如，用 $K_2Cr_2O_7$ 溶液滴定 Fe^{2+} 时，常用二苯胺磺酸钠为指示剂，当滴定至化学计量点时，稍过量的 $K_2Cr_2O_7$ 使指示剂二苯胺磺酸钠由还原态转变为氧化态，溶液显紫红色，指示滴定终点。常用氧化还原指示剂见附录一。

项目评价

项目综合评价见表 4－7。

表 4-7　项目综合评价

评价指标	评价内容	配分	扣分	得分
HSE 管理	做好个人安全防护，提醒或帮助他人做好安全防护，缺项或防护不规范扣 1～10 分	10		
玻璃仪器洗涤与试漏	玻璃仪器清洗干净，并正确试漏，洗涤不干净或试漏不规范、有遗漏扣 1～5 分	5		
药品称量与溶液配制	1. 药品称量操作规范、方法正确，不规范、不正确、超出称量范围扣 1～5 分 2. 溶液配制方法正确，不正确扣 1～5 分	10		
样品预处理	样品预处理规范、正确，不正确、不规范扣 1～5 分	5		
滴定分析	1. 移液操作规范，正确，不规范扣 1～3 分 2. 滴定管润洗、排气泡、调零正确、规范，不正确、不规范扣 1～3 分 3. 标准滴定溶液的标定、样品测定滴定速度适宜，不正确扣 1～5 分 4. 标准滴定溶液的标定、样品测定终点判断准确，不正确扣 1～5 分 5. 对照（或空白）试验正确，不正确最多扣 2 分 6. 滴定管读数错误一次扣 2 分，扣完为止	20		
数据记录与处理	数据记录与处理规范（及时规范记录、无计算错误、有效数字保留位数正确），不及时、不规范、涂改数据、计算错误扣 1～5 分	5		
结束工作	1. 实验结束后将仪器清洗干净，不干净扣 1 分 2. 仪器设备台面整理干净，不整洁干净扣 1 分 3. 将仪器恢复到初始状态并摆放整齐，不恢复原样扣 1 分 4. 防护用品摆放整齐规范，不正确、不规范扣 1 分 5. 废液、废渣处理符合要求，不符合要求扣 1 分	5		
实验报告	实验报告内容完整、清晰，缺乏条理、内容不完整、报告有错误扣 1～5 分	5		
实验结果	1. 实验结果评价达到优级，不扣分 2. 实验结果评价达到良好，扣 7 分 3. 实验结果评价达到合格，扣 12 分 4. 实验结果评价不合格，不得分	30		
文明操作	1. 台面整洁、环境清洁、物品摆放整齐，不符合要求扣 1 分 2. 注重自身和他人安全，关注健康和环保，不符合要求扣 1 分 3. 轻言细语、轻拿轻放、谈吐、举止文明，不符合要求扣 1 分 4. 有效沟通，及时解决技术问题，不及时扣 1 分 5. 主动参与、服从安排，不符合要求扣 1 分	5		

目标检测

一、选择题

1. 标定 $KMnO_4$ 标准溶液的基准物是（　　）。

A. $Na_2S_2O_3$　　B. $K_2Cr_2O_7$　　C. Na_2CO_3　　D. $Na_2C_2O_4$

2. 利用间接碘量法对植物油中碘值进行测定时，指示剂淀粉溶液应在（　　）。

A. 滴定开始前加入　　B. 滴定一半时加入

C. 滴定近终点时加入　　D. 滴定终点加入

3. 高锰酸钾是一种（　　）指示剂。

A. 自身　　B. 氧化还原　　C. 专属　　D. 金属

4. 氧化还原滴定中，硫代硫酸钠的基本单元是（　　）。

A. $Na_2S_2O_3$　　B. $1/2Na_2S_2O_3$　　C. $1/3Na_2S_2O_3$　　D. $1/4Na_2S_2O_3$

5. 用 $K_2Cr_2O_7$ 法测定 Fe^{2+}，可选用（　　）指示剂。

A. 甲基红—溴甲酚绿　　B. 二苯胺磺酸钠

C. 铬黑 T　　D. 自身

6. 用重铬酸钾法测定铁时，加入硫酸的作用主要是（　　）。

A. 降低 Fe^{3+} 浓度　　B. 增加酸度

C. 防止沉淀　　D. 变色明显

7. 在碘量法中，淀粉是专属指示剂，当溶液呈蓝色时，这是（　　）的颜色。

A. 碘　　B. I^-

C. 游离碘与淀粉生成物　　D. 淀粉

8. 高锰酸钾滴定法所需的介质是（　　）。

A. 硫酸　　B. 盐酸　　C. 磷酸　　D. 硝酸

二、判断题

1. （　　）$KMnO_4$ 法所使用的强酸通常是 H_2SO_4。

2. （　　）在配制好的硫代硫酸钠溶液中，为了避免细菌的干扰，常加入少量碳酸钠。

3. （　　）用高锰酸钾法进行氧化还原滴定时，一般不需另加指示剂。

4. （　　）配制 I_2 溶液时要滴加 KI。

5. （　　）碘量法或其他生成挥发性物质的定量分析都要使用碘量瓶。

6. （　　）重铬酸钾法测定铁矿石中铁含量时，加入磷酸的主要目的是加快反应速度。

7. （　　）用碘量法测定铜时，加入 KI 的 3 个作用是作为还原剂、沉淀剂和配位剂。

8. （　　）重铬酸钾基准试剂可直接配成 $K_2Cr_2O_7$ 标准溶液。

三、填空题

1. 根据标准溶液所用的氧化剂不同，氧化还原滴定法包括__________法、__________法和__________法。

2. 氧化还原指示剂本身具有__________性质，它们的氧化态和还原态具有__________的颜色。

3. 碘量法是利用__________的氧化性和__________的还原性测定物质含量的氧化还原滴定法。

4. 高锰酸钾标准溶液采用__________法配制。
5. 氧化还原滴定所用的 3 类主要指示剂分别是__________、__________、__________。

四、简答题

1. 什么是碘量法？直接碘量法和间接碘量法有何区别？
2. 在酸性条件下，$K_2Cr_2O_7$ 法与 $KMnO_4$ 法相比，具有哪些优点？

五、计算题

1. 量取 H_2O_2 试液 25.00 mL，置于 250 mL 容量瓶中，加水稀释至刻度线，摇匀。从中吸取 25.00 mL，加入 H_2SO_4 酸化，用 $c\left(\frac{1}{5}KMnO_4\right)=0.013\ 66\ mol/L$ 的 $KMnO_4$ 标准溶液滴定，消耗 35.86 mL。试计算试样中 H_2O_2 的含量（以 g/L 表示）。

2. 将 0.160 2 g 石灰石试样溶解在 HCl 溶液中，然后将钙沉淀为 CaC_2O_4。沉淀经过滤、洗涤后，溶解在稀硫酸中，以 $KMnO_4$ 标准溶液滴定，用去 20.74 mL。已知 $KMnO_4$ 溶液对 $CaCO_3$ 的滴定度为 0.006 020 g/L，求石灰石中 $CaCO_3$ 的质量分数。

项目五

测定工业用盐中氯离子的含量

任务引入

该项目有 2 个代表性工作任务和一个拓展任务。

在化学工业中大量使用原盐和加工盐为原料，利用盐中主要成分氯元素和钠元素生产如氯气、漂白粉、烧碱和工业纯碱等化工产品。在制盐工业和化工原料中将氯化钠的含量作为判断工业盐质量优劣的重要技术指标，因此准确测定工业用盐中氯离子含量意义重大。

分析方法

工业用盐中氯离子测定的主要依据是国家标准《制盐工业通用试验方法　氯离子的测定》（GB/T 13025.5—2012），采用沉淀滴定法中的银量法进行测定，这种方法是以生成难溶性银盐反应为基础的滴定分析方法。

莫尔法是常用的银量法，是以铬酸钾（K_2CrO_4）作指示剂，在中性或弱碱性介质中用 $AgNO_3$ 标准滴定溶液测定卤素混合物含量的方法。

在中性或弱碱性（pH 值为 6.5 ~ 10.5）条件下测定，反应式如下：

终点前：　$Cl^- + Ag^+ = AgCl\downarrow$（白色）

终点后：　$2Ag^+ + CrO_4^{2-} = Ag_2CrO_4\downarrow$（砖红色）

莫尔法的理论依据是分级沉淀。由于 AgCl 的溶解度（1.3×10^{-5} mol/L）小于 Ag_2CrO_4 的溶解度（7.9×10^{-5} mol/L），因此用 $AgNO_3$ 标准滴定溶液滴定时，AgCl 先沉淀出来。当滴定到化学计量点时，稍微过量的 Ag^+ 就与 CrO_4^{2-} 反应析出砖红色 Ag_2CrO_4 沉淀，指示滴定终点。

莫尔法主要适用于测定 Cl^-、Br^-、Ag^+，当 Cl^-、Br^- 共存时，测得的是它们的总量。

莫尔法不适宜于测定 I^- 和 SCN^-，因为 AgI 沉淀会强烈吸附 I^-，AgSCN 沉淀会强烈吸

附 SCN^-，使终点过早出现，造成较大误差。

任务目标

【知识、技能与素养】

知识	技能	素养
1. 能表述沉淀滴定法的基本原理和要求 2. 能表述银量法的分类和滴定条件 3. 能记忆、叙述莫尔法的测定原理 4. 能表述 $AgNO_3$ 标准滴定溶液的标定原理 5. 能陈述工业盐氯离子的测定过程	1. 能通过指示剂颜色的变化确定滴定终点 2. 能配制和标定 $AgNO_3$ 标准滴定溶液 3. 能正确测定工业用盐中氯离子的含量 4. 能正确记录和处理实验数据，计算工业用盐中氯离子的含量 5. 能正确填写检测报告，判定结果的精密度和准确度	交流沟通 自我管理 计划组织 自主学习 安全意识 环保意识 劳动意识 科学规范 诚实守信 爱岗敬业 工匠精神

任务一　制备 $AgNO_3$ 标准滴定溶液

活动一　准备仪器与试剂

准备仪器

电子台秤、分析天平、25 mL 移液管、滴定分析成套玻璃仪器。

准备试剂

$AgNO_3$(A. R.)、氯化钠（基准物质)、50 g/L 铬酸钾指示剂。

必备知识

$AgNO_3$ 标准滴定溶液

$AgNO_3$ 标准滴定溶液可以用基准试剂硝酸银直接配制，也可用分析纯硝酸银间接配制。分析纯硝酸银常含有杂质，如 Ag、AgO、游离硝酸和亚硝酸等，配制后需用基准试剂 NaCl 标定。

1. 硝酸银是贵重试剂，要注意节约。

2. 硝酸银对蛋白质有凝固作用，要防止其与皮肤接触，不小心接触皮肤时，会在皮肤

上留下黑斑。

3. 配制 $AgNO_3$ 溶液用的蒸馏水应不含 Cl^-，配好的 $AgNO_3$ 溶液应储存于棕色玻璃瓶中，并且于暗处用黑色纸包好，防止日光照射而分解。

$$2AgNO_3 \xrightarrow{光} 2Ag\downarrow + 2NO_2\uparrow + O_2\uparrow$$

因此，滴定管应使用棕色滴定管。

银量法的难容沉淀是 AgX，因此，硝酸银的基本单元就是其本身 $AgNO_3$，摩尔质量为 $M(AgNO_3) = 169.9$ g/mol。

活动二　配制 $AgNO_3$ 标准滴定溶液

配制 0.1 mol/L $AgNO_3$ 标准滴定溶液过程：

用电子台秤称取 8.5 g 硝酸银⟶溶于纯水⟶稀释至 500 mL ⟶装入棕色试剂瓶⟶粘贴标签。

活动三　配制 NaCl 标准标定溶液

配制 0.100 0 mol/L NaCl 标准标定溶液过程：

用分析天平准确称取 5.844 0 g 与 600 ℃灼烧至恒重的 NaCl 基准试剂置于 100 mL 小烧杯中⟶加少量蒸馏水溶解⟶定量转入 1 000 mL 容量瓶⟶定容⟶贴上标签。

NaCl 标准标定溶液的浓度按下式计算：

$$c(NaCl) = \frac{m}{58.44 \times V}$$

式中　$c(NaCl)$——氯化钠标准溶液的浓度，mol/L；

m——称取基准试剂氯化钠的质量，g；

V——配制溶液的体积，L；

58.44——氯化钠的摩尔质量，g/mol。

》必备知识

沉淀滴定法对反应的要求

虽然沉淀反应很多，但不是所有的沉淀反应都能用于滴定，能用于沉淀滴定的沉淀反应既要满足滴定分析反应的必要条件，还要求沉淀的溶解度足够小，用于沉淀滴定的反应必须符合以下条件：

1. 反应迅速而且应定量进行。
2. 生成沉淀的溶解度要小且组成恒定。对于 1+1 型沉淀，要求 $K_{sp} \leqslant 10^{-10}$。
3. 有适当的指示剂确定化学计量点。

4. 沉淀的吸附现象不影响终点的确定。

活动四　标定 $AgNO_3$ 标准滴定溶液

标准 $AgNO_3$ 标准滴定溶液的过程，见表 5－1。

表 5－1　　标定 $AgNO_3$ 标准滴定溶液

锥形瓶	1. 分别准确移取 25.00 mL NaCl 标准标定溶液于 3 个 250 mL 锥形瓶中 2. 在锥形瓶中滴加 4 滴铬酸钾作指示剂
滴定管	1. 在滴定管中装入待标定的 $AgNO_3$ 标准滴定溶液，排气泡，调“零” 2. 在搅拌下用 $AgNO_3$ 标准滴定溶液滴定，直至悬浊液中出现稳定的砖红色为终点 3. 平行测定 3 次，同时做一份空白试验

活动五　数据记录与处理

计算公式为：

$$c(AgNO_3)=\frac{c(NaCl)V(NaCl)}{(V_1-V_0)\times 10^{-3}}$$

式中　V_1——标定消耗 $AgNO_3$ 标准滴定溶液的体积，mL；

V_0——空白试验消耗 $AgNO_3$ 标准滴定溶液的体积，mL。

将 $AgNO_3$ 标准滴定溶液的配制与标定数据记录于表 5－2。

表 5－2　　$AgNO_3$ 标准滴定溶液的配制与标定

实验内容＼实验编号	1	2	3
倾倒前：称量瓶＋NaCl/g			
倾倒后：称量瓶＋NaCl/g			
c(NaCl)/(mol/L)			
移取氯化钠标准溶液体积/mL	25.00	25.00	25.00
滴定管体积初读数/mL	0.00	0.00	0.00
滴定管体积终读数/mL			
滴定管体积校正值/mL			
溶液温度/℃			
溶液温度补正值/(mL/L)			
溶液温度校正值/mL			
实际消耗 $AgNO_3$ 标准滴定溶液体积 V_1/mL			

续表

实验编号 / 实验内容	1	2	3
空白试验消耗 $AgNO_3$ 标准滴定溶液体积 V_0/mL			
$c(AgNO_3)$/(mol/L)			
$\bar{c}(AgNO_3)$/(mol/L)			
相对极差/%			

任务二　测定氯离子的含量

活动一　仪器与试剂的准备

准备仪器

25 mL 移液管、滴定分析成套玻璃仪器。

准备试剂

$AgNO_3$ 标准滴定溶液、50 g/L 铬酸钾指示剂、工业盐试样。

必备知识

莫尔法的滴定条件

一、指示剂用量

指示剂的用量对滴定有影响。如果溶液中 CrO_4^{2-} 浓度过高，终点就会出现过早；CrO_4^{2-} 浓度过低，终点会出现过迟。由于 CrO_4^{2-} 呈黄色，其浓度较大时，观察微量的 Ag_2CrO_4 砖红色比较困难，因此指示剂 K_2CrO_4 的实际用量低于理论用量，一般以 5×10^{-3} mol/L 为宜。

二、溶液酸度

Ag_2CrO_4 易溶于酸，这是由于在酸性溶液中 CrO_4^{2-} 与 H^+ 发生如下反应：

$$2CrO_4^{2-}+2H^+ \rightleftharpoons 2HCrO_4^- \rightleftharpoons Cr_2O_7^{2-}+H_2O$$

使 CrO_4^{2-} 浓度减小，从而影响 Ag_2CrO_4 沉淀的生成。

在强碱性溶液中，会有棕黑色 Ag_2O 沉淀析出，反应为：

$$2Ag^{+}+2HO^{-}=\!=\!=Ag_2O\downarrow+H_2O$$

可见，莫尔法只能在中性或弱碱性（pH = 6.5 ~ 10.5）溶液中进行。若待测溶液呈酸性，可先用 $NaHCO_3$、$Na_2B_4O_7\cdot10H_2O$ 或 $CaCO_3$ 中和；若碱性太强，可用稀硝酸中和。

莫尔法不能在有氨或其他能与 Ag^+ 生成配合物的物质存在下滴定，否则会增大 AgCl（AgBr）或 Ag_2CrO_4 的溶解度。

三、干扰离子

1. 凡能与 Ag^+ 生成难溶性化合物或配合物的阴离子都干扰测定。

2. 凡能与 CrO_4^{2-} 生成难溶化合物的阳离子也干扰测定。

3. Cu^{2+}、Ni^{2+}、Co^{2+} 等有色离子影响终点观察；Al^{3+}、Fe^{3+}、Bi^{3+}、Sn^{4+} 等高价金属离子在中性或弱碱性溶液中易水解产生沉淀，也会干扰测定。

注意：在莫尔法滴定过程中要剧烈摇动锥形瓶，因在此过程中生成的 AgCl 沉淀容易吸附溶液中尚未反应的 Cl^-，使滴定终点过早出现而产生较大误差。

活动二　测定工业盐试样

测定工业盐中氯离子的过程见表 5 - 3。接近终点时，应慢滴多摇，注意运用半滴、1/4 滴滴加技术，确保滴定终点判断准确。

表 5 - 3　测定工业盐中氯离子含量

试样溶液制备	准确称取 12.5 g 粉碎至 2 mm 以下的工业盐试样，置于 100 mL 烧杯中，加蒸馏水溶解，转移至 250 mL 容量瓶中，定容，摇匀
锥形瓶	1. 分别准确移取 25.00 mL 试样溶液于 3 个 250 mL 锥形瓶中 2. 在锥形瓶中滴加 4 滴铬酸钾作指示剂
滴定管	1. 在滴定管中装入 $AgNO_3$ 标准滴定溶液，排气泡，调零 2. 在搅拌下用 $AgNO_3$ 标准滴定溶液滴定，直至悬浊液中出现稳定的桔红色为终点 3. 平行测定 3 次，同时做一份空白试验

活动三　数据记录与处理

试样中氯离子含量以质量分数表示，按下式计算：

$$\omega(Cl^-)=\frac{(V-V_0)\times10^{-3}\times c(AgNO_3)\times35.453}{m\times\frac{25}{250}}\times100\%$$

式中　V——试样消耗 $AgNO_3$ 标准滴定溶液的体积，mL；

V_0——空白试验消耗 $AgNO_3$ 标准滴定溶液的体积，mL；

$c(AgNO_3)$——硝酸银标准滴定溶液的浓度，mol/L；

35.453——氯离子的摩尔质量，g/mol；

$\frac{25}{250}$——移液管与容量瓶体积比；

10^{-3}——体积单位换算，mL 换算成 L；

m——试样质量，g。

将工业盐中氯离子含量的测定数据记录于表 5-4。

表 5-4　　测定工业盐中氯离子含量

实验内容 \ 实验编号	1	2	3
$c(AgNO_3)$ mol/L			
试样质量/g			
滴定管体积初读数/mL	0.00	0.00	0.00
滴定管体积终读数/mL			
滴定管体积校正值/mL			
溶液温度/℃			
溶液温度补正值/(mL/L)			
溶液温度校正值/mL			
实际消耗 $AgNO_3$ 标准滴定溶液体积 V_1/mL			
空白试验消耗 $AgNO_3$ 标准滴定溶液体积 V_0/mL			
$\omega(Cl^-)$/%			
$\overline{\omega}(Cl^-)$/%			
相对极差/%			

必备知识

【例 5-1】 用银量法测定水中氯离子含量。取水样 100.0 mL，用浓度为 0.101 5 mol/L $AgNO_3$ 标准溶液滴定至终点，消耗 $AgNO_3$ 标准溶液体积为 6.55 mL。计算水样中氯离子的含量。

解：

$$\rho(Cl^-)=\frac{c(AgNO_3)V(AgNO_3)M(Cl^-)\times 1\,000}{V_{样}}=\frac{0.101\,5\times 6.55\times 35.453\times 1\,000}{100.0}$$

$$=235.7\ \text{mg/L}$$

过程评价

通过过程评价，不断检查与改进，培养学生科学、规范、自我管理、计划与组织、安全、环保、节约、求真务实等职业素养，过程评价指标见表 5-5。

表 5－5　**化学滴定分析过程评价**

操作项目	不规范操作项目名称	评价结果			
		是	否	扣分	得分
基准物和试样称量操作（20 分）	不看天平水平，扣 2 分				
	不清扫或校正天平零点后清扫，扣 2 分				
	称量开始或结束不校正零点，扣 2 分				
	用手直接拿称量瓶或滴瓶，扣 2 分				
	将称量瓶或滴瓶放在桌子台面上，扣 2 分				
	称量时或敲样时不关门，或开关门太重，扣 2 分				
	称量物品洒落在天平内或工作台上，扣 2 分				
	离开天平室，物品留在天平内或放在工作台上，扣 2 分				
	称量物称样量不在规定量 ±5% 以内，扣 2 分				
	重称，扣 4 分				
玻璃器皿试漏洗涤（10 分）	需试漏的玻璃仪器容量瓶、滴定管等未正确试漏，扣 2 分				
	滴定管挂液，扣 2 分				
	移液管挂液，扣 2 分				
	容量瓶挂液，扣 2 分				
	玻璃仪器不规范书写粘贴标签，扣 2 分				
容量瓶定容操作（10 分）	试液转移操作不规范，扣 2 分				
	试液溅出，扣 2 分				
	烧杯洗涤不规范，扣 2 分				
	稀释至刻度线不准确，扣 2 分				
	2/3 处未平摇或定容后摇匀动作不正确，扣 2 分				
移取管操作（10 分）	移液管未润洗或润洗不规范，扣 2 分				
	吸液时吸空或重吸，扣 2 分				
	放液时移液管不垂直，扣 2 分				
	移液管管尖不靠壁，扣 2 分				
	放液后不停留一定时间（约 15 s），扣 2 分				
滴定管操作（30 分）	滴定管不试漏或滴定中漏液，扣 2 分				
	滴定管未润洗或润洗不规范，扣 2 分				
	装液操作不正确或未赶气泡，扣 2 分				
	滴定管调零不规范，扣 2 分				
	手摇锥形瓶操作不规范，扣 2 分				
	滴定速度控制不当，扣 2 分				
	滴定终点判断不准确，扣 5 分				
	平行测定时，不看指示剂颜色变化，只看滴定管的读数，扣 4 分				
	未等待 30 s 读数，读数操作不规范，扣 2 分				
	重新滴定，扣 5 分				

续表

操作项目	不规范操作项目名称	评价结果			
		是	否	扣分	得分
数据记录及处理（10分）	不记在规定的记录纸上，扣2分				
	计算错误，扣4分				
	有效数字位数保留不正确，扣4分				
安全文明结束工作（10分）	玻璃仪器不清洗，扣2分				
	废液、废渣处理不规范，扣2分				
	工作台不整理或玻璃仪器摆放不整齐，未恢复原样，扣2分				
	安全防护用品未及时归还或摆放不整齐，扣2分				
	未请实验指导老师检查工作台面就结束实验，离开实验室，扣2分				
	本项不计分，损坏玻璃仪器除按规定赔偿外，倒扣10分				
实验过程合计得分（总分100分）					

知识拓展

银量法除了莫尔法，按指示滴定终点所采用的指示剂不同，还包括用铁铵矾作指示剂的佛尔哈德法和用吸附指示剂确定滴定终点的法扬司法。

一、佛尔哈德法

1. 佛尔哈德法的原理和分类

佛尔哈德法在酸性条件下，以铁铵矾作指示剂，用 NH_4SCN 标准滴定溶液进行滴定的方法。根据滴定方式不同，佛尔哈德法分为直接滴定法和返滴定法。

（1）直接滴定法。在0.1～1 mol/L的 HNO_3 介质中，以铁铵矾为指示剂，可用 NH_4SCN 标准滴定溶液直接滴定被测物质 Ag^+，当到达化学计量点时，稍过量的 SCN^- 与 Fe^{3+} 生成红色的 $Fe(SCN)^{2+}$，指示滴定终点的到达。

化学计量点前：$Ag^+ + SCN^- \xlongequal{} AgSCN\downarrow$（白色）

化学计量点后：$Fe^{3+} + SCN^- \xlongequal{} [Fe(SCN)]^{2+}$（红色）

用 NH_4SCN 标准滴定溶液测定 Ag^+ 时，生成的AgSCN沉淀能吸附溶液中的 Ag^+，会使红色出现早于化学计量点，这是该法的主要误差来源。为了避免这种现象的发生，当滴定到溶液开始出现红色时，应用力振荡，使吸附在沉淀表面的 Ag^+ 及时释放出来。若溶液的红色消失，应继续滴定，直到出现稳定的红色不褪色即为滴定的终点。此法优于莫尔法，可直接用于测定 Ag^+。

（2）返滴定法。当待测成分为卤离子 X^- 时，可向待测试液中加入一定体积过量的 $AgNO_3$ 标准滴定溶液，反应完全后，以铁铵矾为指示剂，用 NH_4SCN 标准滴定溶液滴定剩余的 Ag^+。

化学计量点前：$Ag^+ + X^- \xlongequal{} AgX\downarrow$（白色）

Ag^+（过量）$+ SCN^- \xlongequal{} AgSCN\downarrow$（白色）

化学计量点后：$Fe^{3+} + SCN^{-} \longrightarrow [Fe(SCN)]^{2+}$（红色）

2. 滴定条件

（1）指示剂用量。铁铵矾指示液要适量。如加入量太多，滴定终点提前；若加入量太少，终点现象不明显。实验证明，在化学计量点，能观察到的红色 $[Fe(SCN)]^{2+}$ 最低浓度为 6.4×10^{-6} mol/L，此时 Fe^{3+} 的浓度为 0.03 mol/L。这样的浓度，尽管在酸度较大的条件下，仍有较明显的棕黄色，影响终点的观察，在实际操作中，通常保持 $c(Fe^{3+}) = 0.015$ mol/L 左右。

（2）溶液酸度。佛尔哈德法适宜在酸性（稀硝酸）溶液中进行。在中性或碱性溶液中，Fe^{3+} 将生成红棕色的 $Fe(OH)_3$ 沉淀，降低了溶液中 Fe^{3+} 的浓度。Ag^{+} 在碱性溶液中生成褐色的 Ag_2O 沉淀，影响滴定终点的确定，所以，溶液适宜的酸度为 0.1 ~ 1 mol/L 的 HNO_3。

（3）干扰离子。能与 SCN^{-} 生成沉淀、配合物或能氧化 SCN^{-} 的物质均有干扰，必须预先除去。

3. 应用

佛尔哈德法是在硝酸酸性溶液中进行滴定的。许多弱酸根离子如 PO_4^{3-}、AsO_4^{3-}、CrO_4^{2-} 等都不能与 Ag^{+} 生成沉淀。因此该方法的选择性较高，可用来测定 Cl^{-}、Br^{-}、I^{-}、SCN^{-} 和 Ag^{+} 等。

二、法扬司法

1. 基本原理

法扬司法是以吸附指示剂确定滴定终点的一种银量法。

吸附指示剂是一类有机染料，在溶液中能被胶体沉淀表面吸附，同时发生结构的改变，从而引起颜色的变化，指示滴定终点的到达。

现以测定 Cl^{-} 含量为例，$AgNO_3$ 标准溶液滴定 Cl^{-} 生成 AgCl 沉淀，以荧光黄为吸附指示剂，在中性溶液中荧光黄呈黄绿色，反应过程如下：

$$Ag^{+} + Cl^{-} \longrightarrow AgCl\downarrow \text{（白色胶状沉淀）}$$

在化学计量点前，溶液中尚有未被滴定的 Cl^{-}，AgCl 胶粒沉淀表面吸附 Cl^{-} 而带负电荷。加入荧光指示剂后，由于荧光黄阴离子排斥而不被吸附，溶液出现荧光黄阴离子的黄绿色。

在化学计量点后，由于加入稍过量的 $AgNO_3$ 标准滴定溶液，溶液中有过量的 Ag^{+}，因此，AgCl 胶粒沉淀表面吸附 Ag^{+} 带正电荷，荧光黄阴离子（FI^{-}）被带正电荷的 AgCl 胶粒沉淀所吸附而呈粉红色，指示滴定终点到达。

2. 应用条件

由于吸附反应是可逆的，应用吸附指示剂时应注意以下几点：

（1）颜色的变化发生在沉淀的表面，欲使滴定终点变色明显，应尽量使沉淀的比表面积大一些。为此，须加入一些保护胶（如糊精），阻止卤化银凝聚，使其保持胶体状态。

（2）溶液的酸度要适当。吸附指示剂大多是有机弱酸，为使其能在溶液中更多地解离

出阴离子，必须控制溶液的 pH 值，如荧光黄指示剂只能在 pH 值在 7～10 时使用，而二氯荧光黄则要求在 pH 值在 4～10 时使用。

（3）滴定时应避免强光照射。因卤化银沉淀对光敏感，很容易转变为灰黑色而影响终点的观察。

（4）胶体微粒对指示剂的吸附能力应略小于对被测离子的吸附能力，否则指示剂将在化学计量点前变色。但吸附能力又不能大小，否则终点出现会过迟。卤化银对 X^- 和几种吸附指示剂的吸附能力的次序如下：

$$I^- > SCN^- > Br^- > 曙红 > Cl^- > 荧光黄$$

（5）溶液的浓度不能太稀，否则产生的沉淀太少，观察终点比较困难。

常用吸附指示剂使用方法及其配制方法见表 5－6。

表 5－6　　常用吸附指示剂

名称	终点颜色变化	溶液 pH 值范围	被测定离子	配制方法
荧光黄	黄绿→粉红色	7～10	Cl^-	0.2% 乙醇溶液
溴酚蓝	黄绿→蓝色	5～6	Cl^-、I^-	0.1% 水溶液
二氯荧光黄	黄绿→红色	4～10	Cl^-、Br^-、I^-、SCN^-	0.1 g 溶解于 100 mL70% 乙醇溶液
曙红	橙→深红色	2～10	Br^-、I^-、SCN^-	0.1 g 溶解于 100 mL70% 乙醇溶液

拓展任务　测定化学试剂硫氰化铵的含量

［执行标准：《化学试剂　硫氰酸铵》（GB/T 660—2015）］

一、工学一体化准备

1. 检测原理

在稀硝酸溶液中，过量的 Ag^+ 与试剂中 SCN^- 生成沉淀，以铁铵矾为指示剂，剩余的 Ag^+ 用硫氰酸钠标准溶液滴定，计算硫氰酸铵含量。

2. 仪器

分析天平、50 mL 滴定管、250 mL 锥形瓶、50 mL 移液管、洗瓶等。

3. 试剂

标准 $AgNO_3$ 滴定溶液（0.10 mol/L）、0.10 mol/L NaSCN 标准滴定溶液、硝酸溶液（25%）、硫酸铁铵指示剂（50 g/L）、化学试剂硫氰酸铵。

二、工学一体化过程

1. 标准 $AgNO_3$ 滴定溶液（0.10 mol/L），0.10 mol/L NaSCN 标准滴定溶液，硝酸溶液

（25%），硫酸铁铵指示剂（50 g/L）由学习工作站统一提供。

2. 检测

称取0.3 g试样于锥形瓶中，精确至0.000 1 g，溶于50 mL水中，加入5 mL硝酸溶液（25%），在摇动下滴加50.00 mL硝酸银标准滴定溶液，加1 mL硫酸铁铵指示剂（80 g/L），用硫氰酸钠标准滴定溶液滴定，终点前摇动溶液至完全清亮后，继续滴定至溶液呈浅棕红色，保持30 s。同时做空白试验。

三、数据记录与处理

硫氰酸铵含量的计算公式为：

$$\omega = \frac{c(\mathrm{NaSCN})(V_0 - V)(\mathrm{NaSCN}) \times 10^{-3} \times M(\mathrm{NH_4SCN})}{m} \times 100\%$$

式中　ω——硫氰酸铵含量，%；

V——试样消耗硫氰酸钠标准滴定溶液的体积，mL；

V_0——空白试验消耗硫氰酸钠标准滴定溶液的体积，mL；

m——试样的质量，g。

将硫氰酸铵含量的测定数据记录于表5-7。

表5-7　硫氰酸铵含量的测定

项目	1	2	3
准确称取硫氰酸铵试样的质量 m/g			
稀释定容后试样溶液体积/mL	250.0	250.0	250.0
准确移取试样溶液体积/mL	25.00	25.00	25.00
$AgNO_3$ 标准滴定溶液浓度/(mol/L)			
准确加入 $AgNO_3$ 标准滴定溶液体积/mL			
NaSCN 标准滴定溶液浓度/(mol/L)			
滴定管初读数/mL	0.00	0.00	0.00
滴定管终读数/mL			
滴定消耗 NaSCN 标准滴定溶液体积/mL			
滴定管体积校正值/mL			
溶液温度/℃			
溶液温度补正值/(mL/L)			
溶液温度校正值/mL			
滴定消耗 NaSCN 标准滴定溶液实际体积 V/mL			
空白试验消耗 NaSCN 标准滴定溶液体积 V_0/mL			
试样中硫氰酸铵含量/%			
试样中硫氰酸铵含量的平均值/%			
相对极差/%			

项目评价

项目综合评价见表5－8。

表5－8　　项目综合评价

评价指标	评价内容	配分	扣分	得分
HSE管理	做好个人安全防护，提醒或帮助他人做好安全防护，缺项或防护不规范扣1～10分	10		
玻璃仪器洗涤与试漏	玻璃仪器清洗干净，并正确试漏，洗涤不干净或试漏不规范、有遗漏扣1～5分	5		
药品称量与溶液配制	1. 药品称量操作规范、方法正确，不规范、不正确、超出称量范围扣1～5分 2. 溶液配制方法正确，不正确扣1～5分	10		
样品预处理	样品预处理规范、正确，不规范、不正确扣1～5分	5		
滴定分析	1. 移液操作规范、正确，不规范扣1～3分 2. 滴定管润洗、排气泡、调零规范、正确，不正确、不规范扣1～3分 3. 标准滴定溶液的标定、样品测定滴定速度适宜，不正确扣1～5分 4. 标准滴定溶液的标定、样品测定终点判断准确，不正确扣1～5分 5. 对照（或空白）试验正确，不正确最多扣2分 6. 滴定管读数错误一次扣2分，扣完为止	20		
数据记录与处理	数据记录与处理规范（及时规范记录、无计算错误、有效数字保留位数正确），不及时、不规范、涂改数据、计算错误扣1～5分	5		
结束工作	1. 实验结束后将仪器清洗干净，不干净扣1分 2. 仪器设备台面整理干净，不整洁干净扣1分 3. 将仪器恢复到初始状态并摆放整齐，不恢复原样扣1分 4. 防护用品摆放整齐规范，不正确、不规范扣1分 5. 废液、废渣处理符合要求，不符合要求扣1分	5		
实验报告	实验报告内容完整、清晰，缺乏条理、内容不完整、报告有错误扣1～5分	5		
实验结果	1. 实验结果评价达到优级，不扣分 2. 实验结果评价达到良好，扣7分 3. 实验结果评价达到合格，扣12分 4. 实验结果评价不合格，不得分	30		
文明操作	1. 台面整洁、环境清洁、物品摆放整齐，不符合要求扣1分 2. 注重自身和他人安全，关注健康和环保，不符合要求扣1分 3. 轻言细语、轻拿轻放，谈吐、举止文明，不符合要求扣1分 4. 有效沟通，及时解决技术问题，不及时扣1分 5. 主动参与、服从安排，不符合要求扣1分	5		

目标检测

一、选择题

1. 沉淀滴定中的莫尔法指的是（　　）。

A. 以铬酸钾作指示剂的银量法

B. 以 $AgNO_3$ 为指示剂，用 K_2CrO_4 标准滴定溶液滴定试剂中 Ca^{2+} 的分析方法

C. 用吸附指示剂指示滴定终点的银量法

D. 以铁铵矾作指示剂的银量法

2. 含有 NaCl（pH=4），采用下列方法测定 Cl^-，其中最准确的方法是（　　）。

A. 用莫尔法测定

B. 用佛尔哈德法测定

C. 用法扬司法（采用曙红指示剂）测定

D. 高锰酸钾法

3. 利用莫尔法测定 Cl^- 含量时，要求介质的 pH 值在 6.5～10.5，若酸度过高，则（　　）。

A. AgCl 沉淀不完全

B. AgCl 沉淀吸附 Cl^- 能力增强

C. Ag_2CrO_4 沉淀不易形成

D. 形成 Ag_2O 沉淀

4. 莫尔法中使用的指示剂为（　　）。

A. NaCl

B. K_2CrO_4

C. $(NH_4)_2SO_4 \cdot FeSO_4$

D. 荧光黄

5. 莫尔法采用 $AgNO_3$ 标准溶液测定 Cl^- 时，其滴定条件是（　　）。

A. pH 值为 2.0～4.0

B. pH 值为 6.5～10.5

C. pH 值为 4.0～6.5

D. pH 值为 10.0～12.0

6. 下列关于吸附指示剂说法错误的是（　　）。

A. 吸附指示剂是一种有机染料

B. 吸附指示剂能用于沉淀滴定法中的法扬司法

C. 吸附指示剂指示终点是由于指示剂结构发生了改变

D. 吸附指示剂本身不具有颜色

7. 下列说法正确的是（　　）。

A. 莫尔法能测定 Cl^-、I^-、Ag^+

B. 佛尔哈德法能测定的离子有 Cl^-、Br^-、I^-、SCN^-、Ag^+

C. 佛尔哈德法只能测定的离子有 Cl^-、Br^-、I^-、SCN^-

D. 沉淀滴定法中吸附指示剂的选择，要求沉淀胶体微粒对指示剂的吸附能力大于对待测离子的吸附能力

8. 用氯化钠基准试剂标定 $AgNO_3$ 溶液浓度时，溶液酸度过大，会使标定结果（　　）。

A. 偏高　　B. 偏低　　C. 不影响　　D. 难以确定其影响

9. 用莫尔法测定氯离子时，终点颜色为（　　）。

A. 白色　　B. 砖红色　　C. 灰色　　D. 蓝色

10. $AgNO_3$ 与 NaCl 反应，在等量点时 Ag^+ 的浓度为（　　），已知 $K_{SP}(AgCl)=1.8\times10^{-10}$。

A. 2.0×10^{-5}　　B. 1.34×10^{-5}　　C. 2.0×10^{-6}　　D. 1.34×10^{-6}

二、判断题

1.（　　）用莫尔法测定 Cl^- 时，若溶液中有 NH_4^+ 存在，pH 值的范围应控制在 6.5～7.2。

2.（　　）佛尔哈德法是以 NH_4CNS 为标准滴定溶液，铁铵矾为指示剂，在稀硝酸溶液中进行滴定。

3.（　　）用佛尔哈德法测定 Ag^+，滴定时必须剧烈摇动。用返滴定法测定 Cl^- 时，也应剧烈摇动。

4.（　　）用佛尔哈德法测定 Br^-，既没有将 AgBr 沉淀过滤或加热促其凝聚，又没有加有机试剂，对结果无影响。

5.（　　）用法扬司法测定 Cl^-，可选用曙红作指示剂。

三、填空题

1. 莫尔法测定 NH_4Cl 中 Cl^- 含量时，若 pH＞7.5 会引起__________的形成，使测定结果偏__________。

2. 莫尔法测定 Cl^- 时，应控制在__________性或__________性条件下进行，所用指示剂为__________，其浓度应比理论计算值略__________一些为好。

3. 莫尔法测定 Cl^-，当控制 pH 值为 4.0 会产生__________误差。

4. 莫尔法仅适用于测定卤素离子中的__________离子，而不适用于测定__________和__________离子，这是因为后者的银盐沉淀对其被测离子的__________作用太强。

5. 因为卤化银__________易分解，所以银量法的操作应尽量避免__________的照射。

四、计算题

1. 称取由纯 NaCl 和 KBr 混合而成的试样 0.310 0 g 溶解，以 K_2CrO_4 为指示剂，用 0.100 0 mol/L$AgNO_3$ 标准滴定溶液滴定至终点，用去 $AgNO_3$ 29.75 mL。已知 $M(NaCl)=58.44$ g/mol，$M(KBr)=119.00$ g/mol，求试样中 NaCl 和 KBr 的质量。

2. 称取 NaCl 试液 20.00 mL，加入 K_2CrO_4 指示剂，用 0.102 3 mol/L$AgNO_3$ 标准滴定溶液滴定，用去 27.00 mL，求每升溶液中含 NaCl 多少克？

3. 用移液管从食盐槽中吸取试液 25.00 mL，采用莫尔法进行测定，滴定用去 0.101 3 mol/L $AgNO_3$ 标准滴定溶液 25.36 mL。往液槽中加入含 NaCl 96.61% 的食盐 4.500 0 kg，溶解后混合均匀，再吸取 25.00 mL 试液，滴定用去 $AgNO_3$ 标准滴定溶液 28.42 mL。如吸取试液对液槽中溶液体积的影响可以忽略不计，计算液槽中加入食盐溶液的体积为多少升？

4. 称取可溶性氯化物试样 0.226 6 g，用水溶解后，加入 0.112 1 mol/L $AgNO_3$ 标准滴定溶液 30.00 mL，过量的 Ag^+ 用 0.118 5 mol/L NH_4SCN 标准滴定溶液滴定，用去 6.50 mL，计算试样中氯的质量分数。

项目六

测定工业硫酸钠中硫酸盐的含量

任务引入

硫酸钠、硫酸钙、硫酸钡、硫酸铜、硫酸亚铁、硫酸铝钾等都是非常重要的无机化工硫酸盐产品。常用重量分析法检测产品中硫酸盐的含量。

分析方法

工业无水硫酸钠含量测定执行标准《工业无水硫酸钠》（GB/T 6009—2014），重量法是标准规定的仲裁法。

重量分析法通常是通过物理或化学反应将试样中待测组分与其他组分分离，以称量的方法称得待测组分或其难溶化合物的质量，计算出待测组分在试样中的含量。常用的重量分析法有挥发法、沉淀重量法等。

一、挥发法

一般是采用加热或其他方法使试样中的挥发性组分逸出，称量后根据试样质量的减少，计算试样中该组分的含量，或利用吸收剂吸收组分逸出的气体，根据吸收剂质量的增加，计算出该组分的含量。例如，要测定 $BaCl_2 \cdot 2H_2O$ 中结晶水的含量，可称取一定量的氯化钡试样加热，使水分逸出后，再称量，根据试样加热前后的质量差，计算 $BaCl_2 \cdot 2H_2O$ 试样中结晶水的含量。

二、沉淀重量法

利用试剂与待测组分发生沉淀反应，沉淀经过过滤、洗涤、烘干或灼烧后，称得沉淀的质量，从而计算出待测组分的含量。例如，测定试样中硫酸盐的含量时，在试样中加入稍过

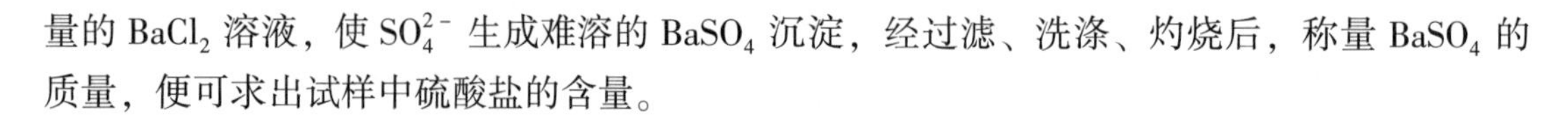

量的 $BaCl_2$ 溶液，使 SO_4^{2-} 生成难溶的 $BaSO_4$ 沉淀，经过滤、洗涤、灼烧后，称量 $BaSO_4$ 的质量，便可求出试样中硫酸盐的含量。

任务目标

【知识、技能与素养】

知识	技能	素养
1. 能说出重量分析法的原理 2. 能描述测定工业硫酸钠含量的基本步骤 3. 能正确描述沉淀的种类和条件 4. 能正确描述沉淀式和称量式，计算换算因子	1. 能正确配制（1:1）盐酸、氯化钡、硝酸银溶液 2. 能熟练进行样品溶解、酸化、沉淀、陈化、过滤、洗涤、烘干、灼烧、恒重等操作，测定工业碳酸钠中硫酸盐的含量 3. 能按 6S 管理要求管理实验现场 4. 能正确记录和处理数据，填写检测报告 5. 能正确总结评价学习目标达成度	交流沟通 自我管理 计划组织 自主学习 安全意识 环保意识 劳动意识 科学规范 诚实守信 爱岗敬业 工匠精神

活动一　准备仪器与试剂

准备仪器

电子台秤、电子分析天平（0.01 g）、电炉、水浴锅、马弗炉、瓷坩埚、中速定量滤纸与慢速定量滤纸、烧杯、漏斗、试剂瓶等玻璃仪器。

准备试剂

盐酸（1:1）、氯化钡（$BaCl_2 \cdot 2H_2O$）溶液 122 g/L、硝酸银溶液 20 g/L。

必备知识

重量分析法是经典的化学分析法，它通过直接称量得到分析结果，准确度较高，可用于测定含量大于 1% 的常量组分。重量分析法操作比较麻烦，费时长，不能满足生产上快速分析的要求，这是重量分析法的主要缺点。在重量分析法中，沉淀重量法应用较多。

沉淀重量法的主要操作过程如下：

样品溶解⟶沉淀⟶沉淀过滤和洗涤⟶沉淀的烘干和灼烧⟶称量及结果计算。

为保证结果的准确性，对沉淀和称量形式有严格要求。

一、对沉淀形式的要求

1. 沉淀要完全，沉淀的溶解度要小

要求测定过程中沉淀的溶解损失不应超过分析天平的称量误差，一般要求溶解损失应小于 1 mg。

2. 沉淀纯净，易于过滤

颗粒较大的晶形沉淀比表面积较小，吸附杂质的机会较少，因此沉淀较纯净，易于过滤和洗涤；颗粒较小的晶形沉淀（如 CaC_2O_4、$BaSO_4$），其比表面积较大，吸附杂质较多，洗涤次数应相对增多。非晶形沉淀体积庞大疏松，吸附杂质更多，过滤费时且不易洗净，不建议用作重量分析。

沉淀经烘干、灼烧后，用于称量的化学组成称为称量形式。

二、对称量形式的要求

1. 称量形式的组成必须与化学式相符，这是定量计算的基本依据。
2. 称量形式要有足够的稳定性，不易吸收空气中的 CO_2、H_2O。
3. 称量形式的摩尔质量要尽可能大，以减小称量误差。

活动二　试样称取、溶解、沉淀生成与陈化

准确称取约 2.5 g 试样，置于 100 mL 烧杯中，加 50 mL 水，加热溶解、冷却、过滤、洗涤（洗涤至无硫酸根离子，用氯化钡溶液检验），滤液、洗液转移到 250 mL 容量瓶中，定容、摇匀。

用移液管移取 25 mL 试验溶液置于 500 mL 烧杯中，加入 5 mL 盐酸溶液和 270 mL 水，加热至微沸，在 1.5 min 内，在搅拌下慢慢滴加 10 mL 氯化钡溶液，然后加热至微沸保持 2～3 min，并不断搅拌，再盖上表面皿，保持微沸 5 min。最后把烧杯放到沸水浴中保持 2 h。

» 必备知识

一、沉淀剂的选择和用量

依据沉淀重量法对沉淀形式和称量形式的要求，选择沉淀剂时应考虑以下几点：

1. 具有较好的选择性。所选的沉淀剂最好只和待测组分反应生成沉淀，而与试剂中的其他组分不起作用。
2. 选用能与待测离子生成沉淀的溶解度最小的沉淀剂。
3. 尽可能选用易挥发或经灼烧易除去的沉淀剂。

加入的沉淀剂一般要过量 50%～100%，如果沉淀剂不易挥发，过量 20%～30% 即可。

二、沉淀的分类和形成条件

沉淀按形状不同，分为晶形沉淀和无定形沉淀，无定形沉淀又分为非晶形沉淀和胶状沉淀。

1. 晶形沉淀的形成条件

（1）沉淀作用应当在适当稀的溶液中进行。

（2）在不断搅拌下，缓慢地加入沉淀剂。

（3）沉淀作用应当在热溶液中进行。

（4）沉淀过滤前进行陈化处理，静置沉淀让其慢慢长大的过程称为陈化。

2. 无定形沉淀的形成条件

（1）沉淀过程一般在较浓的近沸溶液中进行，加入沉淀剂的速度不必太慢。

（2）沉淀过程要在适当的电解质存在的条件下进行，以防止胶体溶液的生成。

（3）无定形沉淀聚沉后应立即趁热过滤，不必陈化。

（4）必要时进行再沉淀。

洗涤无定形沉淀时，一般选用热、稀的电解质溶液作洗涤液，防止沉淀变为胶体。常用的洗涤液有 NH_4NO_3、NH_4Cl 或氨水。

活动三　$BaSO_4$ 沉淀的过滤、洗涤

将烧杯冷却至室温，用慢速定量滤纸过滤。用温水洗涤沉淀至无氯离子为止。沉淀过滤操作如图 6－1 所示。

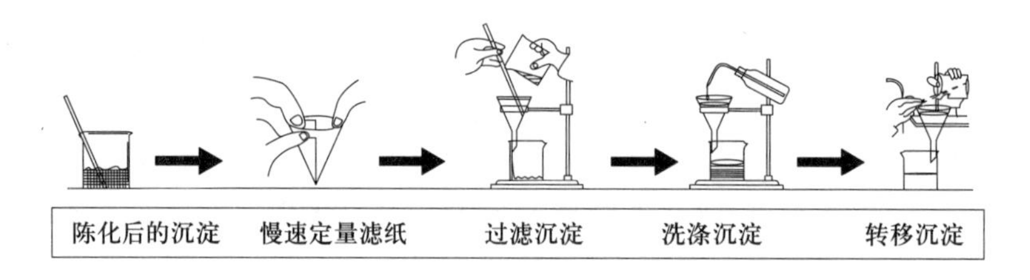

图 6－1　沉淀过滤操作

注意：

1. 洗涤沉淀应少量多次，每次用 60 ℃以上的热水 10 ~ 15 mL 洗涤。

2. 洗涤效果的检验

取 5 mL 洗涤液，加 5 mL 硝酸银溶液混匀，放置 5 min 不出现混浊表示洗涤合格，否则继续洗涤。

必备知识

一、影响沉淀纯净的因素

1. 共沉淀现象

在进行沉淀反应时，溶液中某些可溶性杂质混杂于沉淀中一起析出，这种现象称为共沉淀。例如，在 Na_2SO_4 溶液中加入 $BaCl_2$ 时，若从溶解度来看，Na_2SO_4、$BaCl_2$ 都不应沉淀，但由于共沉淀现象，有少量的 Na_2SO_4 或 $BaCl_2$ 被带入 $BaSO_4$ 沉淀中。

产生共沉淀现象的主要原因有表面吸附和包夹作用。通过洗涤沉淀可减少表面吸附。包

夹作用主要有混晶和包藏现象，减少混晶的最好方法是先除去杂质，减少包藏的杂质可通过沉淀陈化或重结晶方法。

2. 后沉淀

在沉淀过程结束后，当沉淀与母液一起放置时，溶液中某些杂质离子可能慢慢地沉积到原沉淀上，放置的时间越长，杂质析出的量越多，这种现象称为后沉淀。例如，以 $(NH_4)_2C_2O_4$ 沉淀 Ca^{2+}，若溶液中含有少量 Mg^{2+}，由于 $K_{sp}(MgC_2O_4) > K_{sp}(CaC_2O_4)$，当 CaC_2O_4 沉淀时，MgC_2O_4 不沉淀，但是在 CaC_2O_4 沉淀放置过程中，CaC_2O_4 晶体表面吸附大量的 $C_2O_4^{2-}$，使 CaC_2O_4 沉淀表面附近 $C_2O_4^{2-}$ 的浓度增加，这时 $c(Mg^{2+})c(C_2O_4^{2-}) > K_{sp}(MgC_2O_4)$，在 CaC_2O_4 表面上就会有 MgC_2O_4 析出。

避免或减少后沉淀的产生，主要是要缩短沉淀与母液共置的时间。因此，有后沉淀现象发生时就不要进行陈化。

二、沉淀纯净的方法

沉淀纯净是保证分析结果准确性的重要条件之一。如何获得符合重量分析要求的沉淀，在工作中可以采取以下措施：

（1）选择适当的分析步骤。

（2）降低易被吸附杂质离子的浓度。

（3）进行再沉淀。

（4）选择适当的洗涤液洗涤沉淀。

（5）选择适宜的沉淀条件。

（6）选用有机沉淀剂。

活动四　$BaSO_4$ 沉淀的干燥与恒重

将沉淀连同滤纸转移至已于（800 + 20）℃下恒重的瓷坩埚中，在 110 ℃烘干。然后灰化，在（800 ± 20）℃灼烧至恒重。相关设备如图 6 – 2 所示。

图 6 – 2　干燥与恒重设备

1. 准备工作

洗净坩埚，用小火烤干或烘干。新坩埚可用含铁离子或钴离子的蓝墨水在坩埚外壁标上编号。

2. 灼烧坩埚至恒重

在（800±20）℃温度下，加热灼烧。一般灼烧半小时（新坩埚需灼烧 1 h）。从高温炉中取出坩埚，先使高温炉降温，然后将坩埚移入干燥器中，将干燥器连同坩埚一起移至天平室，冷却至室温（约需要 30 min），取出称量。随后进行第二次灼烧 15～20 min，冷却后称量。如果前后两次称量结果之差不大于 0.2 mg，即可认为坩埚已恒重，否则还需再灼烧，直至恒重为止，记为 m_0。

3. 沉淀的包裹

用玻璃棒把滤纸和沉淀从漏斗中取出，折卷成小包，应特别注意勿使沉淀有任何损失。如果漏斗上粘有微量沉淀，可用滤纸碎片擦下，与沉淀包裹在一起。

4. 沉淀的干燥和灰化

将试纸包装进已恒重的坩埚内，使滤纸层较多的一边向上，可使滤纸较易灰化，将滤纸烘干并灰化，灰化就是把坩埚里的滤纸等纤维成分烧成二氧化碳除去。

5. 沉淀恒重

灰化后，继续在高温电炉中灼烧，一般第一次灼烧时间为 30～45 min，第二次灼烧时间为 15～20 min。每次灼烧完毕从炉内取出，在空气中稍冷后转入干燥器并冷却称重，两次称量值相差小于 0.2 mg 为恒重，记为 m_1。

必备知识

为了快速得到分析结果，重量分析法的计算通常包括以下两个方面：

一、试样称取量的估算

称样量的多少决定了称量时的相对误差，称样量一般由称量式的沉淀的质量来计算，晶形沉淀如 $BaSO_4$、CaC_2O_4 的称量式质量一般要求为 0.3～0.5 g；非晶形沉淀如 $Fe_2O_3 \cdot nH_2O$、$Al_2O_3 \cdot nH_2O$ 的称量式质量一般要求为 0.1～0.2 g。

二、分析结果的计算

1. 换算因子

沉淀的称量式与被测组分的化学式往往不一致，这就需要将称量式的质量换算成被测组分的质量计算分析结果。为此，引入换算因子 F：

$$F=\frac{nM_{\text{被测组分}}}{mM_{\text{称量式}}}$$

式中 n——换算关系中被测组分式前的计量系数；

m——换算关系中称量式前的计量系数。

【例 6-1】 以 $BaSO_4$ 为称量式测定 Na_2SO_4 的含量，其换算因子 F 是多少？

解：

二者的换算关系为：

$$Na_2SO_4(\text{被测组分的化学式}) \longrightarrow BaSO_4(\text{被测组分的称量式})$$

可知，$n(Na_2SO_4)=1$、$m(BaSO_4)=1$

$$F=\frac{nM(Na_2SO_4)}{mM(BaSO_4)}=\frac{1\times142.04}{1\times233.39}=0.608\ 6$$

2. 分析结果的计算

$$\omega(\text{被测组分})=\frac{m(\text{称量式})\times F}{m(\text{试样})}\times100\%$$

【例 6－2】 分析铁矿石，样品质量 0.500 0 g，称量式 Fe_2O_3 质量 0.412 5 g，试计算铁矿石中 Fe 的质量分数。

解：

称量式与 Fe 的换算关系为：

$$2Fe \longrightarrow Fe_2O_3$$

$n(Fe)=2$、$m(Fe_2O_3)=1$

$$F=\frac{nM(Fe)}{mM(Fe_2O_3)}=\frac{2\times55.65}{1\times159.69}=0.699\ 5$$

由公式可得：

$$\omega(Fe)=\frac{m(Fe_2O_3)\times F}{m(\text{试样})}\times100\%=\frac{0.412\ 5\times0.699\ 5}{0.500\ 0}\times100\%=57.71\%$$

为了方便计算，常见物质重量分析法换算因子 F 见表 6－1。

表 6－1　几种常见物质的换算因子

待测组分	称量式	换算因子	待测组分	称量式	换算因子
Ba	$BaSO_4$	$Ba/BaSO_4=0.588\ 4$	MgO	$Mg_2P_2O_7$	$2MgO/Mg_2P_2O_7=0.362\ 1$
S	$BaSO_4$	$S/BaSO_4=0.137\ 4$	P	$Mg_2P_2O_7$	$2P/Mg_2P_2O_7=0.278\ 3$
SO_4^{2-}	$BaSO_4$	$SO_4^{2-}/BaSO_4=0.411\ 6$	P_2O_5	$Mg_2P_2O_7$	$P_2O_5/Mg_2P_2O_7=0.637\ 7$
Fe	Fe_2O_3	$2Fe/Fe_2O_3=0.699\ 4$	Al_2O_3	$Al(C_9H_6ON)_3$	$Al_2O_3/2Al(C_9H_6ON)_3=0.111\ 1$

活动五　数据记录与处理

计算公式为：

$$\omega=(Na_2SO_4)=\frac{(m_1-m_0)\times0.608\ 6}{m(\text{试样})}\times100\%$$

式中　0.608 6——硫酸钡与硫酸钠的换算因子。

将工业硫酸钠含量测定数据记录于表 6－2。

表 6-2　　工业硫酸钠含量测定记录

实验内容 \ 实验编号	1	2	备注
倾倒前：称量瓶+工业硫酸钠质量/g			
倾倒后：称量瓶+工业硫酸钠质量/g			
m(试样)/g			
坩埚的质量/g			
硫酸钡沉淀+坩埚的质量/g			
硫酸钡沉淀质量/g			
ω/%			
$\overline{\omega}$/%			
相对允差/%			

过程评价

通过过程评价，不断检查与改进，培养学生科学、规范、自我管理、计划与组织、安全、环保、节约、求真务实等职业素养，过程评价指标见表 6-3。

表 6-3　　重量分析法过程评价

项目	评分点	配分	评分标准	小组互评		教师评价
				扣分	得分	
称样(10分)	分析天平称量前准备	2	未检查天平水平，扣0.5分			
			未调零，扣1分			
			天平内外不洁净，扣0.5分			
	分析天平称量操作	6	滴瓶放置不当，扣1分			
			直接拿取滴瓶，扣1分			
			倾出试样不合要求，扣1分			
			读数及记录不正确，扣1分			
			物品洒落在天平内或工作台上，扣1分			
			称量结束物品留在天平内或放在工作台上，扣1分			
	称量后处理	2	不关天平门，扣1分			
			天平内外不清洁，扣0.5分			
			未检查零点，扣0.5分			
沉淀操作(15分)	沉淀生成及条件控制	15	沉淀未在稀溶液中进行，扣3分			
			沉淀剂滴加速度控制不当，扣3分			
			未在加热条件下形成沉淀，扣3分			
			滴加沉淀剂未搅拌，扣3分			
			沉淀未放置或加热一定时间，扣3分			

续表

项目	评分点	配分	评分标准	小组互评		教师评价
				扣分	得分	
过滤洗涤（20分）	沉淀的过滤与洗涤操作及条件控制	20	漏斗的选择不正确，扣2分			
			滤纸的折叠方法不当，扣3分			
			过滤操作不正确，扣3分			
			沉淀初步洗涤及转移的操作不正确，扣3分			
			用滤纸擦拭玻璃棒和烧杯操作不正确，扣3分			
			沉淀洗涤未少量多次，扣3分			
			洗涤完成程度不到位，扣3分			
烘干灼烧（20分）	烘干与灼烧操作及条件控制	20	烘干操作不正确，扣3分			
			碳化操作不正确，扣3分			
			灼烧及温度控制不正确，扣3分			
			灼烧时间不正确，扣3分			
			高温炉使用及操作不正确，扣4分			
			坩埚的选择与使用不正确，扣4分			
冷却恒重（15分）	冷却与恒重操作及条件控制	15	灼烧次数不正确，扣3分			
			温度控制操作不当，扣3分			
			干燥器使用不正确，扣3分			
			冷却至室温操作不当，扣3分			
			恒重操作不正确，扣3分			
分析结果（10分）	数据记录	5	数据不记在规定的专用本上，扣5分			
	结果处理	5	计算过程及结果不正确，扣5分			
结束工作（10分）	仪器清洗	5	仪器不清洗或未清洗干净，扣5分			
	工作台面	5	工作台不整理或摆放不整齐，扣5分			
总分合计	100分					

目标检测

一、选择题

1. 沉淀中若杂质含量太大，应采用（　　）措施使沉淀纯净。

A. 再沉淀　　　　B. 提高沉淀体系温度

C. 增加陈化时间　　　　D. 减小沉淀的比表面积

2. 用沉淀称量法测定硫酸根含量时，如果称量式是 $BaSO_4$，则换算因数是（　　）。

A. 0.171 0　　B. 0.411 6　　C. 0.522 0　　D. 0.620 1

3. 下列有关沉淀纯净陈述不正确的是（　　）。

A. 洗涤可减少吸留的杂质

B. 洗涤可减少吸附的杂质

C. 陈化可减少吸留的杂质

D. 沉淀完成后立即过滤可防止后沉淀

4. 对晶形沉淀和非晶形沉淀（　　）。

A. 都要陈化　　B. 都不要陈化　　C. 后者要陈化　　D. 前者要陈化

5. 为了获得颗粒较大的 $CaSO_4$ 沉淀，不应采取的措施是（　　）。

A. 在热溶液中沉淀　　B. 陈化

C. 在稀溶液中进行　　D. 快加沉淀剂

6. 下列各条件中（　　）是晶形沉淀所要求的沉淀条件。

A. 沉淀作用在较浓溶液中进行　　B. 在不断搅拌下加入沉淀剂

C. 沉淀在冷溶液中进行　　D. 沉淀后立即过滤

7. 下列有关称量分析法的叙述错误的是（　　）。

A. 称量分析法是定量分析方法之一

B. 称量分析法不需要基准物质作比较

C. 称量分析法一般准确度较高

D. 操作简单，适用于常量组分和微量组分的测定

二、判断题

1.（　　）在 $BaSO_4$ 饱和溶液中加入 Na_2SO_4 将会使 $BaSO_4$ 溶解度增大。

2.（　　）共沉淀引入的杂质量，随陈化时间的增大而增多。

3.（　　）重量分析法是一种操作烦琐、周期长且准确度不高的方法。

4.（　　）重量分析法中要获得晶形沉淀，必须按“稀、慢、冷、搅、陈”操作进行。

5.（　　）沉淀 $BaSO_4$ 应在热溶液中后进行，然后趁热过滤。

6.（　　）重量分析法中使用的“无灰滤纸”，指每张滤纸的灰分质量小于 0.2 mg。

三、简答题

1. 什么叫重量分析法？有哪些种类？

2. 重量分析法对沉淀形式和称量形式有什么要求？

3. 形成晶形 $BaSO_4$ 沉淀的条件是什么？

4. 简述氯化钡含量的测定原理。

项目七

紫外—可见分光光度法

任务引入

该项目有 2 个代表性工作任务。

紫外—可见分光光度法是化工原料、化工产品、化工生成过程控制进行原材料鉴别、杂质检查和产品成分分析定量测定的常用方法。

分析方法

紫外—可见光是指波长范围在 190～800 nm 的光。当单色光穿过被测物质溶液时，物质对光的吸收程度随光的波长不同而变化。因此，通过测定该物质在不同波长处的吸光度，绘制其吸光度与波长的关系图即得被测物质的吸收光谱。从吸收光谱中，可以确定该物质的最大吸收波长 λ_{max}。

单色光辐射穿过被测物质溶液时，在一定的浓度范围内被该物质吸收的量与该物质的浓度和液层的厚度（光路长度）成正比，其关系遵守朗伯—比尔定律

$$A = \kappa bc$$

式中，A 为吸光度，表示溶液对光吸收的程度。比例常数 κ 与吸光物质的本身性质、入射光波长及溶液温度等因素有关。c 为吸光物质的浓度，当用质量浓度 ρ(g/L) 表示时，$A = \alpha b\rho$，α 称为质量吸光系数，单位为 L/(g · cm)；当用物质的量浓度 c(mol/L) 表示时，$A = \varepsilon bc$，ε 称为摩尔吸光系数，单位为 L/(mol · cm)。b 为透光液层厚度，单位为 cm。

任务目标

【知识、技能与素养】

知识	技能	素养
1. 能准确描述紫外—可见分光光度法的工作原理 2. 能简述紫外—可见分光光度计的组成结构及其各部件的作用 3. 能正确描述和使用朗伯—比尔定律 4. 能简述影响显色反应的主要因素和干扰消除方法 5. 能简述双波长测量方法的原理 6. 能简述紫外—可见分光光度计的光学系统组成特点	1. 能正确开启、关闭紫外—可见分光光度计设置分析检测参数 2. 能正确使用比色皿 3. 能用紫外—可见分光光度计进行光谱扫描，进行定性分析 4. 能用紫外—可见分光光度计进行定量分析 5. 能对紫外—可见分光光度计进行简单维护，能更换卤钨灯和氘灯，准确聚光 6. 能熟练使用工作站建立标准工作曲线，进行实验数据处理，输出实验结果 7. 能正确选择参比溶液，能正确消除干扰 8. 能依据检测标准《水质　硝酸盐氮的测定　紫外分光光度法（试行）》（HJ/T 346—2007）检测水质样品硝酸盐氮的含量	交流沟通 自我管理 计划组织 自主学习 安全意识 环保意识 劳动意识 科学规范 诚实守信 爱岗敬业 工匠精神

任务一　水质样品中微量铁含量测定

活动一　准备仪器与试剂

准备仪器

紫外—可见分光光度计、1 cm 比色皿、滤纸片、镜头擦拭纸、实验室常用玻璃仪器。

准备试剂

$(NH_4)_2Fe(SO_4)_2 \cdot 6H_2O$（A. R）、10%盐酸羟胺（临用现配）、1 mol/L 醋酸钠溶液、邻二氮菲溶液（0.15%，临用现配）。

活动二　配制溶液

一、配制铁标准储备溶液

准确称取 0.351 1 g $(NH_4)_2Fe(SO_4)_2 \cdot 6H_2O$ 于小烧杯中，用 2 mol/L 盐酸 15 mL 溶解，移入 500 mL 容量瓶中，以水稀释至刻度，摇匀。此标准储备溶液含铁 0.100 0 g/L。

二、配制铁标准使用溶液

准确移取铁标准储备溶液 10 mL，用水稀释定容至 100 mL，此标准使用溶液含铁 10.00 μg/mL。

三、配制标准工作曲线溶液

分别准确移取铁标准使用溶液 0.00、1.00、2.00、4.00、6.00、8.00、10.00 mL 于 50 mL容量瓶中，依次加入缓冲溶液 NaAc 溶液 5 mL，还原剂盐酸羟胺溶液 1 mL，显色剂邻二氮菲溶液 2 mL，用蒸馏水稀释至刻度，摇匀，放置 10 min。

活动三　认识仪器

根据实验室提供的紫外—可见分光光度计，阅读仪器操作手册，完成表 7－1 的有关信息。

表 7－1　　认识紫外—可见分光光度计

仪器名称		仪器型号		仪器编号	
暗盒比色皿池	个	配套比色皿	个	材质	
卤钨灯	□有　型号： □无	氘灯	□有　型号： □无		
比色皿池推动方式	□手动 □自动	液晶操作面板	□有 □无		
聚光镜	□可视 □密封	数据线接口方式	□USB　□TTL　□RS－232		

必备知识

一、紫外—可见分光光度计

紫外—可见分光光度计的型号很多，但它们的基本构造是相似的，都由光源、单色器、吸收池、检测器和信号显示系统五大部件组成，其结构如图 7－1 所示。

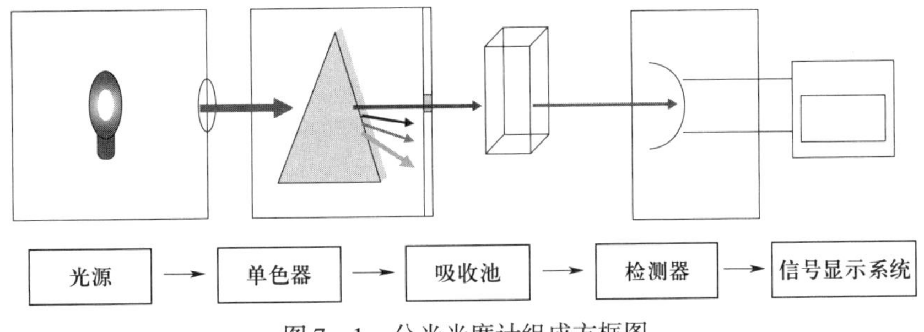

图 7－1　分光光度计组成方框图

由光源发出的光，经单色器获得特定波长形成单色光照射到样品溶液，部分光被样品吸收，透过的光经检测器将光强度转变为电信号变化，并经信号指示系统调制放大后，显示或打印出吸光度 A 值，完成测定。

1. 光源

在整个紫外光谱区或可见光谱区可以发射出连续光谱，要求具有足够的辐射强度、较好的稳定性、较长的使用寿命。光源一般分为可见光光源和紫外光光源。

（1）可见光光源。钨灯作光源，最适宜的使用波长范围在 380～1 000 nm。目前普遍采用卤钨灯代替钨灯。

（2）紫外光光源。氢、氘灯，使用波长为 185～375 nm 的连续光谱。

2. 单色器

单色器的作用是将光源发射的复合光分解成单色光，并从中选出所需波长的单色光，它是分光光度计的核心部分。单色器主要由狭缝、色散元件和透镜系统组成。仪器一般将相关组件整体封装，不能随意拆卸。

3. 吸收池

吸收池亦称为比色皿，是用于盛放待测溶液和决定透过液层厚度的器件。根据光学透光面的材质不同，吸收池有玻璃吸收池和石英吸收池两种。玻璃吸收池用于可见光光区的测定。目前，广泛使用 1.0 cm 规格的比色皿，使用时要保护好光学面。

4. 检测器

检测器的作用是利用光电效应将透过吸收池的光信号变成可测的电信号，常用的检测器有光电池、光电管或光电倍增管等，目前最常见的检测器是光电倍增管。

5. 信号显示系统

信号显示系统将检测器产生的电信号经放大处理后，以一定方式显示出来，以便计算和记录。一般由检流计、数字显示、微机等仪器组成。

紫外—可见分光光度计按光路可分为单光束分光光度计和双光束分光光度计两类，按测量时提供的波长数又可分为单波长分光光度计和双波长分光光度计两类。检测复杂试样时，可采用双光束分光光度计或双波长分光光度计。

二、干扰与消除

共存离子的干扰，常用以下方法消除：

1. 控制溶液的酸度

控制溶液的酸度可以达到消除干扰离子的目的。例如，用磺基水杨酸测定 Fe^{3+} 时，溶液中 Cu^{2+} 有干扰，若溶液酸度控制在 pH = 2.5，Cu^{2+} 不能与磺基水杨酸形成配合物，铜离子干扰即可消除。

2. 加入掩蔽剂

利用配位反应或氧化还原反应掩蔽干扰离子。加入掩蔽剂消除干扰是一种常用方法。常用的掩蔽剂见表 7－2。

表 7－2　　可见分光光度法常用掩蔽剂

掩蔽剂	pH 值	被掩蔽的离子
KCN	>8	Cu^{2+}，Co^{2+}，Ni^{2+}，Zn^{2+}，Hg^{2+}，Ca^{2+}，Ag^{+}，Ti^{4+}及铂族元素
	6	Cu^{2+}，Co^{2+}，Ni^{2+}
NH_4F	4～6	Al^{3+}，Ti^{4+}，Sn^{4+}，Zr^{4+}，Nb^{5+}，Ta^{5+}，W^{6+}，Be^{2+}等
酒石酸	5.5	Fe^{3+}，Al^{3+}，Sn^{4+}，Sb^{3+}，Ca^{2+}
	5～6	UO_2^{2+}
	6～7.5	Mg^{2+}，Ca^{2+}，Fe^{3+}，Al^{3+}，Mo^{4+}，Nb^{5+}，Sb^{3+}，W^{6+}，UO_2^{2+}
	10	Al^{3+}，Sn^{4+}
草酸	2	Sn^{4+}，Cu^{2+}及稀土元素
	5.5	Zr^{4+}，Th^{4+}，Sr^{2+}，Sb^{3+}，Ti^{4+}
柠檬酸	5～6	UO_2^{2+}，Th^{4+}，Sr^{2+}，Zr^{4+}，Sb^{3+}，Ti^{4+}
	7	Nb^{5+}，Ta^{5+}，Mo^{4+}，W^{6+}，Ba^{2+}，Fe^{3+}，Cr^{3+}
抗坏血酸（维生素 C）	1～2	Fe^{3+}
	2.5	Cu^{2+}，Hg^{2+}，Fe^{3+}
	5～6	Cu^{2+}，Hg^{2+}

3. 选择适当波长

当被测离子和干扰离子显色产物的吸收曲线有较大差异时，可利用它们的最大吸收波长不同，选择适当波长以避开干扰离子的干扰。

4. 选择合适的参比溶液

测定吸光度时，由于入射光的反射，以及溶剂、试剂等对光的吸收会造成干扰，所以需要选择合适组分的溶液作参比溶液，先用它来调节透射比为 100%（即吸光度 $A=0$），然后再测定待测溶液的吸光度。参比溶液有以下几种可供选择：

（1）溶剂参比。当试样溶液的组成比较简单，只有溶剂可吸收时，可用溶剂作参比溶液，扣除溶剂的吸收。例如，测定重铬酸钾溶液含量时，用配制重铬酸钾的溶剂蒸馏水作参比。

（2）试剂参比（空白参比）。为了扣除溶剂和添加的试剂的吸收，可用不加待测组分的溶液作参比，该参比称为试剂参比或空白参比。例如，邻二氮菲测定微量铁时，用不加铁标液的那份溶液作为参比溶液。

（3）试液参比（样品参比）。如果显色剂在测定波长时无吸收，可用不加显色剂的样品溶液作为参比，该参比称为试液参比或样品参比。例如，测定溶液中 Cu 含量时，用不加铜显色剂的样品溶液作参比。

（4）褪色参比。如果显色剂及样品基体都有吸收，这时可以在已显色液中加入某种褪色剂，选择性地与被测离子生成稳定无色的配合物，用此溶液作参比溶液，称为褪色参比溶液。

三、显色剂

在可见分光光度法中，溶液的吸光度大小与溶液颜色深浅有关，由于是微量分析，溶液颜色很浅，几乎无色。这时需要向其溶液中加入显色剂使其显色。常用显色剂见表 7－3 和表 7－4。

表 7－3　　常用无机显色剂

显色剂	测定元素	反应介质	有色化合物组成	颜色	λ_{max}
硫氰酸盐	铁	0.1～0.8 mol/L HNO_3	$Fe(CNS)_5^{2-}$	红	480
	钼	1.5～2 mol/L H_2SO_4	$Mo(CNS)^{6-}$ 或 $MoO(CNS)_5^{2-}$	橙	460
	钨	1.5～2 mol/L H_2SO_4	$W(CNS)^{6-}$ 或 $WO(CNS)_5^{2-}$	黄	405
	铌	3～4 mol/L HCl	$NbO(CNS)^{4-}$	黄	420
	铼	6 mol/L HCl	$ReO(CNS)^{4-}$	黄	420
钼酸铵	硅	0.15～0.3 mol/L H_2SO_4	硅钼蓝	蓝	670～820
	磷	0.15 mol/L H_2SO_4	磷钼蓝	蓝	670～820
	钨	4～6 mol/L HCl	磷钨蓝	蓝	660
	硅	稀酸性	硅钼杂多酸	黄	420
	磷	稀 HNO_3	磷钼钒杂多酸	黄	430
	钒	酸性	磷钼钒杂多酸	黄	420
氨水	铜	浓氨水	$Cu(NH_3)_4^{2+}$	蓝	620
	钴	浓氨水	$Co(NH_3)_6^{2+}$	红	500
	镍	浓氨水	$Ni(NH_3)_6^{2+}$	紫	580
过氧化氢	钛	1～2 mol/L H_2SO_4	$TiO(H_2O_2)^{2+}$	黄	420
	钒	6.5～3 mol/L H_2SO_4	$VO(H_2O_2)^{3+}$	红	400～450
	铌	18 mol/L H_2SO_4	$Nb_2O_3(SO_4)_2(H_2O_2)$	橙	365

表 7－4　　常用有机显色剂

显色剂	测定离子	显色条件	颜色	λ_{max}/nm	ε/(L/mol/cm)
双硫腙	Ag^+	pH4.5，$CHCl_3$，CCl_4 萃取	黄色	462	3.05×10^4
双硫腙	Hg^{2+}	微酸性，CCl_4 萃取	橙色	490	7.0×10^4
双硫腙	Pb^{2+}	pH8～11，KCN 掩蔽，CCl_4 萃取	红色	520	6.68×10^4
双硫腙	Cu^{2+}	0.1 mol/LHCl，CCl_4 萃取	紫色	545	4.55×10^4
双硫腙	Cd^{2+}	碱性，$CHCl_3$，CCl_4 萃取	红色	520	8.8×10^4
双硫腙	Zn^{2+}	pH5.0，CCl_4 萃取	红紫	535	1.12×10^5
硫脲	Bi^{3+}	1 mol/L 硝酸	橙黄	470	9.0×10^4
铝试剂	Al^{3+}	pH5.0～5.5，HAc	深红	525	1.0×10^4
邻菲罗啉	Fe^{2+}	pH3～9，盐酸羟胺还原	橙红	510	1.1×10^4
磺基水杨酸	Fe^{3+}	pH8.5	黄	420	5.5×10^4
亚硝基 R 盐	Co^{2+}	pH6～8	深红	550	1.06×10^4
丁二铜肟	Ni^{2+}	碱性，$CHCl_3$ 萃取	红色	360	3.40×10^4
双硫腙	Zn^{2+}	pH5.0，CCl_4 萃取	红紫	535	1.12×10^5
偶氮砷（Ⅲ）	Ba^{2+}	pH5.3	绿色	640	5.10×10^3

活动四　分析检测

一、光谱扫描

1. 设置扫描参数

现在紫外—可见分光光度计均配备光谱扫描功能。打开仪器工作站，设置光谱扫描范围参数，此处设置波长扫描范围为440～540 nm，其他参数建议使用默认设置。

2. 匹配比色皿

依据《紫外、可见、近红外分光光度计》（JJG 178—2007），将比色皿盛装蒸馏水，玻璃材质比色皿在440 nm处测定透射比或吸光度，石英材质比色皿在220 nm处测定透射比或吸光度；透射比相差$\Delta T \leqslant 0.5\%$或吸光度相差$\Delta A \leqslant 0.002$可视为匹配。

3. 光谱扫描程序

用未加铁标液的0号容量瓶溶液作为空白参比，用另一只比色皿装3号容量瓶溶液进行光谱扫描，绘制光谱扫描曲线，记录最大波长。

二、定量测量

1. 绘制工作曲线

在工作站定量测量界面，输入工作曲线系列标准溶液浓度。将工作曲线系列标准溶液依次装入比色皿，在最大波长处，用空白作参比，测其吸光度，建立工作曲线。

2. 测量样品溶液

根据样品溶液提示，将其稀释、定容至50 mL、浓度约为1 μg/mL的样品测试溶液，平行配制3份。用相同的测试条件测其吸光度，确定样品溶液的浓度。

活动五　数据记录与处理

一、数据记录

1. 比色皿配套性检验

$A_1 = 0.000$　$A_2 =$ ________　匹配波长________ nm　比色皿材质：□玻璃　　□石英

2. 铁标准使用溶液的配制

铁标准储备溶液浓度：________ μg/mL　　标准使用溶液浓度：________ μg/mL

稀释次数	吸取体积/mL	稀释后体积/mL	稀释倍数
1			
2			

3. 标准工作曲线的绘制

测量波长：________ nm

容量瓶编号	吸取标液体积/mL	ρ/μg/mL	A
0			
1			
2			
3			
4			
5			
6			

4. 铁样品测试溶液配制

稀释次数	吸取体积/mL	稀释后体积/mL	稀释倍数
1			
2			

5. 铁样品测试溶液铁含量测定

平行测定次数	1	2	3
A			
查得的浓度/(μg/mL)（保留小数点后 4 位）			
查得的平均液浓度/（μg/mL）（保留有效位数 4 位）			

计算过程：

二、结果报告

平行测定次数			
计算公式			
铁试样溶液铁含量平均浓度 ρ/（μg/mL）（保留小数点后 2 位）			
相对极差值/%（保留小数点后 2 位）			
线性相关系数 R		线性方程	

过程评价

通过过程评价，不断检查与改进，培养学生科学、规范、自我管理、计划与组织、安全、环保、节约、求真务实等职业素养，过程评价指标见表 7－5。

表 7－5　　　　　　水质样品微量铁含量检测分析过程评价

操作项目	不规范操作项目名称		评价结果			
			是	否	扣分	得分
称量操作（10 分）	不看水平，扣 1 分					
	不清扫或校正天平零点后清扫，扣 1 分					
	称量开始或结束不校正零点，扣 1 分					
	用手直接拿称量瓶或滴瓶，扣 1 分					
	称量瓶或滴瓶放在桌子台面上，扣 1 分					
	称量时或敲样时不关门，或开关门太重，扣 1 分					
	称量物品洒落在天平内或工作台上，扣 1 分					
	离开天平室，物品留在天平内或放在工作台上，扣 1 分					
	称量物称样量不在规定量 ±5% 以内，扣 1 分					
	凳子不归位、不填写天平使用记录，扣 1 分					
玻璃器皿试漏洗涤（10 分）	需试漏的玻璃仪器容量瓶等未正确试漏，扣 2 分					
	烧杯挂液，扣 2 分					
	移液管挂液，扣 2 分					
	容量瓶挂液，扣 2 分					
	玻璃仪器不规范书写粘贴标签，扣 2 分					
容量瓶定容操作（10 分）	试液转移操作不规范，扣 2 分					
	试液溅出，扣 2 分					
	烧杯洗涤不规范，扣 2 分					
	稀释至刻度线不准确，扣 2 分					
	2/3 处未平摇或定容后摇匀动作不正确，扣 2 分					
仪器操作（20 分）	未装蒸馏水在 660 nm 处正确匹配玻璃比色皿，扣 2 分					
	未正确设定波长扫描范围 440～540 nm，扣 2 分					
	未正确选择参比溶液，扣 2 分					
	未正确设定测量波长，扣 2 分					
	未正确输入标准工作曲线溶液浓度，扣 2 分					
	未正确选择溶液浓度单位，扣 2 分					
	未正确设置浓度及吸光度的有效位数，扣 2 分					
	比色皿操作错误，扣 2 分					
	未正确走基线或校零，扣 2 分					
	未正确校零，扣 2 分					
实验结果（40 分）	线性	≥0.999 9，得 20 分				
		≥0.999，得 10 分				
		≥0.99，得 5 分				
		<0.99，得 0 分				
	准确度（%）	相对误差 <1，得 20 分				
		相对误差 <5，得 10 分				
		相对误差 ≥5，得 0 分				

续表

操作项目	不规范操作项目名称	评价结果			
		是	否	扣分	得分
安全文明结束工作（10分）	玻璃仪器不清洗，扣2分				
	废液、废渣处理不规范，扣2分				
	工作台不整理或玻璃仪器摆放不整齐，未恢复原样，扣2分				
	安全防护用品未及时归还或摆放不整齐，扣2分				
	未请实验指导老师检查工作台面就结束实验，离开实验室，扣2分				
	本项不计分，损坏玻璃仪器除按规定赔偿外，倒扣10分				
实验过程合计得分（总分100分）					

任务二　化工产品磺基水杨酸含量测定

活动一　准备仪器与试剂

准备仪器

紫外—可见分光光度计、1 cm 比色皿、滤纸片、镜头擦拭纸、实验室常用玻璃仪器。

准备试剂

$C_7H_6O_6S \cdot 2H_2O$（A. R）（二水合 -2 - 羟基 -5 - 磺基苯甲酸）。

活动二　配制溶液

1. 配制磺基水杨酸标准储备溶液

准确称取 1. 1651 g $C_7H_6O_6S \cdot 2H_2O$ 于小烧杯中，用去离子水溶解，移入 1 000 mL 容量瓶中，用去离子水稀释至刻度，摇匀。此标准储备溶液含磺基水杨酸 1. 000 0 g/L。

2. 配制磺基水杨酸标准使用溶液

准确移取磺基水杨酸标准储备溶液 10. 00 mL，用去离子水稀释定容至 100 mL，此标准使用溶液含磺基水杨酸 100. 00 μg/mL。

3. 配制标准工作曲线溶液

分别准确移取磺基水杨酸标准使用溶液 0. 00、1. 00、2. 00、4. 00、6. 00、8. 00、10. 00 mL于 7 个 50 mL 容量瓶中，用去离子水稀释至刻度，摇匀。

必备知识

一、紫外分光光度法

紫外分光光度法是基于物质对紫外光的选择性吸收来进行分析测定的方法。紫外光谱的波长范围是 10～400 nm，紫外分光光度法主要是利用 200～400 nm 的近紫外光（200 nm 以下远紫外光会被空气强烈吸收干扰测定，一般不采用）进行测定。

紫外吸收光谱与可见吸收光谱同属电子光谱，都是由分子中价电子能级跃迁产生的，不过紫外吸收光谱与可见吸收光谱相比，具有一些突出的特点，其不像可见分光光度法那样需要加显色剂显色后才能测定，因此它的测定方法简便快速。

二、有机化合物紫外吸收光谱的产生

紫外吸收光谱是由化合物分子中 3 种不同类型的价电子，在各种不同能级上跃迁产生的。这 3 种不同类型的价电子是：形成单键的 σ 电子、形成双键的 π 电子和 O 或 N、S、卤素等含未成键的自有电子 n。甲醛（HCHO）分子价电子类型如图 7－2 所示。

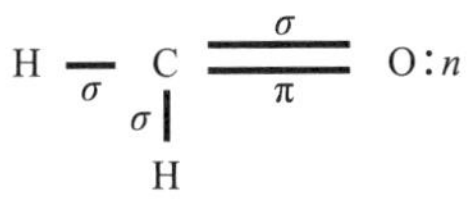

H $\overset{}{\underset{\sigma}{—}}$ C $\overset{\sigma}{\underset{\pi}{=}}$ O:n

σ |

H

图 7－2　甲醛分子价电子类型

原子核外电子具有不同的能量，处在不同轨道运动。根据分子轨道理论，σ 和 π 电子所占的轨道为成键分子轨道；n 所占的轨道为非键分子轨道。当化合物分子吸收光辐射后，这些价电子能跃迁到较高能态的 σ^* 和 π^* 反键轨道。

各轨道能级高低顺序为：$\sigma<\pi<n<\pi^*<\sigma^*$，因此可能的跃迁类型：$\sigma\rightarrow\sigma^*$；$\sigma\rightarrow\pi^*$；$\pi\rightarrow\sigma^*$；$n\rightarrow\sigma^*$；$\pi\rightarrow\pi^*$；$n\rightarrow\pi^*$。电子能级及电子跃迁示意图如图 7－3 所示。

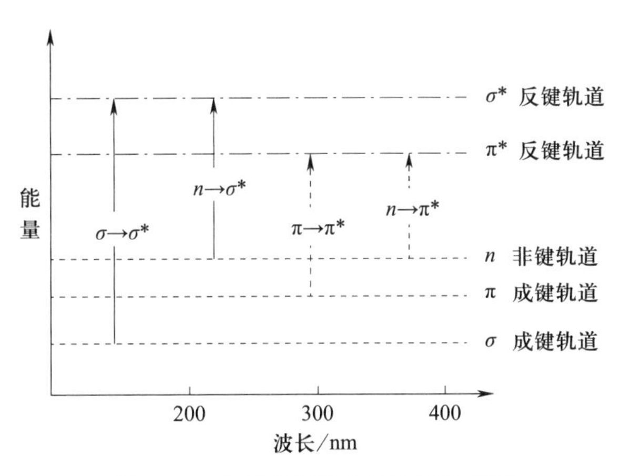

图 7－3　电子能级及电子跃迁示意图

1. 饱和有机化合物

（1）$\sigma-\sigma^*$。C—H 共价键，如 CH_4（125 nm）、C—C 键，又如 C_2H_6（135 nm），处于真空紫外区。

（2）$n-\sigma^*$。含有孤对电子的分子，如 H_2O（167 nm）、CH_3OH（184 nm）、CH_3Cl（173 nm）、CH_3I(258 nm)、$(CH_3)_2S$（229 nm）、$(CH_3)_2O$（184 nm）、CH_3NH_2（215 nm）、$(CH_3)_3N$(227 nm) 等，可见大多数波长仍小于 200 nm，处于近紫外区。

2. 不饱和脂肪族化合物

（1）$\pi-\pi^*$跃迁（*K* 吸收带）。含有 C═C，C≡C，C≡N 键的分子，孤立时波长在 200 nm 左右，随共轭体系的延长，波长向长波方向移动，强度增强。

（2）$n-\pi^*$跃迁（*R* 吸收带）。含有—OH，—NH_2，—X，—S 等基团的化合物。跃迁产生的吸收谱带多位于近紫外区。

三、紫外吸收光谱常用术语

1. 生色团

最有用的紫外—可见光谱是由 $\pi\to\pi^*$ 和 $n\to\pi^*$ 跃迁产生的。这两种跃迁均要求有机物分子中含有不饱和基团。这类含有 π 键的不饱和基团称为生色团。简单的生色团由双键或三键体系组成，如乙烯基、羰基、亚硝基、偶氮基—N═N—、乙炔基、腈基—C≡N 等。

2. 助色团

有一些含有 *n* 电子的基团（如—OH、—OR、—NH_2、—NHR、—X 等），它们本身没有生色功能（不能吸收 $\lambda>200$nm 的光），但当它们与生色团相连时，就会发生 $n-\pi$ 共轭作用，增强生色团的生色能力（吸收波长向长波方向移动，且吸收强度增加），这样的基团称为助色团。

常见助色团助色能力顺序为：

—F <—CH_3 <—Br <—OH <—OCH_3 <—NH_2 <—$NHCH_3$ <—$NH(CH_3)_2$ <—NHC_6H_5 <—O—

3. 红移或蓝移

有机化合物的吸收谱带常因引入取代基或改变溶剂，使最大吸收波长 λ_{max} 和吸收强度发生变化，λ_{max} 向长波方向移动称为红移，向短波方向移动称为蓝移（或紫移）。

4. 增色效应或减色效应

吸收强度即摩尔吸光系数 ε 增大或减小的现象分别称为增色效应或减色效应。

活动三　分析检测

一、光谱扫描

1. 设置扫描参数

紫外—可见分光光度计均配备光谱扫描功能。打开仪器工作站，设置光谱扫描范围参

数，此处设置波长扫描范围为 200 ~ 350 nm，其他参数建议使用默认设置。

2. 匹配比色皿

将石英比色皿装蒸馏水，在 220 处测定透射比或吸光度。透射比相差 $\Delta T \leqslant 0.5\%$ 或吸光度相差 $\Delta A \leqslant 0.002$ 可视为匹配。

3. 光谱扫描

用未加磺基水杨酸标液的 0 号容量瓶溶液作为空白参比，用另一只比色皿装 3 号容量瓶溶液进行光谱扫描，绘制光谱扫描曲线，记录最大波长。

二、定量测量

1. 绘制工作曲线

在工作站定量测量界面，输入工作曲线系列标准溶液浓度。将工作曲线系列标准溶液依次装入比色皿，在最大波长处，用空白作参比，测其吸光度，建立工作曲线。

2. 测量样品溶液

根据样品溶液提示，将其稀释、定容至 50 mL、浓度约为 10 μg/mL 的样品测试溶液，平行配制 3 份。用相同的测试条件测其吸光度，确定样品溶液的浓度。

活动四　数据记录与处理

一、数据记录

1. 比色皿配套性检验

$A_1 = 0.000$　$A_2 =$ ________　匹配波长：________ nm　比色皿材质：□玻璃　□石英

2. 磺基水杨酸标准使用溶液的配制

磺基水杨酸标准储备溶液浓度：________ μg/mL　标准使用溶液浓度：________ μg/mL

稀释次数	吸取体积/mL	稀释后体积/mL	稀释倍数
1			
2			

3. 标准工作曲线的绘制

测量波长：________ nm

容量瓶编号	吸取标液体积/mL	ρ/(μg/mL)	A
0			
1			
2			
3			
4			
5			
6			

4. 磺基水杨酸试样测试溶液配制

稀释次数	吸取体积/mL	稀释后体积/mL	稀释倍数
1			
2			

5. 磺基水杨酸试样测试溶液含量测定

平行测定次数	1	2	3
A			
查得的浓度/(μg/mL)（保留小数点后4位）			
查得的平均液浓度/(μg/mL)（保留有效位数4位）			

计算过程：

二、结果报告

平行测定次数			
计算公式			
磺基水杨酸试样溶液含量平均浓度 ρ/(μg/mL)（保留小数点后2位）			
相对极差值/%（保留小数点后2位）			
线性相关系数 R		线性方程	

知识拓展

紫外—可见分光光度法应用

一、多组分样品的分析

对于多组分的试样，若组分的特征吸收峰相互分开，无重叠，则可以分别在各自的特征峰波长处测定其吸光度，用单组分的定量方法就可以确定各自的含量。

但许多组分的吸收曲线往往相互重叠，Cr^{3+}、Co^{2+}的吸收光谱曲线如图7－4所示。

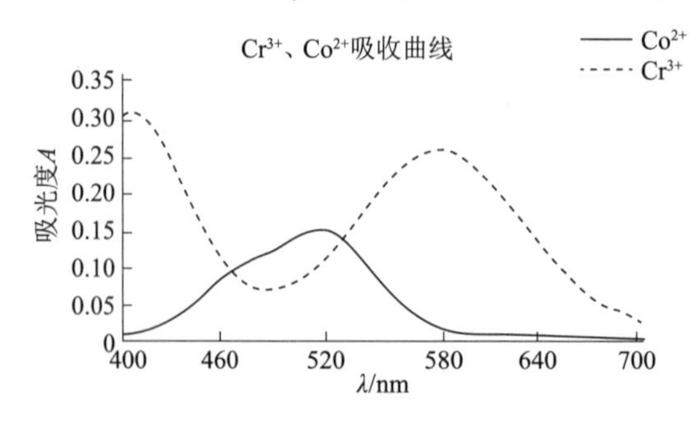

图7－4　Cr^{3+}、Co^{2+}的吸收光谱曲线

由于吸光度A具有加和性，某波长下测得的吸光度，等于试样中各组分在该波长下吸光度的总和，例如，含有Cr^{3+}、Co^{2+}组分的待测溶液。可得到如下方程组：

$$A_{505}^{Cr+Co}=\varepsilon_{505}^{Cr}bc^{Cr}+\varepsilon_{505}^{Co}bc^{Co}$$
$$A_{575}^{Cr+Co}=\varepsilon_{575}^{Cr}bc^{Cr}+\varepsilon_{575}^{Co}bc^{Co}$$

Cr^{3+}、Co^{2+}的摩尔吸光系数既可以用标准溶液测量，由$\varepsilon=\frac{A}{cb}$计算，也可以查阅资料，再测定试样溶液在505 nm和575 nm的吸光度，建立方程组，计算试样中两组分的浓度。

钢铁中铬和锰的含量也可同时测定。试样经酸分解后生成Mn^{2+}和Cr^{3+}，加入H_3PO_4掩蔽Fe^{3+}的干扰，在酸性条件下以$AgNO_3$作催化剂，加过量的$(NH_4)_2S_2O_8$，将Mn^{2+}和Cr^{3+}氧化成MnO_4^-、$Cr_2O_7^{2-}$，可先利用已知准确浓度的高锰酸钾溶液和重铬酸钾溶液，在波长440 nm和545 nm分别测定溶液的吸光度，计算摩尔吸光系数，再在波长440 nm和545 nm分别测定预先处理后的钢铁试样溶液的吸光度，建立方程组，计算钢铁中铬和锰的含量。

二、双波长法测定硝酸盐氮

双波长法测定某混合组分含量时通常采用等吸收法。设试样中有a、b两种组分，a为干扰组分、b为待测组分。测量时，扫描出对干扰组分a具有等吸收（吸收峰相等）的两个波长λ_1和λ_2，以λ_1为参比波长，若b组分在λ_2有较强吸收，以λ_2为测量波长，利用双波长分光光度法测出b组分含量。

$$\Delta A=(\varepsilon_b^{\lambda_2}-\varepsilon_b^{\lambda_1})c_b b$$

由于采用同一个吸收池，消除了参比液和吸收池差异的影响，提高了测定方法的准确度。

紫外分光光度法最大的好处是不加显色剂进行显色反应，具有简单、快速、准确的优点。

例如，利用NO_3^-在220 nm波长的特征吸收可以直接测定地表水、地下水中硝酸盐氮的含量。天然水中的悬浮物以及Fe^{3+}、Cr^{3+}干扰本实验，可采用$Al(OH)_3$絮凝沉淀法排除干扰。SO_4^{2-}、Cl^-不干扰测定，加入盐酸可消除HCO_3^-、CO_3^{2-}的干扰以及絮凝沉淀的影响。亚硝酸盐氮（NO_2^-）>0.1 mg/L时干扰实验，加入氨基磺酸消除其干扰。水中的有机物在220 nm、275 nm有吸收，利用NO_3^-在275 nm无吸收的特点，对水样在220 nm和275 nm处分别测定吸光度，从A_{220}减去A_{275}即可扣除有机物的干扰，该方法准确高，是《水质 硝酸盐氮的测定　紫外分光光度法（试行）》（HJ/T 346—2007）采用的方法。

$$A=A_{220}-2A_{275}$$

该方法硝酸盐氮的最低检出浓度为0.08 mg/L，测定下限为0.32 mg/L、上限为4 mg/L。

过程评价

通过过程评价，不断检查与改进，培养学生科学、规范、自我管理、计划与组织、安全、环保、节约、求真务实等职业素养，过程评价指标见表7-6。

表 7－6　　磺基水杨酸含量检测分析过程评价

操作项目	不规范操作项目名称		评价结果			
			是	否	扣分	得分
称量操作（10 分）	不看水平，扣 1 分					
	不清扫或校正天平零点后清扫，扣 1 分					
	称量开始或结束不校正零点，扣 1 分					
	用手直接拿称量瓶或滴瓶，扣 1 分					
	称量瓶或滴瓶放在桌子台面上，扣 1 分					
	称量时或敲样时不关门，或开关门太重，扣 1 分					
	称量物品洒落在天平内或工作台上，扣 1 分					
	离开天平室，物品留在天平内或放在工作台上，扣 1 分					
	称量物称样量不在规定量 ±5% 以内，扣 1 分					
	凳子不归位、不填写天平使用记录，扣 1 分					
玻璃器皿试漏洗涤（10 分）	需试漏的玻璃仪器容量瓶等未正确试漏，扣 2 分					
	烧杯挂液，扣 2 分					
	移液管挂液，扣 2 分					
	容量瓶挂液，扣 2 分					
	玻璃仪器不规范书写粘贴标签，扣 2 分					
容量瓶定容操作（10 分）	试液转移操作不规范，扣 2 分					
	试液溅出，扣 2 分					
	烧杯洗涤不规范，扣 2 分					
	稀释至刻度线不准确，扣 2 分					
	2/3 处未平摇或定容后摇匀动作不正确，扣 2 分					
仪器操作（20 分）	未装蒸馏水在 220 nm 处正确匹配石英比色皿，扣 2 分					
	未正确设定波长扫描范围 200～350 nm，扣 2 分					
	未正确选择参比溶液，扣 2 分					
	未正确设定测量波长，扣 2 分					
	未正确输入标准工作曲线溶液浓度，扣 2 分					
	未正确选择浓度溶液单位，扣 2 分					
	未正确设置浓度及吸光度的有效位数，扣 2 分					
	比色皿操作错误，扣 2 分					
	未正确走基线或校零，扣 2 分					
	未正确校零，扣 2 分					
实验结果（40 分）	线性	≥0.999 9，得 20 分				
		≥0.999，得 10 分				
		≥0.99，得 5 分				
		<0.99，得 0 分				
	准确度（%）	相对误差 <1，得 20 分				
		相对误差 <5，得 10 分				
		相对误差 ≥5，得 0 分				

续表

操作项目	不规范操作项目名称	评价结果			
		是	否	扣分	得分
安全文明结束工作（10分）	玻璃仪器不清洗，扣2分				
	废液、废渣处理不规范，扣2分				
	工作台不整理或玻璃仪器摆放不整齐，未恢复原样，扣2分				
	安全防护用品未及时归还或摆放不整齐，扣2分				
	未请实验指导老师检查工作台面就结束实验，离开实验室，扣2分				
	本项不计分，损坏玻璃仪器除按规定赔偿外，倒扣10分				
实验过程合计得分（总分100分）					

目标检测

一、选择题

1. 紫外—可见光的波长范围是（　　）nm。

A. 200～400　　B. 400～780　　C. 190～800　　D. 100～200

2. $A=\varepsilon cb$ 中的 ε 与（　　）无关。

A. 入射光波长　　B. 入射光强度　　C. 溶液性质　　D. 温度

3. 根据吸收池成套性的要求，两个吸收池透射比的偏差应小于或等于（　　）。

A. 0.5%　　B. 0.3%　　C. 0.1%　　D. 0.2%

4. 邻二氮菲测微量铁，加入盐酸羟胺的目的是（　　）。

A. 作还原剂　　B. 作缓冲剂　　C. 作参比溶液　　D. 作氧化剂

5. 紫外—可见分光光度计采用（　　）作可见光光源。

A. 氢灯　　B. 氘灯　　C. 钨灯　　D. 卤钨灯

6. 紫外—可见分光光度计广泛采用（　　）做检测器。

A. 光电池　　B. 光电管　　C. 光电倍增管　　D. 光电池或光电管

7. 可见光区的波长范围是（　　）nm。

A. 200～400　　B. 400～760　　C. 200～760　　D. ＞760

8. 邻二氮菲测微量铁，参比液最好选择（　　）。

A. 样品参比　　B. 蒸馏水参比　　C. 试剂参比　　D. 溶剂参比

9. 作紫外—可见分光光度计的紫外光源是（　　）。

A. 钨灯　　B. 氘灯　　C. 卤钨灯　　D. 能斯特灯

10. 用双波长法测含有杂质组分的待测物质含量时，一般要求杂质组分在（　　）。

A. λ_1 处和 λ_2 处的吸光度相同　　B. λ_1 处和 λ_2 处保留时间相同

C. λ_1 处的吸收大于 λ_2 处的吸收　　D. λ_1 处的吸收小于 λ_2 处的吸收

二、判断题

1.（　　）分光光度分析中的空白溶液就是不含杂质的蒸馏水。

2.（　　）当入射光的波长、溶液的浓度及温度一定时，吸光度与液层厚度成正比。

3.（　　）紫外—可见分光光度计使用一段时间后，仪器提示氘灯或钨灯能量不足，这时应检查聚光镜的位置，或者更换氘灯或钨灯。

4.（　　）在仪器波长准确度校正中，每改变一次波长，应重新调参比的透射比 =100%。

5.（　　）光栅或棱镜能把自然光变成单色光，因此改变光栅或棱镜的位置，就可以取出所需的单色光。

三、填空题

1. 不同浓度的同一物质，其吸光度随浓度增大而__________。通常，同一溶液吸光度大小随着波长改变而__________。

2. 当 $A=0.434$ 时，测定相对误差最小。为了使分光光度法测定准确，吸光度应控制在 0.2 ~0.8 范围内，当 $A=1.00$ 时，溶液透射比 $\tau=$________（$A=-\lg\tau$）。

3. 紫外—可见分光光度计的主要部件包括________、单色器、________、________和信号处理与显示 5 个部分。

4. 在光度分析中，常因波长范围不同而选用不同材料制作的吸收池。可见分光光度法中选用________材料的吸收池，紫外分光光度法中选用________材料的吸收池。

5. 如果显色剂或其他试剂对测量波长有一定吸收，应选________为参比溶液；如试样中其他组分有吸收，但不与显色剂反应，则当显色剂无吸收时，可用________作参比溶液。

四、计算题

1. 每升中含有 5 .0 mg 溶质，其相对分子质量为 125，将该溶液放在 10 mm 比色皿中，测得吸光度为 0.98，问摩尔吸光系数为多少？

2. 称取 0.216 0 g 的 $NH_4Fe(SO_4)_2 \cdot 12H_2O$ 溶于水，稀释至 500 mL，得到铁标准溶液，取 4.00 mL 标准溶液显色后稀释至 100 mL，测其吸光度为 0.320。取待测试液 5.00 mL，稀释至 250 mL，移取 2.00 mL，在相同的条件下测其吸光度为 0.500，用比较法求试样中铁的含量（以 mg/mL 表示）。

已知 $M(Fe)=55.845$ g/mol，$M[NH_4Fe(SO_4)_2 \cdot 12H_2O]=482.178$ g/mol。

3. 称取 0.500 0 g 钢样溶解后将其中 Mn^{2+} 氧化为 MnO_4^-，在 100 mL 容量瓶中稀释至标线。将此溶液在 525 nm 处用 2 cm 吸收池测得其吸光度为 0.62（已知在 525 nm 处的摩尔吸光系数为 2 235 $L \cdot mol^{-1} \cdot cm^{-1}$），$M(Mn) = 54.94$ g/mol，计算钢样中锰的质量分数。

4. 硫酸铜的相对分子质量为 159.6，摩尔吸光系数为 2.5×10^4，今欲准确配制 1 L $CuSO_4$ 溶液，使其稀释 50 倍后置于 1 cm 比色皿中比色，测得透光度为 25%，求应称取硫酸铜多少克？

已知 $M(Mn) = 54.94$ g/mol。

项目八

原子吸收分光光度法

任务引入

该项目有 2 个代表性工作任务。

对地表水源和地下水水源层样品中 Hg、As、Pb、Zn 等微量元素含量进行测定，出具检测报告，判断水源水质情况。

分析方法

地下水质分析方法依据《地下水质分析方法　第 21 部分：铜、铅、锌、镉、镍、铬、钼和银量的测定　无火焰原子吸收分光光度法》(DZ/T 0064.21—2021)，地下水、地面水和废水中的铜、锌、铅、镉检测依据《水质　铜、锌、铅、镉的测定　原子吸收分光光度法》(GB 7475—1987)。

原子吸收光谱分析法以其灵敏度高（绝对检出极限为 10^{-10} g，甚至可达 10^{-14} g）、准确度高（相对误差一般为 0.1% ~0.5%）、选择性好（往往不经分离可在同一溶液中直接测定许多元素）、方法简便、分析速度快等特点广泛应用于科研和教学中。原子吸收光谱分析法可以进行 70 多种金属、两性元素和非金属元素的分析。化工产品、环境水质样品和食品中的微量金属，农药中残留的重金属含量测定，首选原子光谱分析法。

原子吸收光谱分析是基于待测元素构成的光源如空心阴极灯在 300 ~ 500 V 的电压作用下，发射出待测元素的特征谱线，特征谱线通过样品的原子蒸气时将被蒸气中的待测元素的基态原子所吸收，特征谱线将减弱。根据特征谱线减弱程度，便可测出被测金属元素的含量。

任务目标

【知识、技能与素养】

知识	技能	素养
1. 能辨识原子吸收光谱仪的结构组成，说出其工作原理 2. 能根据具体的检测项目和原子吸收光谱仪设计检测方法 3. 能选择合适的数据处理方法和工作站进行数据处理 4. 能复述常见检测项目的反应原理、干扰来源、消除方法 5. 能阐述实验结果的评价方法，区分实验结果误差的种类及对应的消除方法 6. 能正确说明样品的采集方法、交接和保管方法 7. 能正确说出实验室的安全必知必会知识及实验室管理知识 8. 能简述钢瓶的使用方法和安全注意事项	1. 能熟练使用原子吸收分光光度计 2. 能对仪器进行调试、维护和保养，排除仪器的简单故障 3. 能按国家标准和行业标准进行采样，能规范进行样品交接、记录、保管 4. 能根据国家标准、行业标准等对样品进行检验 5. 能正确记录实验数据，熟练计算实验结果，填写实验报告 6. 能正确评价质量检验结果、分析实验结果并消除误差 7. 能按6S质量管理要求整理实验现场，符合健康、环保要求	交流沟通 自我管理 计划组织 自主学习 安全意识 环保意识 劳动意识 科学规范 诚实守信 爱岗敬业 工匠精神

任务一　火焰原子化法测定地下水中锌的含量

活动一　仪器与试剂的准备

准备仪器

原子吸收分光光度计及工作站、锌空心阴极灯、乙炔高压气瓶、空压机、实验室常用分析玻璃仪器。

准备试剂

1. 硝酸（HNO_3）：$\rho=1.42$ g/mL，优级纯。
2. 硝酸（HNO_3）：$\rho=1.42$ g/mL，分析纯。
3. 高氯酸（$HClO_4$）：$\rho=1.67$ g/mL，优级纯。
4. 1∶1 硝酸溶液。
5. 1∶499 硝酸溶液。
6. 乙炔：由气瓶或由乙炔发生器供给，纯度不低于99.6%。

7. 空气：由空气压缩机供给。

8. 锌标准储备溶液：准确称取光谱纯金属锌 0.500 0 g，用 50.00 mL 1∶1 硝酸加热溶解，冷却、转移至 500.0 mL 容量瓶，洗涤、加水定容、摇匀。此溶液每 mL 含 1.000 0 mg 金属锌。

9. 锌标准使用溶液：准确量取锌标准储备液 0.50 mL，用 1∶499 硝酸溶液定容至 100.0 mL，此锌标准使用液浓度为 5 mg/L。

必备知识

一、原子吸收分光光度计的基本结构

单光束火焰原子吸收光度计主要由光源、原子化器、单色器和检测放大系统四部分组成。主要部件如图 8－1 所示。

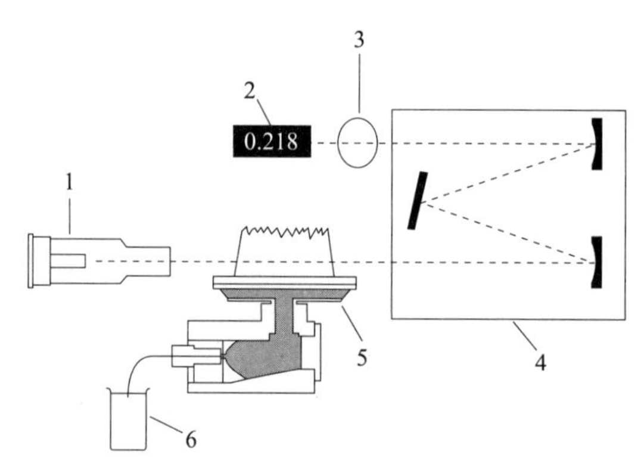

图 8－1 原子吸收分光光度计基本构造示意图

1—光源 2—读数 3—光电倍增管 4—单色器 5—原子化器 6—溶液

二、光源

光源的作用是发射待测元素的特征光谱（共振线），供测量用。光源须满足如下要求：

1. 光源能发射待测元素的共振线，而且强度要足够大。

2. 光源发射的谱线是锐线光。

3. 辐射光的强度要稳定，而且背景发射要小。

在原子吸收分析中，空心阴极灯被广泛使用。空心阴极灯的实物和结构原理图如图 8－2 所示。日常分析中，对大多数元素分析而言，工作电流应为额定电流的 40% ~60%。电源插座如图 8－3 所示。安装时灯的“1”部分与灯座的“2”部分方向一致即可。

三、原子化器

原子化器是将试样中的待测元素由化合物状态转变为基态原子蒸气。空气—乙炔火焰燃烧器结构示意图及燃烧器如图 8－4 所示。

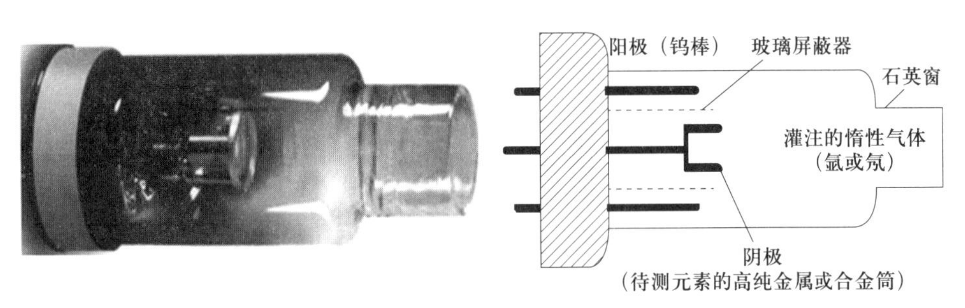

图 8－2 空心阴极灯的实物和结构原理图

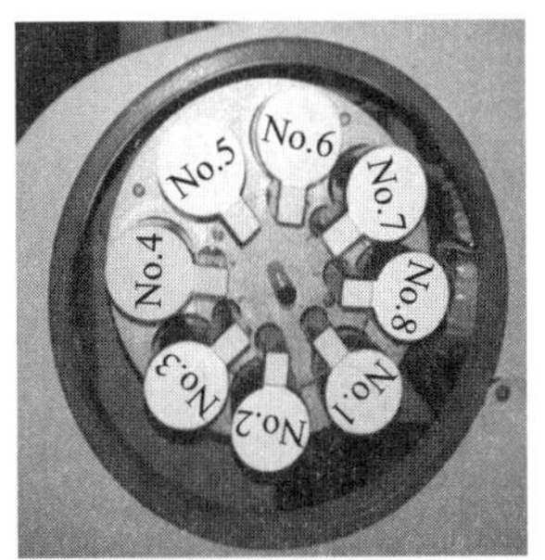

图 8－3 灯与灯的电源插座连接示意图

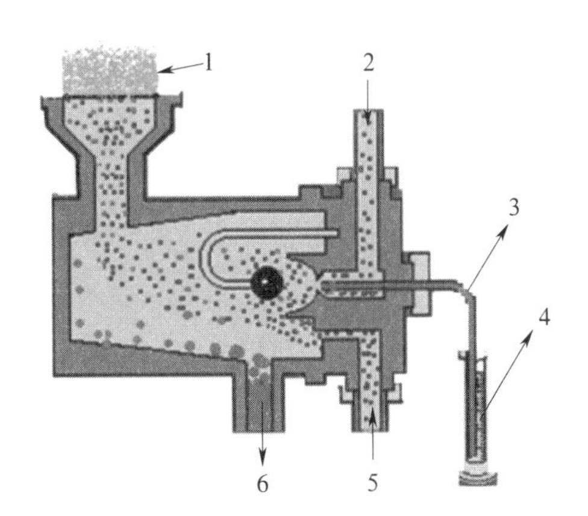

图 8－4 空气—乙炔燃烧器结构示意图及火焰原子化装置

1—原子化火焰 2—压缩空气 3—毛细软管 4—试样 5—燃料气 C_2H_2 6—废液

火焰原子化装置一般由雾化器、预混合室和燃烧器 3 部分组成。雾化器的作用是将试液雾化。预混合室的作用是进一步细化雾滴，并使之与燃料气均匀混合后进入火焰。为了提高雾化效率，在喷嘴前装一撞击球，或用燃料气与雾化器喷嘴对喷的方法，使雾滴进一步细化。预混合室的废液排出管，要用导管通入废液收集瓶中并加水封，以保证火焰的稳定性，也避免燃料气逸出造成火灾。燃烧器多由不锈钢制成，有孔型和长狭缝型。为了提高测定的灵敏度，一般采用长狭缝型燃烧器，一种为 100 mm × 0.5 mm，另一种为 50 mm × 0.4 mm。前者适用于空气—乙炔火焰，后者适用于氧化亚氮—乙炔火焰。

火焰原子化装置常用火焰及温度见表 8－1。

表 8-1　　火焰原子化装置常用火焰的温度

燃料气	助燃气	燃烧速度/（cm/s）	火焰温度/℃
煤气	空气	55	1 840
丙烷	空气	82	1 935
氢气	空气	440	2 045
乙炔	空气	160	2 125
乙炔	氧气	1 130	3 100
乙炔	氧化二氮	180	2 955
氢气	氧气	900	2 660

四、单色器

空心阴极灯发出的谱线除原子蒸气吸收的共振线外，还有其他的谱线，这些谱线干扰原子蒸气对共振线的吸收，因此必须分离。单色器的作用就是将共振线与其他谱线分开。单色器主要元件是棱镜或光栅，现在一般由精密电器控制棱镜或光栅位置取出所需波长的光。光学系统全部集成封装，不许私下拆封。

五、检测放大系统

检测放大系统由光电倍增管、放大器和读数仪表组成。光电倍增管是利用光电效应使光转变为光电流的一种装置，其结构及工作原理图如图 8-5 所示。

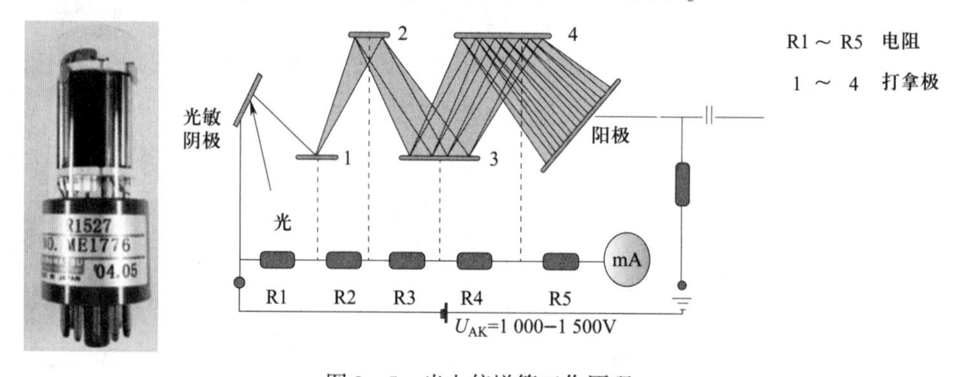

图 8-5　光电倍增管工作原理

活动二　测定锌的含量

一、水样制备

样品采集后，加入硝酸（1 L 水样中加浓硝酸 10 mL）保存，复杂样品使用前将样品用高氯酸消解，去除干扰，再过滤至 50 mL 容量瓶中，定容。同时作平行样使用。

二、配制标准工作曲线系列溶液

参照表 8-2，在 100 mL 容量瓶中，用 1:499 硝酸溶液稀释容量瓶的标准使用溶液，配制工作曲线系列溶液。

表 8-2　　　　标准工作系列溶液配制参考方案

容量瓶编号	1	2	3	4	5	6
加入锌标液的体积/mL	0.00	0.50	1.00	3.00	5.00	10.00
工作曲线锌含量/(μg/mL)	0.000 0	0.050 00	0.100 0	0.300 0	0.500 0	1.000 0

三、设置仪器条件

1. 熟悉仪器设备

认真阅读原子分光光度仪及配套工作站的使用说明书和用户操作守则，梳理仪器操作流程和设置仪器工作参数，在老师的帮助下，用工作站的向导建立分析方法和数据处理方法，完成分析检查任务。

2. 设置仪器分析参数

以某原子吸收分光光度仪为例，分析线 213.9 nm、谱带宽 0.4 nm、空心阴极灯电流 3 mA、乙炔流量 1 500 mL/min（钢瓶减压输出 0.2～0.25 MPa）、燃烧器高度 6 mm。

四、进入样品设置向导

以 AAWin2.0 工作站为例，简要说明分析方法。

1. 在校正方法中选择“标准曲线法”。

2. 曲线方程中选择“一次方程”。

3. 浓度单位可选择“ng/mL”“μg/mL”“ppb”“ppm”等，也可以手动输入。

4. 输入标准样品名称，本实验为“锌标样”。

5. 起始编号为“1”。

6. 单击“下一步”设置标准样品的个数、输入相应浓度，可点击增加或减少，设置样品个数。

7. 单击“下一步”，再单击“下一步”设置未知样品名称（本实验为“水试样”）、数量、编号等信息。

8. 单击“完成”结束样品设置向导，返回测量界面。

五、进样分析

单击“点火”，火焰点燃，待燃烧稳定后吸入蒸馏水“校零”，吸入标准系列溶液（浓度由小到大），点击“测量”，待吸光度稳定后点击“开始”采样读取吸光度，标准工作曲线溶液进样完成后，仪器会自动根据浓度与吸光度值绘制工作曲线，再进样品溶液，仪器自动计算样品浓度。

通过工作站，可以查看工作曲线相关信息，如线性方程、相关系数等参数，点击“视图”“校准曲线”显示方程的斜率、截距、相关系数。

六、结束实验

1. 保存数据，填写仪器使用记录。
2. 最后一组学生完成实验后，按照“先关燃气后关电”的关机顺序关闭仪器设备。
3. 按6S管理要求整理整顿工作台面和实验室。

活动三　数据记录与处理

试样中锌含量测定见表8－3。

表8－3　试样中锌含量测定

标准储备溶液浓度：________ μg/mL　　标准使用溶液浓度：________ μg/mL

稀释次数	吸取体积/mL	稀释后体积/mL	稀释倍数
1			
2			

标准曲线的绘制测量波长：____________

溶液代号	吸取标液体积/mL	ρ/μg/mL	A
0	0.00		
1	0.50		
2	1.00		
3	3.00		
4	5.00		
5	10.00		
试样1	–		
试样2	–		
试样溶液锌平均含量/(μg/mL)			—

试样溶液稀释倍数：______________；试样锌的含量：______________ μg/mL。

过程评价

通过过程评价，不断检查与改进，培养学生科学、规范、自我管理、计划与组织、安全、环保、节约、求真务实等职业素养，过程评价指标见表8－4。

表8－4　锌含量检测分析过程评价

操作项目	不规范操作项目名称	评价结果			
		是	否	扣分	得分
开机操作(22分)	检查气路是否连接正确，不正确扣2分				
	将面板上所有开关置于关断位置，各调节器均处于最小位置，否则扣2分				
	空心阴极灯的选择，不正确扣1分				

续表

操作项目	不规范操作项目名称	评价结果			
		是	否	扣分	得分
开机操作（22分）	未安装空心阴极灯，扣1分				
	开启总电源开关、灯电源开关顺序错误，扣2分				
	未调节灯电流，扣1分				
	未预热30 min，扣1分				
	方式选择开关未置“调整”位置，狭缝未置“2”位置，扣1分				
	未调节波长，扣1分				
	未调节“增益”钮，使能量表指针指在表的正中位置，扣2分				
	未调整灯位置，进行光源对光，扣2分				
	未调节最佳波长，扣2分				
	未调节燃烧器的位置，进行燃烧器对光，扣2分				
	未打开通风机电源开关，通风10 min，扣2分				
玻璃器皿试漏洗涤（10分）	需试漏的玻璃仪器、容量瓶等未正确试漏，扣2分				
	未洗涤小烧杯，扣2分				
	移液管挂液，扣2分				
	容量瓶挂液，扣2分				
	玻璃仪器不规范书写粘贴标签，扣2分				
容量瓶定容操作（10分）	试液转移操作不规范，扣2分				
	试液溅出，扣2分				
	烧杯、玻璃棒洗涤不规范，扣2分				
	稀释至刻度线不准确，扣2分				
	2/3处未平摇或定容后摇匀动作不正确，扣2分				
移液管的操作（10分）	移液管未润洗或润洗不规范，扣2分				
	吸液时吸空或重吸，扣2分				
	放液时移液管不垂直，扣2分				
	移液管调节液面前未擦拭外壁，管尖不靠壁，扣2分				
	放液后不停留一定时间（约15 s），扣2分				
原子吸收分光光度计点火操作（18分）	未检查100 mm燃烧器和废液排放管是否安装妥当，扣2分				
	打开无油空气压缩机输出压力未调至0.3 MPa，扣2分				
	未接通仪器上气路电源总开关和“助燃气”开关，扣2分				
	未调助燃气气钮，使空气流量为5.5 L/min，扣2分				
	开启乙炔钢瓶总阀，未调节乙炔钢瓶减压阀输出压为0.05 MPa，扣2分				
	未打开仪器上“乙炔”开关，扣2分				
	未调乙炔气钮使乙炔流量为1.5 L/min，扣2分				
	点火（按钮时间小于4 s），扣2分				
	未调乙炔气钮使乙炔流量为0.6～0.8 L/min，扣2分				

续表

操作项目	不规范操作项目名称	评价结果			
		是	否	扣分	得分
选择最佳工作条件（12分）	未将“方式”开关置于“吸光度”，信号开关置于“连续”，扣2分				
	灯电流选择未从5 mA开始，每次增加0.5 mA，扣2分				
	燃助比未选择乙炔气从0.5 L/min开始，每次增加0.1 L/min，扣2分				
	燃烧器高度选择不对，扣2分				
	每改变一个值，未用去离子水调零一次，扣2分				
	吸喷溶液，未待能量表指针稳定后就按“读数”键，扣2分				
测量操作（8分）	未吸喷去离子水调零，扣2分				
	测量顺序不对，扣2分				
	读数时未待能量表指针稳定后按“读数”键，扣2分				
	未待读数回零后，就测下一个溶液，扣2分				
关机操作（5分）	未吸喷去离子水5 min，扣1分				
	关闭气路顺序（先乙炔钢瓶，后空气压缩机）不对，扣1分				
	关闭各气路开关顺序不对，扣1分				
	未关闭灯电源开关、总电源开关，扣2分				
	未等10 min即关闭排风机开关，扣1分				
数据记录及处理（10分）	不在规定的记录纸上记录，扣2分				
	计算错误，一次性扣2分				
	有效数字位数保留不正确，一次扣1分，本项总分扣完为止				
	原始记录填写格式不对，扣1分				
	原始记录填写内容不及时、不完整，扣1分				
	原始记录不规范，扣1分				
	报告填写不规范，扣1分				
安全文明结束工作（5分）	玻璃仪器不清洗，扣1分				
	废液、废渣处理不规范，扣1分				
	工作台不整理或玻璃仪器摆放不整齐，未恢复原样，扣1分				
	安全防护用品未及时归还或摆放不整齐，扣1分				
	未请实验指导老师检查工作台面就结束实验离开实验室，扣1分				
	本项不计分，损坏玻璃仪器除按规定赔偿外，倒扣10分				
实验过程合计得分（总分100分）					

知识拓展

一、原子光谱分析样品采集

采样应注意以下问题，分析溶解的金属时，样品采集后立即通过0.45 μm滤膜过滤，

并酸化。

1. 取样要有代表性，即从整体中取出的少量样品能够反映被测对象的总体状况。

2. 取样量大小要适当，取决于样品中被测元素的含量、分析方法和所要求的精度。

3. 样品在采样、包装、运输、碎样、保存等过程中要防止污染，建议用聚乙烯塑料容器，不用玻璃瓶，并维持必要的酸度，存放于清洁、低温、阴暗处。

二、原子光谱分析样品消解

1. 样品溶解

对无机样品，首先考虑能否溶解于水，若能溶解于水，应首选去离子水为溶剂来溶解样品，并配制成合适的浓度范围。

若样品不能溶于水，则考虑用稀酸、浓酸或混合酸处理后配制成合适浓度的溶液。常用的酸有 HCl、H_2SO_4、H_3PO_4、HNO_3、$HClO_4$，H_3PO_4 常与 H_2SO_4 混合用于某些合金试样的溶解，氢氟酸常与另一种酸生成氟化物而促进溶解。

用酸不能溶解或溶解不完全的样品则采用熔融法。熔剂的选择原则是酸性样品用碱性熔剂，碱性样品用酸性熔剂。常用的酸性熔剂有 $NaHSO_4$、$KHSO_4$、$K_2S_2O_7$、酸性氟化物等。常用的碱性熔剂有 Na_2CO_3、K_2CO_3、NaOH、Na_2O_2、$LiBO_2$、$Na_2B_4O_7$（四硼酸钠），其中偏硼酸锂和四硼酸钠应用最广泛。

2. 样品灰化

样品灰化是利用高温除去样品中的有机质，剩余的灰分用酸溶解，作为样品待测溶液。该法主要优点是能处理较大样品量、操作简单、安全。灰化分为干法灰化和湿法灰化。

（1）干法灰化。准确称取一定量的样品，放在石英坩埚或铂坩埚中，于 80 ~ 150 ℃低温加热，去除大量有机物，然后放于高温炉中，加热至 450 ~ 550 ℃进行灰化处理。冷却后再将灰分用 HNO_3、HCl 或其他溶剂进行溶解。这种方法不适于易挥发元素，如 Hg、As、Pb、Sn、Sb 等的测定。

（2）湿法灰化。湿法灰化是在样品升温情况下，加合适的酸将其氧化。最常用的氧化剂有 HNO_3、$HClO_4$、H_2SO_4，它们可以单独使用，也可以混合使用，如 HCl + HNO_3、HNO_3 + $HClO_4$ 和 H_2SO_4 + HNO_3 等，其中最常用的混合酸是 HNO_3 + H_2SO_4 + $HClO_4$（体积比为 3:1:1）。

3. 微波消解法

微波消解是目前流行的样品处理方法。即将样品放在聚四氟乙烯闷罐中，于专用微波炉中加热使样品消解，这种方法样品消解快、分解完全、损失少，适合大批量样品的处理，对微量、痕量元素的测定结果好。

三、原子光谱分析试验方法验证

通过实验建立起来的分析方法是否能够满足测试要求，需要进行方法的验证。验证的内容主要有灵敏度、检出限、精密度和回收率。

1. 灵敏度

灵敏度是指 $A-c$ 工作曲线的斜率，用 S 表示，即当待测元素的浓度或质量改变一个单位时吸光度的变化量。其数学表达式为：

$$S=\frac{dA}{dc} 或 S=\frac{dA}{dm}$$

式中，S 为工作曲线斜率，A 为吸光度，c 为待测元素浓度，m 为待测元素质量。

2. 检出限

检出限指能给出 3 倍空白标准偏差的吸光度所对应的待测元素浓度。

$$D_c=\frac{c\times 3\sigma}{A}$$

式中，$\sigma=\sqrt{\frac{\sum(A_i-\bar{A})^2}{n-1}}$，是对空白溶液或接近空白的待测组分溶液进行不少于 10 次的连续测定计算得出。

检出限是仪器性能的重要指标，待测元素的存在量只有大于检出限，才能准确测量。

3. 回收率

回收率用于评价方法的准确度和可靠性，常用计算方法为：

$$回收率=\frac{含量测定值}{含量真实值}\times 100\% \qquad 回收率=\frac{加标测定值-未加标测定值}{加标值}\times 100\%$$

显然，回收率越接近 1，方法越准确。

方法验证通常由高级工或仪器保养维护工程师来做。

任务二　石墨炉原子吸收法测定地表水中铅的含量

活动一　仪器与试剂的准备

准备仪器

原子吸收分光光度计及工作站、铅空心阴极灯、石墨炉、氩气钢瓶气（纯度不低于 99.99%）、水冷却器、自动进样器、实验室常用分析玻璃仪器。

准备试剂

1. 硝酸（HNO_3）。$\rho=1.42$ g/mL，优级纯。

2. 1:1 硝酸溶液。

3. 1:99 硝酸溶液。

4. 1.000 μg/mL 铅标准储备溶液（建议购买有国家资质证书的标准品）。

5. 1.00 μg/mL 铅标准使用液。

准确移取 1.000 μg/mL 铅标准储备溶液，用 1∶99 硝酸溶液逐级稀释成浓度分别为 1.0 mg/L的铅标准使用溶液。

6. 磷酸二氢铵溶液（120 g/L）。称取磷酸二氢铵（$NH_4H_2PO_4$，优级纯）12 g，加纯水溶解并定容至 100 mL。

必备知识

石墨炉式原子吸收光谱法（GFAA）

非火焰原子化法中，常用的是电加热管式石墨炉原子化器。管式石墨炉原子化器由加热电源、氩气保护系统、石墨管冷却系统和控制系统组成，其结构如图 8－6 所示。电流通过石墨管产生高热高温，最高温度可达 3 000 ℃。保护气 Ar 保护石墨管不被烧蚀，有效除去干燥的基体蒸气，同时保护已原子化了的原子不再被氧化。

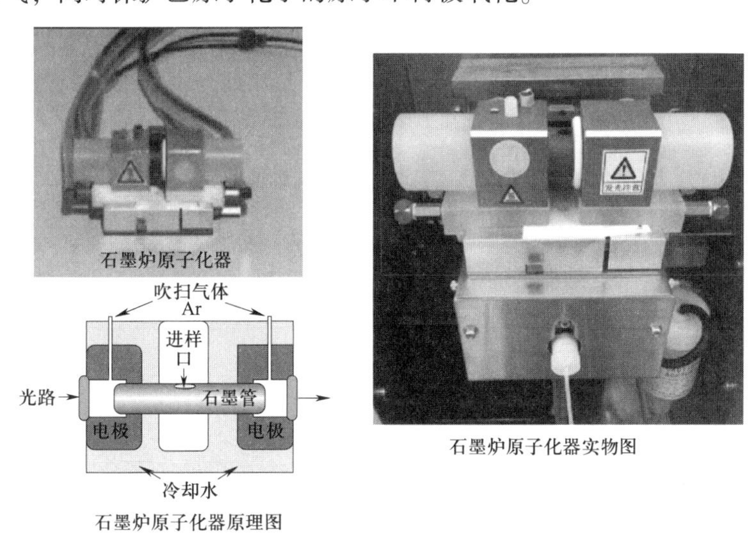

图 8－6　石墨炉原子化器

石墨炉原子化器的工作分为干燥、灰化、原子化和清洁 4 步，如图 8－7 所示。

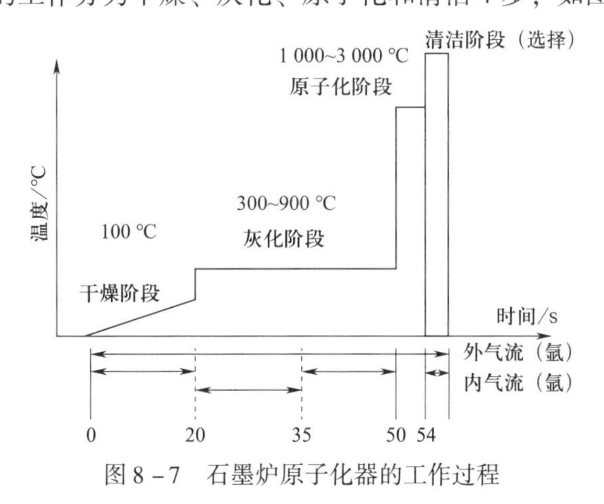

图 8－7　石墨炉原子化器的工作过程

石墨炉原子化法的优点是用样量小，样品利用率高，原子在吸收区平均停留时间较长，绝对灵敏度高。液体和固体均可直接进样。缺点是试样组成不均匀性影响较大，有较强的背景吸收，测定精密度不如火焰原子化法。

活动二　测定水样中铅的含量

一、水样制备

样品采集后，加入硝酸（1 L 水样中加浓硝酸 10 mL）保存，复杂样品使用前选择合适的方法在老师的指导下进行消解，消除干扰，再过滤至 50 mL 容量瓶中，定容，同时做平行样待用。如果只测可溶铅，可不消解。

二、配制标准工作曲线系列溶液

参照表 8－5，在 100 mL 容量瓶中，依次加入铅标准使用溶液和 10 mL 磷酸二氢铵溶液，用 1:99 硝酸溶液稀释容量瓶的标准使用溶液配制工作曲线溶液，定容、摇匀。

表 8－5　　标准工作曲线系列溶液配制参考方案

容量瓶编号	0	1	2	3	4	5	6	7
加入铅标液的体积/mL	0	0.50	1.00	2.00	3.00	4.00	5.00	6.00
工作曲线铅含量/(μg/L)	0	5.00	10.00	20.00	30.00	40.00	50.00	60.00

三、开机

测量方法：设置选“石墨炉”，仪器参数以及仪器工作条件见表 8－6。

表 8－6　　仪器参数以及仪器工作条件

参数	灯电流/mA	波长/nm	狭缝/nm	背景校正	进样方式	校正模式	测量方式	进样量/μL
数值	4.5	283.3	0.8	塞曼	自动	标准曲线	峰高	20

四、分析方法设置

某原子吸收分光光度仪，寻峰完成后进入样品测量界面，在测量界面点击“样品”进入样品设置向导。

1. 在校正方法中选择“标准曲线”。
2. 曲线方程中选择“一次方程”。
3. 浓度单位“μg/L”。
4. 输入标准样品名称，本实验为“铅标样”。
5. 起始编号为“1”。
6. 单击“下一步”，设置标准样品的浓度及个数。

7. 设置完成后，单击“下一步”两次，设置未知样品名称、数量、编号等信息。

8. 单击“完成”，结束样品设置向导，返回测量界面。

五、进样分析

进入测量之前，打开冷却水，调节氩气钢瓶出口压力为0.5 MPa，认真检查气路与水路，以免出现泄漏。注意调整原子化器的位置，利用主菜单“仪器”→“原子化器位置”调节原子化器的位置，让光源的光线穿过原子化器中心。选择主菜单“设置”→“石墨炉加热程序”，观察检测元素的热程序设置，通常使用默认值，单击“确定”按钮，系统将把设置发送给仪器。

当一切设置就绪时，首先选择工具栏的“空烧”按钮对石墨炉进行不少于2次的空烧。然后依次选择主菜单“测量”→“开始”，转入测量画面。

如果手动用微量进样，试样加入石墨管后，单击“开始”按钮，系统将开始对石墨炉进行加热。此时，测量曲线将出现在谱图中，并在测量窗口中显示当时的石墨管加热温度以及对每个加热步骤的倒计时。

一次测量结束后画面将弹出显示冷却倒计时窗口，显示石墨炉冷却时间。此时，无法对工作站进行其他操作，必须在计时结束后才可继续测量。

测量时，先将空白、标准铅溶液（浓度从小到大）、样品依次放入自动进样器，设置好进样程序。点击“测量”进行检测。

六、数据保存

全部数据测量完成后选择主菜单中“文件”的“保存”，输入文件名、选择路径保存。

七、关机

按照正常关机顺序关闭仪器、钢瓶和冷却水，填写仪器使用记录，整理现场。

活动三　数据记录与处理

试样中铅含量测定见表8－7。

表8－7　　试样中铅含量测定

标准储备溶液浓度：＿＿＿＿＿ μg/mL　　标准使用溶液浓度：＿＿＿＿ μg/mL

稀释次数	吸取体积/mL	稀释后体积/mL	稀释倍数
1			
2			

标准曲线的绘制测量波长：________

溶液代号	吸取标液体积/mL	ρ/（μg/mL）	A
0	0.00		
1	0.50		
2	1.00		
3	2.00		
4	3.00		
5	4.00		
6	5.00		
7	6.00		
试样 1	—		
试样 2	—		
试样溶液锌平均含量/(μg/mL)			—

试样溶液稀释倍数：________________；试样锌的含量：________________ μg/mL。

过程评价

通过过程评价，不断检查与改进，培养学生科学、规范、自我管理、计划与组织、安全、环保、节约、求真务实等职业素养，过程评价指标见表 8－8。

表 8－8　铅含量检测分析过程评价

操作项目	不规范操作项目名称	评价结果			
		是	否	扣分	得分
开机操作（20 分）	未检查氩气钢瓶及气路，扣 3 分				
	检查冷却循环水，否则扣 2 分				
	检查石墨炉里石墨管管中小孔是否朝正上方，否则扣 5 分				
	检查空心阴极灯是否安装及位置，否则扣 5 分				
	依次打开仪器总开关，石墨炉开关，如有自动进样装置打开其控制开关，否则扣 3 分				
	打开电脑，点击图标打开工作站，启动仪器自检，否则扣 2 分				
玻璃器皿试漏洗涤（10 分）	需试漏的玻璃仪器容量瓶等正确试漏，否则扣 2 分				
	移液管挂液，扣 3 分				
	容量瓶挂液，扣 3 分				
	玻璃仪器不规范书写粘贴标签，扣 2 分				
容量瓶定容操作（10 分）	试液转移操作不规范，扣 2 分				
	试液溅出，扣 2 分				
	烧杯洗涤不规范，扣 2 分				
	稀释至刻度线不准确，扣 2 分				
	2/3 处未平摇或定容后摇匀动作不正确，扣 2 分				

续表

操作项目	不规范操作项目名称	评价结果			
		是	否	扣分	得分
移液管的操作（10分）	移液管未润洗或润洗不规范，扣2分				
	吸液时吸空或重吸，扣2分				
	放液时移液管不垂直，扣2分				
	移液管管尖不靠壁，扣2分				
	放液后不停留一定时间（约15 s），扣2分				
仪器操作（20分）	如有向导，启动向导，完成工作参数设置和仪器初始化，否则扣2分				
	核实要检测的元素，确定元素灯的位置，否则扣2分				
	如有向导，向导会自动调整石墨炉位置，检查光点是否保持在石墨管中间并在纸片中呈圆形，否则扣2分				
	如果使用了自动进样器，检查自动进样针伸入石墨管的位置和深度是否合适，否则扣2分				
	检查波长、灯电流、狭缝宽度等参数是否为仪器向导推荐参数，否则扣2分				
	检查向导推荐的背景校正、进样方式、校正模式、测量方式、进样量是否合理，否则扣2分				
	检查向导推荐的干燥、灰化、原子化、清洁阶段的温度是否合理，否则扣2分				
	设置分析方法，校正模式、标准工作曲线溶液、样品溶液个数、浓度、位置编号、浓度单位、测量次数、读数延迟时间等信息是否合理，否则扣2分				
	建议执行向导推荐的谱线搜索/光束平衡，否则扣2分				
	打开冷却循环水电源开关，开启氩气，减压输出0.5 MPa，否则扣2分				
测量操作（10分）	如自动进样，再次检查标准溶液、样品位置，否则扣2分				
	预热完毕、空烧石墨管不少于3次，确保吸光度足够小且变化极小，否则扣5分				
	空白试剂使用配制溶液的超纯水，否则扣1分				
关机操作（5分）	关冷却循环水，否则扣1分				
	关闭氩气主阀，否则扣2分				
	关闭石墨炉、自动进样器、仪器电源，否则扣1分				
	关闭实验室排风系统电源开关，扣1分				
数据记录及处理（10分）	在规定的记录纸上记录，否则扣2分				
	有效数字位数保留正确，否则扣2分				
	原始记录填写格式及时、完整、规范，否则扣2分				
	计算无错误，否则扣2分				
	报告填写不规范，扣2分				

续表

操作项目	不规范操作项目名称	评价结果			
		是	否	扣分	得分
安全文明结束工作（5分）	玻璃仪器不清洗，扣1分				
	废液、废渣处理不规范，扣1分				
	工作台不整理或玻璃仪器摆放不整齐，未恢复原样，扣1分				
	安全防护用品未及时归还或摆放不整齐，扣1分				
	未请实验指导老师检查工作台面就结束实验，离开实验室，扣1分				
	本项不计分，损坏玻璃仪器除按规定赔偿外，倒扣10分				
实验过程合计得分（总分100分）					

知识拓展

一、标准加入法

标准加入法是原子吸收光谱分析中常用的一种定量方法，当试样待测组分含量很低时，取试液4份以上，第一份不加待测元素，从第二份开始，依次按比例加入不同量待测组分标准溶液，用溶剂稀释至同一体积，以空白为参比，在相同测量条件下，分别测量各组分试液的吸光度，绘制出工作曲线，所绘制的直线延长，延长线在横轴上的截距表示的浓度即为待测试样的浓度，如图8－8所示。

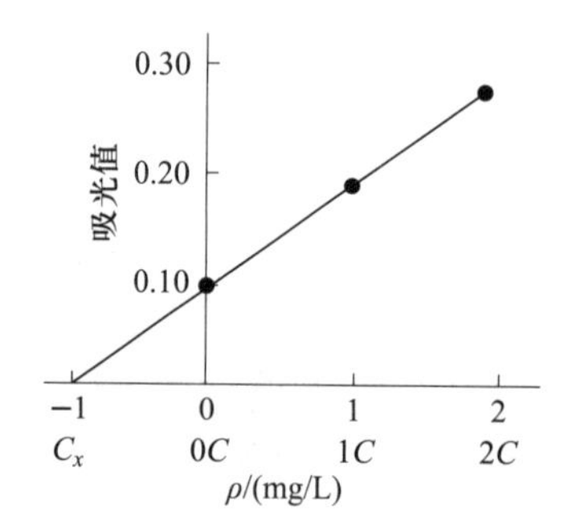

图8－8　标准加入法定量原理示意图

标准加入法将样品与标准溶液混合后测得吸光度，达到了标准与样品基体的相似，从而消除了基体干扰。但是它无法消除背景干扰，消除背景干扰需要采样背景校正技术。因此，标准加入法适合干扰不易消除、分析样品数量较少、试样中共存物不明或基体复杂的试样分析。

二、基态原子的产生

原子吸收光谱分析方法，是建立在研究基态原子蒸气对光吸收的性质和规律上的分析方法。待测元素在试样中都是以化合物的状态存在，因此在进行原子吸收分析时，首先应当使待测元素由化合物状态变成基态原子。使试样原子化的方法很多，其中火焰原子化方法是以火焰为热源，使试样中待测元素的化合物解离，变成基态原子。石墨原子化是让大电流通过石墨炉产生高温作为热源使待测元素的化合物解离，变成基态原子。

金属盐（以 MX 表示）的水溶液，经过雾化成为微小的雾粒喷入火焰中，大体可分为蒸发、解离、激发、电离、化合等过程。金属盐的气态分子，在高温下吸收热能，可被分解（热解离）成基态原子（包括气态金属原子和气态非金属原子）。一部分基态原子由于热能和碰撞的作用被激发成为激发态原子，或被电离成为离子。

由于火焰中还有其他物质（如氧），它们在火焰的作用下，还可能与基态金属原子进行化合反应，生成某些化合物。在原子吸收分析中，应当使试样在火焰中更多地生成基态原子，而尽可能不使基态原子被激发，电离或生成化合物。

三、共振线与吸收线

任何元素的原子都由原子核和核外的电子组成，核外电子是分层排布的，每层都具有确定的能量，称为原子能级。所有电子都按一定的规律排布在各个能级上，每个电子的能量由它所处的能级决定。核外电子排布处于最低能级时，原子的能量最低、最稳定，原子处于基态，称为基态原子。当原子受到外界能量（如热能、电能、光能等）激发时，最外层电子吸收一定的能量而跃迁到较高的能级上，原子处于激发态，称为激发态原子。激发态原子能量较高，很不稳定，在短时间（约 10^{-8} s）内，跃迁到较高能级的电子又跃迁回原能级，同时辐射出其吸收的能量（以某一波长的光发射出来），如图 8－9 所示。

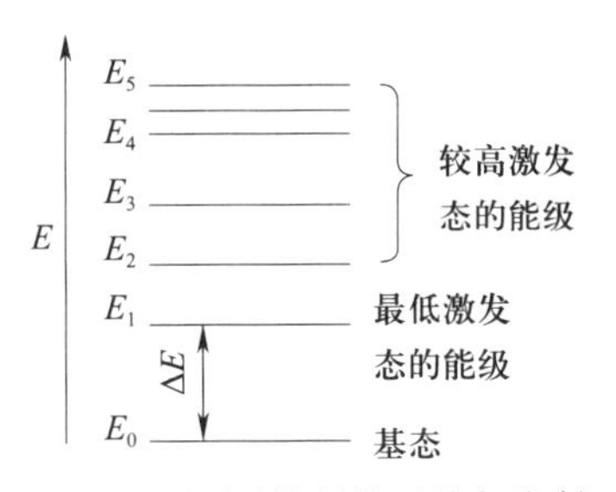

图 8－9 原子能量的吸收与发射

电子由基态能级 E_0 跃迁到激发态能级时 E_1，要从外界吸收一定的能量；由激发态跃迁回基态时，要辐射出相等的能量。吸收和辐射的能量等于两个能级的能量差 ΔE。相应的光谱波长为：

$$\lambda = \frac{hc}{\Delta E}$$

原子受外界能量的激发，其最外层电子可能跃迁至不同的能级，因而可能有不同的激发态。电子从基态跃迁到能量最低的激发态（称为第一激发态）时，要吸收一定波长的谱线，这一波长的谱线称为共振吸收线；它再跃迁回基态时，则辐射出相同波长的谱线，这一波长的谱线称为共振发射线。共振吸收线和共振发射线均称为共振线。元素的共振线又称为元素的特征谱线。从基态到第一激发态之间的跃迁最容易发生，因此对大多数元素来说，共振线是元素所有谱线中最灵敏的谱线。在原子吸收光谱分析中，就是利用处于基态的待测原子蒸气，对从光源发射出的待测元素的共振线的吸收而进行定量分析的。因而，元素的共振线又称为分析线。

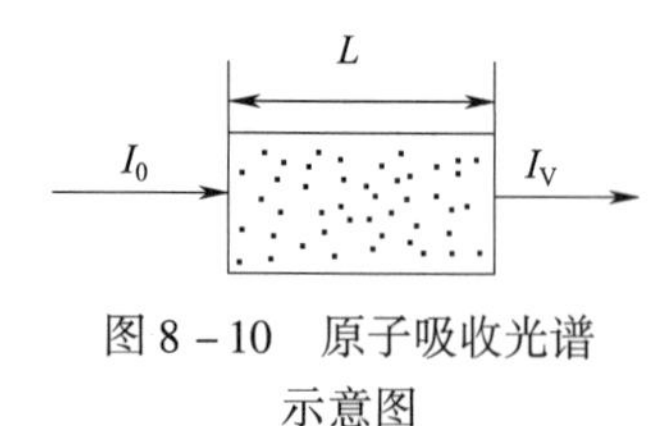

图 8－10　原子吸收光谱示意图

若将不同频率（强度为 I_0）的光，通过原子蒸气（如图 8－10 所示）时，有一部分光被吸收，其透过光的强度 I_V（即原子吸收了部分共振线后光的强度）与原子蒸气的宽度 L（即火焰的宽度）间的关系，同有色溶液吸收光的情况完全类似，是服从朗伯定律的。

$$\ln \frac{I_0}{I_V} = K_V L$$

式中　K_V——吸光系数。

四、干扰及其消除技术

原子吸收光谱法的干扰主要有光谱干扰、物理干扰、化学干扰、电离干扰等。

1. 光谱干扰

光谱干扰包括谱线干扰和背景吸收所产生的干扰。

（1）谱线干扰。对于吸收线的重叠及其光谱通带内存在的非吸收线，消除干扰主要采用合适的狭缝宽度、降低灯电流或采用其他分析线的办法。

（2）背景干扰。背景干扰主要来自分子吸收和光的散射。硫酸和磷酸有很强的分子吸收，因此，在处理和配制溶液时，尽量不用硫酸和磷酸。

2. 化学干扰

由于待测元素与共存元素发生化学反应，影响待测元素的原子化效率而引起的影响称为化学干扰。可加入一定的抑制剂来消除化学干扰。

（1）释放剂。若待测元素和干扰元素在火焰中形成稳定化合物，可加入一种物质，使之与干扰元素生成更稳定的化合物，从而将待测元素释放出来。例如，测定植物中的钙时，加入镁和硫酸，可使钙从磷酸盐和铝的化合物中释放出来。

（2）保护剂。保护剂可与待测元素生成易分解或更稳定的化合物，避免与干扰元素形成难解离的化合物。保护剂多为 EDTA、8－羟基喹啉等配合剂。例如，磷酸根干扰钙的测定，加入 EDTA 与钙生成稳定配合物，可以抑制磷酸根的干扰。

（3）缓冲剂。在试样和标准溶液中均加入大量的干扰物质，使干扰物质对待测元素的影响趋于稳定，此种干扰物质称为吸收缓冲剂。例如，用 $N_2O - C_2H_2$ 火焰测定钛，可在试样和标样中均加入大量的铝盐，使铝对测定钛的干扰趋于稳定。

采用标准加入法也能在一定程度上消除干扰。当以上方法均不能有效消除干扰时，则可采用如沉淀、溶剂萃取、离子交换等化学分离的方法。

3. 物理干扰

试样与标样在黏度、表面张力、密度及温度等物理性质方面的差异，亦将造成干扰。消除的办法是尽量保持标样与试样的基体相同，或采用标准加入法测定。

4. 电离干扰

电离干扰是由于很多元素在高温火焰中将产生电离，基态原子减少，使灵敏度降低。电离干扰与火焰温度、待测元素的电离电位以及浓度有关。加入消电离剂可有效地消除电离干扰。例如，加入0.02%的KCl可抑制钙的电离。

目标检测

一、选择题

1. 在原子吸收分光光度计中，目前常用的光源是（　　）。

A. 火焰　　B. 空心阴极灯　　C. 氙灯　　D. 交流电弧

2. 原子空心阴极灯的主要操作参数是（　　）。

A. 灯电流　　B. 灯电压　　C. 阴极温度　　D. 内充气体压力

3. 不属于原子化器的是（　　）。

A. 火焰原子化器　　B. 普通电炉　　C. 电热高温石墨炉　　D. 高频感应加热炉

4. 原子吸收测定时，调节燃烧器高度的目的是（　　）。

A. 控制燃烧速度　　B. 增加燃气和助燃气预混时间

C. 提高试样雾化效率　　D. 选择合适的吸收区域

5. 原子化器的主要作用是（　　）。

A. 将试样中待测元素转化为基态原子　　B. 将试样中待测元素转化为激发态原子

C. 将试样中待测元素转化为中性分子　　D. 将试样中待测元素转化为离子

6. 在原子吸收分析中，当溶液的提升速度较低时，一般在溶液中混入表面张力小、密度小的有机溶剂，其目的是（　　）。

A. 使火焰容易燃烧　　B. 提高雾化效率

C. 增加溶液黏度　　D. 增加溶液提升量

7. 空心阴极灯内充的气体是（　　）。

A. 大量的空气　　B. 大量的氖或氩等惰性气体

C. 少量的空气　　D. 少量的氖或氩等惰性气体

8. 在石墨炉原子化器中，应采用（　　）作为保护气。

A. 乙炔　　B. 氧化亚氮　　C. 氢气　　D. 氩气

9. 原子吸收分光光度计中常用的检测器是（　　）。

A. 光电池　　B. 光电管　　C. 光电倍增管　　D. 感光板

10. 在原子吸收光谱分析中，若组分较复杂且被测组分含量较低时，为了简便准确地进行分析，最好选择（　　）进行分析。

A. 工作曲线法　　B. 内标法　　C. 标准加入法　　D. 间接测定法

二、判断题

1. (　　) 原子吸收分光光度计的光源是连续光源。
2. (　　) 原子吸收分光光度计中的单色器是放在原子化系统之前的。
3. (　　) 原子吸收分光光度计实验室必须远离电场和磁场，以防干扰。
4. (　　) 进行原子光谱分析操作时，应特别注意安全。点火时应先开助燃气，再开燃气，最后点火；关气时应先关燃气再关助燃气。
5. (　　) 空心阴极灯既可以发射锐线光谱，又可以发射连续光谱。
6. (　　) 原子分光光度计由光源、分光系统、原子化系统和检测系统组成。
7. (　　) 原子吸收分光光度计中单色器在原子化系统之前。
8. (　　) 原子化器的作用是将试样中的待测元素转化为基态原子蒸气。
9. (　　) 在原子吸收分光光度法中，光源的作用是产生 180 ~ 375 nm 的连续光谱。
10. (　　) 原子吸收分光光度计中所用的光源为钨灯。

三、简答题

1. 乙炔气瓶如何打开？如何关闭？
2. 简述原子吸收分光光度计的开关机顺序。
3. 空心阴极灯的使用注意事项有哪些？
4. 石墨炉工作可分为几个阶段？各阶段的温度范围是多少？
5. 在什么情况下需采用标准加入法定量？

四、计算题

1. 用火焰原子吸收法测定血清中的钾含量（人正常血清中含钾量为 3.5 ~ 8.5 mol/L）。将 4 份 0.20 mL 血清试样分别装入 25 mL 容量瓶，再分别加入浓度为 40 μg/mL 的钾标准溶液，用去离子水稀释至刻度。测定吸光度如下：

V/mL	0.00	1.00	2.00	4.00
A	0.105	0.216	0.328	0.550

试计算血清中钾的含量，并说明是否在正常范围？[已知 $M(\text{K}) = 39.10$ g/mol]

2. 取不同体积的浓度为 0.1 mg/mL 的钙储存溶液于 50 mL 容量瓶中，以蒸馏水稀释至刻度。将 5 mL 天然水样品置于 50 mL 容量瓶中，并以蒸馏水稀释至刻度。上机吸光度的测量结果于下表，试计算天然水中钙的含量。

储存溶液体积/mL	1.00	2.00	3.00	4.00	5.00	上机水样
吸光度	0.224	0.447	0.675	0.900	10.122	0.475

项目九

电化学分析法

任务引入

该项目有 2 个代表性工作任务和 2 个拓展任务。

pH 值是水溶液最重要的理化参数之一。化工生产过程与化工产品均与 pH 值有关，在工农业生产、医学、环境保护和科研各个领域都需要监测溶液的 pH 值。

分析方法

无机化工产品水溶液中 pH 值的测定执行标准《无机化工产品　水溶液中 pH 值测定通用方法》（GB/T 23769—2009），环境水质 pH 值的测定执行标准《水质 pH 值的测定　电极法》（HJ 1147—2020）。

电极法测定溶液 pH 值是最普遍的方法，是将一支电极电位与被测溶液氢离子（H^+）浓度有关的电极（称为氢离子指示电极）和另一支电位已知且保持恒定的电极（称为参比电极）插入待测溶液中构成一个化学电池，溶液 pH 值发生变化时，在同一温度下电池的电动势也要发生相应变化，由此在 pH 计面板上直接读出溶液的 pH 值。

pH 玻璃电极是典型的 H^+ 选择性指示电极，仅对 H^+ 敏感。它的下端是一个由特殊玻璃制成的球形玻璃膜，厚 30 ~ 100 μm，膜内密封以 0.1 mol/LHCl 内参比电解液，在内参比电解液中浸入银—氯化银电极作为内参比电极，玻璃电极的内电阻很高，因此电极引出线和连接导线要求高度绝缘，以防漏电和周围电场的影响。实际使用中，常用复合 pH 玻璃电极代替 pH 玻璃电极，使用更方便。复合 pH 玻璃电极由 pH 玻璃电极—AgCl/Ag 参比电极或 pH 玻璃电极—甘汞电极复合而成。

任务目标

【知识、技能与素养】

知识	技能	素养
1. 能正确描述电极分析法的理论依据 2. 能准确说明甘汞电极、银—氯化银参比电极的结构和使用要求 3. 能准确解释 pH 玻璃膜电极的结构组成与工作原理 4. 能配制标准缓冲溶液 5. 能正确操作酸度计 6. 能正确处理 pH 玻璃膜电极和 pH 复合电极 7. 能测定水溶液的 pH 值	1. 能够正确选择标准缓冲溶液 2. 能正确配制标准缓冲溶液 3. 能正确选择参比电极、指示电极或复合电极 4. 能够正确连接酸度计和电极 5. 能正确校正、使用仪器 5. 能正确记录和处理实验数据，计算水的总硬度、精密度和准确度 6. 能按 6S 质量管理要求整理、整顿实验现场，符合健康、环保要求	交流沟通 自我管理 计划组织 自主学习 安全意识 环保意识 劳动意识 科学规范 诚实守信 爱岗敬业 工匠精神

任务一　直接电位法测定水溶液的 pH 值

活动一　配制标准缓冲溶液

准备仪器

pH 计、pH 复合电极、电子天平、实验室常用成套玻璃仪器。

准备试剂

邻苯二甲酸氢钾、混合磷酸盐、四硼酸钠、待测试样 A、待测试样 B、蒸馏水。

必备知识

一、标准缓冲溶液

pH 标准缓冲溶液具有准确 pH 值，可以用来校准 pH 计。若把缓冲溶液加入一定体积的其他溶液中，它还有调节该溶液的 pH 值并保持不变的功能。中国计量科学研究院确定的七种六类标准缓冲物质分别是：四草酸钾、酒石酸氢钾、邻苯二甲酸氢钾、磷酸氢二钠、磷酸二氢钾、四硼酸钠和氢氧化钙，已标准化生产。实验室常购买袋装的产品直接使用，也可按《pH 值测定用缓冲溶液制备方法》（GB/T 27501—2011）配制。表 9－1 列出了六类标准缓冲溶液在 10～35 ℃时相应的 pH 值，以便查阅。

表 9－1　　pH 标准缓冲溶液在通常温度下的 pH 值

试剂	浓度 c/(mol/L)	pH 值					
		10 ℃	15 ℃	20 ℃	25 ℃	30 ℃	35 ℃
四草酸钾	0.05	1.67	1.67	1.68	1.68	1.68	1.69
酒石酸氢钾	饱和	—	—	—	3.56	3.55	3.55
邻苯二甲酸氢钾	0.05	4.00	4.00	4.00	4.00	4.01	4.02
磷酸氢二钠	0.025	6.92	6.90	6.88	6.86	6.86	6.84
磷酸二氢钾	0.025	6.92	6.90	6.88	6.86	6.86	6.84
四硼酸钠	0.01	9.33	9.28	9.23	9.18	9.14	9.11
氢氧化钙	饱和	13.01	12.82	12.64	12.46	12.29	12.13

将袋装的邻苯二甲酸氢钾、混合磷酸盐、四硼酸钠剪开，把 3 种标准缓冲溶液盐倒入 3 个贴有标签的 300 mL 小烧杯，加 250 mL 蒸馏水溶解，用玻璃棒搅拌均匀即可。

二、复合 pH 玻璃电极工作原理

将复合 pH 玻璃电极与待测溶液组成工作电池，用精密毫伏计测量电池的电动势即可测得溶液的 pH 值。其原理如图 9－1 所示。

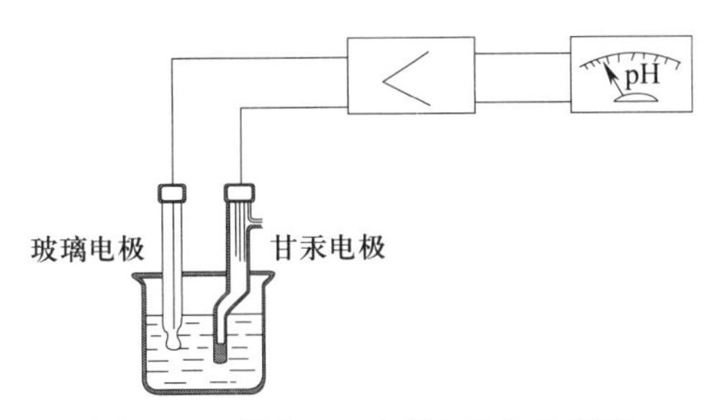

图 9－1　复合 pH 玻璃电极工作原理

通常用 pH 玻璃电极作指示电极为负极，甘汞电极作参比电极为正极，电池符号为：

(－)玻璃电极|试液‖甘汞电极(＋)

25 ℃时工作电池的电动势为：

$$E = K' + 0.0592\text{pH}$$

可见，溶液 pH 值与工作电池电动势 E 呈线性关系，据此可以进行溶液 pH 值的测量。K'是复合 pH 电极特征参数。

活动二　测定水溶液的 pH 值

一、 pH 计使用前准备

1. 安装复合 pH 电极

把复合 pH 电极架在支架上，整理好导线，取出 pH 计测量电极接口的短路帽，将复合

pH 电极的接口连接至 pH 计的测量电极接口，完成电极安装。

2. 清洗复合 pH 电极

把复合 pH 电极下端装有电极保护液的电极保护套拔下，并且拉下电极上端的橡皮套，使其露出上端小孔。电极上端朝上（防止内装电极液漏出），用去离子蒸馏水仔细清洗电极，特别是电极下端的球状玻璃膜（洗瓶嘴不要触碰玻璃膜），用滤纸擦干电极杆外壁。清洗复合 pH 电极如图 9－2 所示。

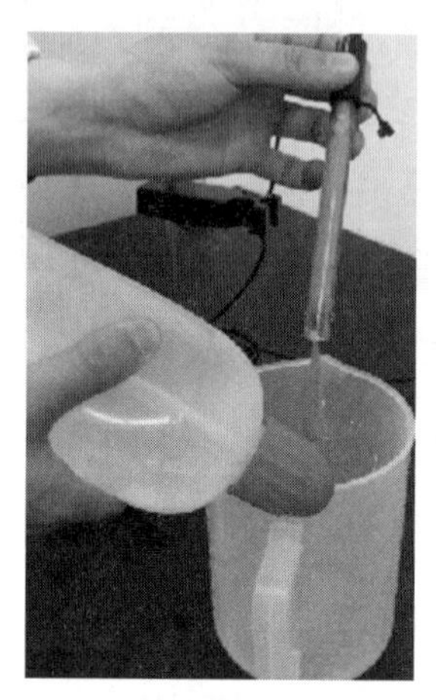

图 9－2　清洗复合 pH 电极

二、两点校正法校准 pH 计

1. 开机预热

打开电源开关，预热仪器，预热 20 min。

2. 设置温度

先按“温度”键，进入溶液温度调节状态，此时数字后面显示温度单位“℃”。再按“▲”或“▼”键，调节温度，使仪器显示温度与溶液温度相同，然后按“确认”键。仪器回到 pH 值测量状态（现在的 pH 计许多自带温度传感器）。

3. 标定

复合 pH 电极使用前需要校准，通常使用两点校准法校准。

（1）第一点标定（校准）。把电极浸入装有 60 mL 左右、pH＝6. 86 的缓冲溶液的小烧杯里。轻摇小烧杯，让溶液浓度均匀。按“标定”键，仪器处于“定位”状态，待数字显示稳定后，按“▲”或“▼”键，让屏幕显示的 pH 值与标称数据一致。按“确定”键。

（2）第二点标定（校准）。取出电极，用去离子蒸馏水清洗电极。把电极插入与待测溶液 pH 值相近的，如 pH＝9. 18 的标准缓冲溶液中，待数字显示稳定后，按“斜率”键，用“▲”或“▼”键，让屏幕显示的 pH 值与标称数据一致。再按“确定”键完成两点标定校准。

现代 pH 计更智能化，校准时，它会根据放入的标准缓冲溶液自动校准，防止误操作使

pH 计校准不准确。

4. 测量待测试液的 pH 值

（1）移去标准缓冲溶液，清洗电极，并用滤纸吸干电极外壁水。取一洁净 100 mL 小烧杯，用待测试液清洗 3 次后倒入 60 mL 左右试液。

（2）将电极插入被测试液中，轻摇小烧杯以使电极平衡。待数字显示稳定后读取并记录被测试液的 pH 值。平行测定 2 次并记录。

被测溶液和标定溶液温度不同时，按“温度”键，使仪器进入溶液温度设置状态，再按“▲”或“▼”键，使温度显示值和被测溶液温度值一致，然后按“确认”键，使仪器确定溶液温度后回到 pH 值测量状态。把电极插入被测溶液内，轻摇烧杯，使溶液浓度均匀，待屏显数字稳定后读出溶液的 pH 值。某溶液测量结果如图 9－3 所示。

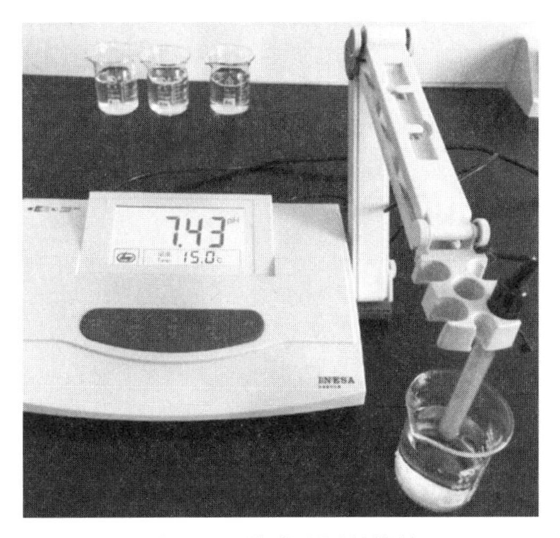

图 9－3　某溶液测量结果

活动三　数据记录与处理

一、试剂准备

试剂准备见表 9－2。

表 9－2　**试剂准备**

试　剂				
编号	名称	试剂等级	使用数量	配制方法
备注				

二、测定试样溶液的 pH 值

测定试样溶液 pH 值的数据记录见表 9－3。

表 9－3　试样溶液 pH 值的测定数据

记录编号			
试样名称		试样编号	
检验项目		检验日期	
检验依据		判定依据	
温度		相对湿度	
仪器名称		仪器编号	
测定次数	1	2	平均值
试样 pH 值			
检验人		复核人	

过程评价

操作过程评价见表 9－4。

表 9－4　操作过程评价

操作项目	不规范操作项目名称	评价结果			
		是	否	扣分	得分
溶液的配制（20 分）	不看水平，扣 2 分				
	不清扫或校正天平零点后清扫，扣 2 分				
	称量开始或结束不校正零点，扣 2 分				
	用手直接拿称量瓶或滴瓶，扣 2 分				
	将称量瓶或滴瓶放在桌子台面上，扣 2 分				
	称量时或敲样时不关门，或开关门太重，扣 2 分				
	将称量物品洒落在天平内或工作台上，扣 2 分				
	离开天平室，物品留在天平内或放在工作台上，扣 2 分				
	称量物称样量不在规定量 ±5% 以内，扣 2 分				
	重称，扣 4 分				
玻璃器皿试漏洗涤（10 分）	需试漏的玻璃仪器容量瓶等未正确试漏，扣 2 分				
	烧杯挂液，扣 2 分				
	移液管挂液，扣 2 分				
	容量瓶挂液，扣 2 分				
	玻璃仪器不规范书写粘贴标签，扣 2 分				

续表

操作项目	不规范操作项目名称	评价结果			
		是	否	扣分	得分
容量瓶定容操作（10 分）	移液操作不规范，扣 2 分				
	试液溅出，扣 2 分				
	烧杯洗涤不规范，扣 2 分				
	稀释至刻度线不准确，扣 2 分				
	2/3 处未平摇或定容后摇匀动作不正确，扣 2 分				
仪器校准操作（16 分）	电极处理不正确，扣 3 分				
	两点校正法缓冲溶液选择不正确，扣 3 分				
	校正不准确，扣 3 分				
	未校正，扣 4 分				
	仪器未稳定读数，扣 3 分				
仪器操作（24 分）	仪器未预热，扣 6 分				
	仪器安装错误，扣 6 分				
	电极长时间暴露在空气中，扣 6 分				
	数据不稳定时读数，扣 6 分				
数据记录与处理（10 分）	未记录在规定的记录纸上，扣 2 分				
	计算错误，扣 4 分				
	有效数字位数保留不正确，扣 4 分				
安全文明结束工作（10 分）	玻璃仪器不清洗，扣 2 分				
	废液、废渣处理不规范，扣 2 分				
	工作台不整理或玻璃仪器摆放不整齐，未恢复原样，扣 2 分				
	安全防护用品未及时归还或摆放不整齐，扣 2 分				
	未请实验指导老师检查工作台面就结束实验离开实验室，扣 2 分				
	本项不计分，损坏玻璃仪器除按规定赔偿外，倒扣 10 分				
实验过程合计得分（总分 100 分）					

任务二　电位滴定法标定 NaOH 标准滴定溶液

电位滴定法是在滴定过程中通过测量电位变化以确定滴定终点的方法，随着滴定剂的加入，由于发生化学反应，使被测离子的浓度不断发生变化，因而指示电极的电位随之变化，在化学计量点附近，被测离子浓度发生突变，引起电极电位发生突跃。因此，根据电极电位的突跃可确定滴定终点。电位滴定法可不必借助指示剂颜色变化来指示滴定终点。

现在电位滴定普遍采用自动电位滴定仪进行滴定操作。电位滴定仪具有许多优点：测定准确度高，相对误差可控制在0.2%以内；可用于有颜色或混浊溶液的滴定；可用于微量组分的测定；可进行连续滴定和自动滴定；可动态观察滴定曲线，实时分享实验数据；选择不同的电极，可分别进行酸碱滴定、配位滴定、氧化还原滴定、沉淀滴定、非水滴定、卡尔费休水分测定。自动电位滴定仪及其原理图如图9-4所示。

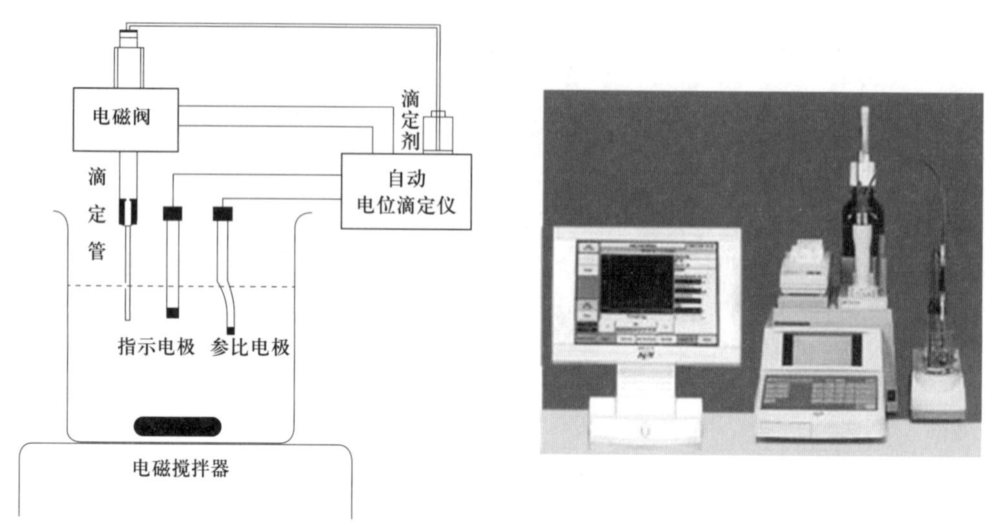

图9-4　自动电位滴定仪及其原理图

活动一　准备仪器与试剂

准备仪器

电位滴定仪、复合pH电极、温度传感器、搅拌器、磁针等，250 mL容量瓶、烧杯、玻璃棒、洗瓶、滤纸片、标签。

准备试剂

邻苯二甲酸氢钾、四硼酸钠、基准物质邻苯二甲酸氢钾、待标定NaOH标准溶液，蒸馏水。

活动二　配制标准缓冲溶液

将袋装的邻苯二甲酸氢钾、四硼酸钠剪开，把2种标准缓冲溶液盐倒入2个贴有标签的小烧杯中，加蒸馏水，用玻璃棒搅拌，溶解后倒入2个贴有标签的250 mL容量瓶中，定容，摇匀。

活动三　认识仪器，安装复合电极

自动电位滴定仪如图9-5所示。

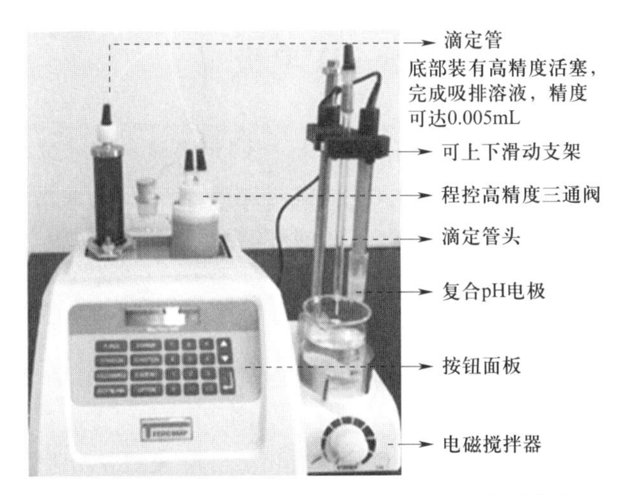

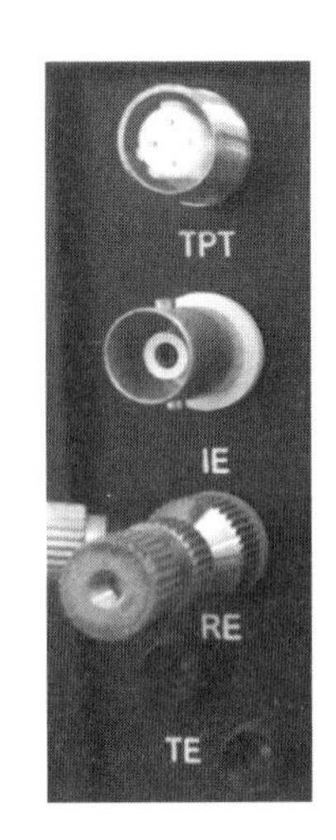

图9－5　自动电位滴定仪

仪器背后有TPT电极接口（连接TPT－74电极，用于卡尔费休水分测定），IE插座（连接复合电极、玻璃电极或其他指示电极），RE插座（连接参比电极），TE插座（连接温度电极TE－401）；还有与计算机、打印机等电子设备相连接的接口。仪器按钮面板如图9－6所示。

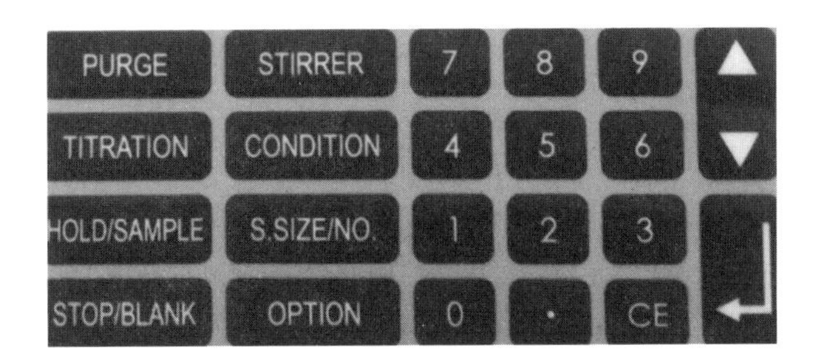

图9－6　自动电位滴定仪按钮面板

[PURGE]，此键用于清洗滴定管。

[TITRATION]，按下此键开始滴定。

[HOLD/SAMPLE]，暂停键，在卡尔费休滴定中，注射样品前需按下此键。

[STOP/BLANK]，按下此键，可随时停止滴定。

[STIRRER]，此键用于搅拌器的开或关，以及调节搅拌速度。

[CONDITION]，此键用于选择包含给定滴定参数的文件。

[S. SIZE/NO.]，此键用于输入样品量和样品序号。

[OPTION]，此键用于选择所希望的选项参数。

活动四　校准复合 pH 电极

本实验由于要用基准物质邻苯二甲酸氢钾标定 NaOH 标准滴定溶液，标定过程中 pH 值变化范围较大，故选用邻苯二甲酸氢钾（pH = 4.00）和四硼酸钠标准缓冲溶液（pH = 9.18）校准复合 pH 电极。安装好电极，准备好洗瓶、废液杯、擦拭滤纸，按仪器操作说明书进行校准。

活动五　清洗、润洗滴定管

认真阅读仪器使用说明书，先用蒸馏水清洗滴定管，再用待测溶液润洗滴定管，必须将滴定管和管路系统的气泡排除掉。将导管插入装有蒸馏水的瓶的底部，设置清洗参数，如设置洗涤消耗所用体积，系统默认体积为 20 mL。设置清洗次数，系统默认为 3 次。清洗完毕，润洗导管，将导管插入待标定的氢氧化钠标准溶液里。将洗涤次数设置为 3 次，润洗滴定管。

活动六　标定 NaOH 标准滴定溶液

准确称取基准物质邻苯二甲酸氢钾 5.0～5.2 g，倒入小烧杯中，用蒸馏水溶解，转移到 250 mL 容量瓶，定容、摇匀。用移液管移取 20.00 mL 放入 100 mL 的装有瓷针的小烧杯中，放在电磁搅拌器上，浸入电极，调整好滴定管的位置，根据仪器工作站的指引提示，按“滴定”键，标定自动进行，标定完成后，仪器屏幕会显示终点编号和标定终点所消耗的 NaOH 标准滴定溶液体积及溶液标定浓度。记录消耗 NaOH 标准滴定溶液体积。平行标定 3 次。

活动七　结束工作

用蒸馏水洗涤电极和滴定管头。将仪器的洗涤次数设置为 3 次，洗涤体积设置为20 mL，用蒸馏水洗涤滴定管及管路系统。关闭电源，取出电极，套上短路帽，把电极插入保护套（保护液要没过玻璃膜）中。整理台面，填写使用记录。

活动八　数据记录与处理

计算公式为：

$$c(KHC_8H_4O_4)=\frac{m(KHC_8H_4O_4)}{M(KHC_8H_4O_4)\times 250\times 10^{-3}}$$

$$c(NaOH)=\frac{c(KHC_8H_4O_4)\times 20.00\times 10^{-3}}{V(NaOH)}$$

将 NaOH 标准滴定溶液的标定数据记录于表 9－5。

表 9－5　　NaOH 标准滴定溶液的标定

实验内容 \ 实验编号	1	2	3
倾倒前：称量瓶 + $KHC_8H_4O_4$/g			
倾倒后：称量瓶 + $KHC_8H_4O_4$/g			
$m(KHC_8H_4O_4)$/g			
$c(KHC_8H_4O_4)$/(mol/L)			
$V(KHC_8H_4O_4)$/mL	20.00	20.00	20.00
标定消耗 $V(NaOH)$/mL			
$c(NaOH)$/(mol/L)			
NaOH 的平均浓度/(mol/L)			
相对极差/%			

知识拓展

一、参比电极

参比电极是用来提供电位标准的电极。对参比电极的主要要求是电极的电位值已知且恒定，受外界影响小，对温度或浓度没有滞后现象，具备良好的重现性和稳定性。电位分析法中最常用的参比电极是甘汞电极和银—氯化银电极，尤其是饱和甘汞电极（SCE）。

1. 甘汞电极

饱和甘汞电极的构造如图 9－7 所示，电极由两个玻璃套管组成，内管中封接一根铂丝，铂丝插入甘汞层中；外管中装入一定量的饱和氯化钾溶液，电极下端与被测溶液接触的部分用熔结瓷芯等多孔物封住。

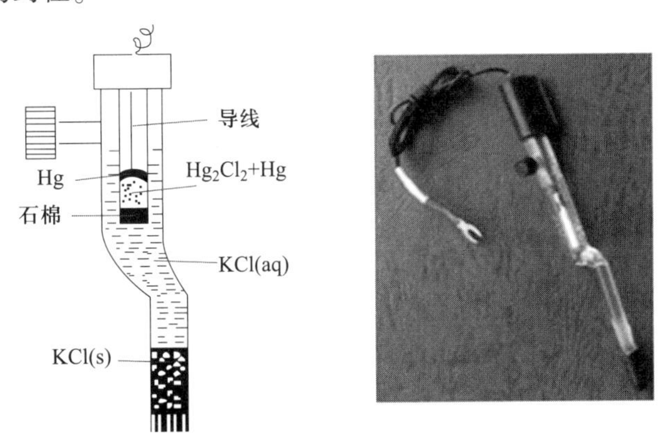

图 9－7　饱和甘汞电极的构造

电极符号为：(-)Hg | Hg_2Cl_2(s) | KCl(浓度) (+)

电极反应为：$Hg_2Cl_2 + 2e^- \xlongequal{} 2\ Hg + 2\ Cl^-$

25 ℃时，电极电势为：$\varphi_{Hg_2Cl_2/Hg} = \varphi^{\theta}_{Hg_2Cl_2/Hg} - 0.059\ 2\lg\alpha(Cl^-)$

2. 银—氯化银电极

银—氯化银电极是由一根表面镀 AgCl 的 Ag 丝插入用 AgCl 饱和的 KCl 溶液中构成，如图 9 - 8 所示，电极端的管口用多孔物质封住。

电极符号为：Ag，AgCl(s) | KCl(浓度)

电极反应为：$AgCl + 2e^- \xlongequal{} Ag + Cl^-$

在 25 ℃时，电极电势为：$\varphi_{AgCl/Ag} = \varphi^{\theta}_{AgCl/Ag} - 0.059\ 2\lg\alpha(Cl^-)$

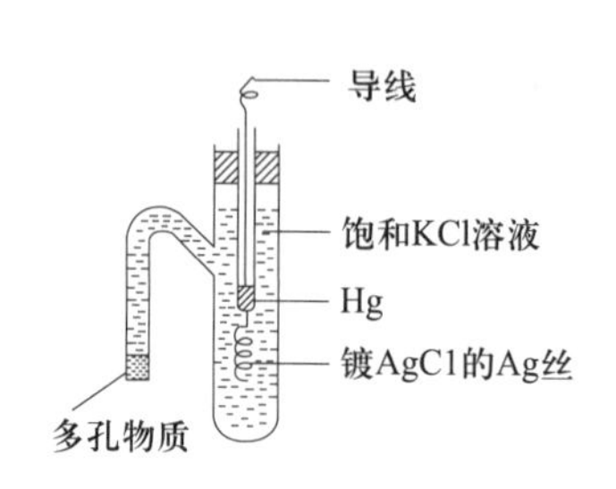

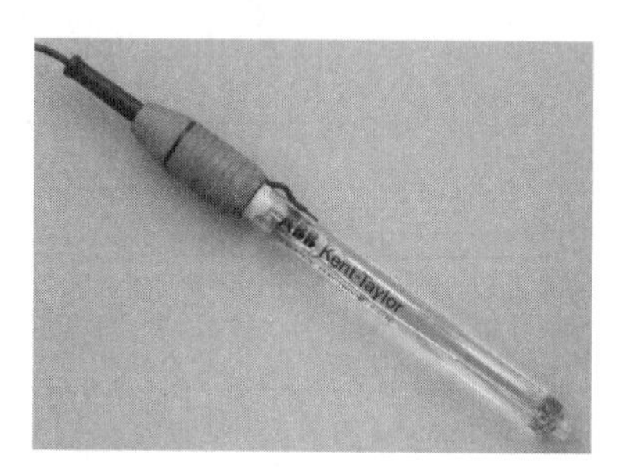

图 9 - 8　银—氯化银电极

二、指示电极

在电位分析法中，能指示出待测离子活度或活度比的电极称为指示电极，常用的指示电极有金属基电极和离子选择电极两大类。

1. 金属基电极

金属基电极是以金属为基体的电极，其特点是：它们的电极电位主要来源于电极表面的氧化还原反应，所以在电极反应过程中都发生电子交换。最常用的金属基电极有 3 种。

(1) 金属—金属离子电极。这类电极又称活性金属电极或第一类电极。它由能发生可逆氧化反应的金属插入含有该金属离子的溶液中构成。例如，将金属银丝浸在 $AgNO_3$溶液中构成的电极，其电极组成为：

$$Ag(s) | Ag^+(a_{Ag^+})$$

电极反应为：

$$Ag^+ + e^- \longrightarrow Ag$$

在 25 ℃时的电极电位为：

$$\varphi_{Ag^+/Ag} = \varphi^{\theta}_{Ag^+/Ag} + 0.059\ 2\lg\alpha\ (Ag^+)$$

可见电极反应与 Ag^+的活度有关，这种电极不但可用于测定 Ag^+的活度，而且可用于滴定过程中，由于沉淀或配位等反应而引起 Ag^+活度变化的电位滴定。

(2) 金属—金属难溶盐电极。金属—金属难溶盐电极又称第二类电极。它由金属、该

金属难溶盐和难溶盐的阴离子溶液组成，电极组成：$M \mid MX(s) \parallel X^{n-}(a_X^{n-})$，有两个相界面。其电极电位随所在溶液中的难溶盐阴离子活度变化而变化。这类电极具有制作容易、电位稳定、重现性好等优点，因此主要用作参比电极。

（3）惰性金属电极。惰性金属电极由铂、金等惰性金属（或石墨）插入含有氧化还原电对（如 Fe^{3+}/Fe^{2+}，Ce^{4+}/Ce^{3+}，I/I^- 等）物质的溶液中构成。例如，铂片插入含 Fe^{3+} 和 Fe^{2+} 的溶液中组成的电极，其电极组成表示为：

$$Pt \mid Fe^{3+}, Fe^{2+}$$

电极反应为：

$$Fe^{3+} + e^- \longrightarrow Fe^{2+}$$

25 ℃时电极电位为：

$$\varphi_{Fe^{3+}/Fe^{2+}} = \varphi^{\theta}_{Fe^{3+}/Fe^{2+}} + 0.059\ 2\lg\frac{\alpha(Fe^{3+})}{\alpha(Fe^{2+})}$$

惰性金属本身并不参与电极反应，它仅提供了交换电子的场所。

2. 离子选择电极

离子选择电极是一种化学传感器，它由对溶液中特定离子具有选择性响应的敏感膜及其他辅助部分组成。离子选择电极只是在膜表面发生离子交换而形成膜电位，因此这类电极与金属基电极在原理上有本质区别。因为离子选择电极都具有一个传感膜，所以又称为膜电极，常用符号“SIE”表示。

离子选择电极的种类繁多，根据电极薄膜不同可分为玻璃膜电极、固体膜电极和液体膜电极等，它们基本结构大致相似，如图 9－9 所示。

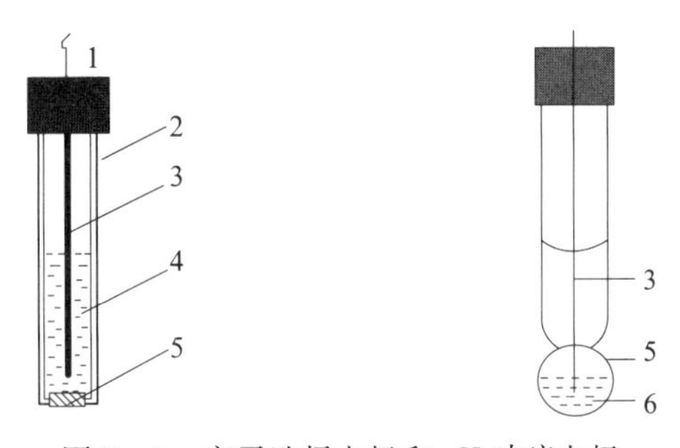

图 9－9　离子选择电极和 pH 玻璃电极

1—导线　2—电极杆　3—内参比电极（Ag－AgCl）　4—内参比溶液　5—敏感玻璃膜　6—0.1 mol/L HCl

内参比电极常用银—氯化银电极，内参比液一般由响应离子的强电解质及氯化物溶液组成。敏感膜由不同敏感材料制成，它是离子选择电极的关键部件。由于敏感膜内阻很高，故需要良好的绝缘，以免发生旁路漏电而影响测定。

（1）玻璃电极。玻璃电极包括对 H^+ 响应的 pH 玻璃电极，对 Na^+、K^+ 响应的 pNa、pK 玻璃电极等多种离子选择电极。pH 玻璃电极的关键部分是敏感玻璃膜，内充 0.1 mol/L HCl 溶液作为内参比溶液，内参比电极是 Ag－AgCl。将膜电极和参比电极一起插到被测溶液中，膜内外被测离子活度不同而产生电位差。电位产生原理如图 9－10 所示。

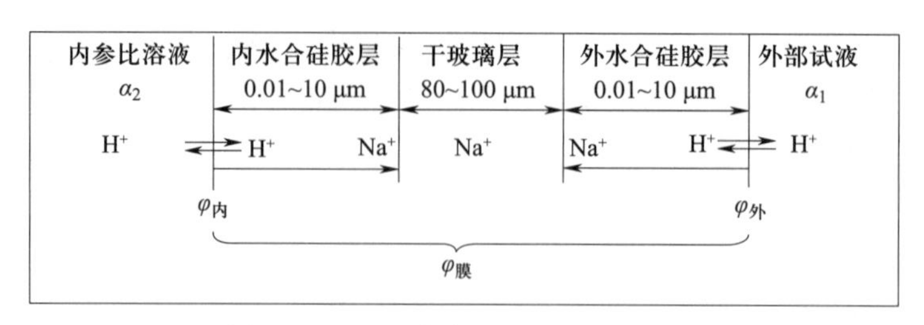

图 9－10　pH 玻璃电极电位产生原理

pH 玻璃电极的膜电位可表示为：

$$\varphi = \kappa - 0.0592\text{pH}_{外}$$

（2）氟离子选择电极。氟离子选择电极如图 9－11 所示。电极的敏感膜由 LaF_3 单晶片制成，晶体中还掺杂了少量 EuF_2 等。LaF_3 晶体中 F^- 是电荷的传递者，La^{3+} 固定在膜相中，不参与电荷的传递。内参比电极和内参比溶液由 Ag－AgCl、0.1 mol/L NaCl 和 0.1 mol/L NaF 溶液组成。氟离子选择电极的电位在 $1 \sim 10^{-6}$ mol/L 范围内遵守能斯特方程。

$$\varphi = \kappa - 0.0592\lg\alpha(F^-)$$

式中　κ——电极特性参数；

　　　$\alpha(F^-)$——氟离子的活度。

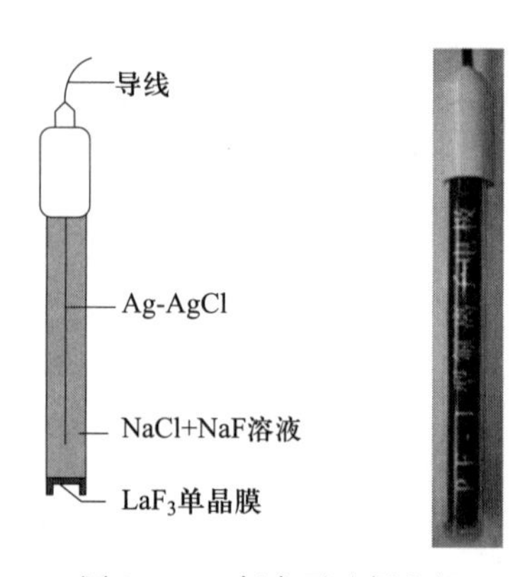

图 9－11　氟离子选择电极

3. 复合电极

将指示电极和参比电极组装在一起就构成复合电极。测定 pH 值使用的复合电极通常由玻璃电极、AgCl/Ag 电极或玻璃电极—甘汞电极组合而成。参比电极的补充液由外套上端小孔加入。复合电极的优点在于使用方便，并且测定值较稳定。现在普遍使用复合电极。

知识拓展

定量分析方法

一、标准加入法

在测定溶液中待测离子浓度时，除了直接电位测定法、常规的工作曲线法外，还有标准

加入法。在分析复杂试样时，常采用标准加入法，具体做法是：

1. 先测定体积为 V_x，浓度为 c_x 的待测溶液的电动势 E_x。

2. 然后向待测溶液中加入浓度为 c_s、体积为 V_s 的标准溶液（一般要求 V_s 为 V_x 的 1/100，而 c_s 大约为 c_x 的 100 倍左右），在相同条件下，再测定其电动势 E_{x+s}。在 25 ℃时，能斯特方程为：

$$E_x = k + \frac{0.059}{n}\lg c_x$$

$$E_{x+s} = k + \frac{0.059}{n}\lg \frac{c_x V_x + c_s V_s}{V_x + V_s}$$

若令 $\Delta c = \frac{c_s V_s}{V_x + V_s}$，$S = \frac{0.059}{n}$，$\Delta E = E_{x+s} - E_x$

因 $V_x \gg V_s$，则非常容易得到计算未知浓度 c_x 的公式为：

$$c_x = \frac{c_s V_s}{V_s}\left(10^{\frac{n\times\Delta E}{0.059}} - 1\right)^{-1}$$

【例 9-1】将钙离子选择电极和饱和甘汞电极插入 100.00 mL 水样中，用直接电位法测定水样中的 Ca^{2+} 含量。25 ℃时，测得钙离子电极电位为 -0.061 9 V（对 SCE），加入 0.073 1 mol/L的 $Ca(NO_3)_2$ 标准溶液 1.00 mL，搅拌平衡后，测得钙离子电极电位为 -0.048 3 V（对 SCE）。试计算原水样中 Ca^{2+} 的浓度。

解：$Ca^{2+} + 2e^- \longrightarrow Ca$　　　$n = 2$

$$\Delta E = E_{x+s} - E_x = -0.048\,3 - (-0.061\,9) = 0.013\,6\ \text{V}$$

由 $c_x = \frac{c_s V_s}{V_x}(10^{\frac{n\times\Delta E}{0.059}} - 1)^{-1}$ 可知：

$$c_x = \frac{0.073\,1\times1.00}{100.00}\times(10^{\frac{2\times0.013\,61}{0.059}} - 1)^{-1} = 3.87\times10^{-4}\ \text{mol/L}$$

答：试样中 Ca^{2+} 的含量为 3.87×10^{-4} mol/L。

二、二阶微商内插法确定电位滴定终点

$\Delta^2E/\Delta V^2$ 表示 E-V 曲线的二阶微商，一阶微商的极值点处对应的二阶微商等于零处。二阶微商（$\Delta^2E/\Delta V^2$）等于零处对应的体积即为是终点体积 V_{ep}。下面以表 9-6 记录的 0.100 0 mol/L $AgNO_3$ 溶液测定试样溶液中 Cl^- 含量的实验数据和数据处理信息。介绍怎样使用二阶微商内插法确定滴定终点。

表 9-6　　0.100 0 mol/L $AgNO_3$ 溶液测定试样溶液中 Cl^- 含量

i	加入硝酸银体积 V/mL	工作电池的电动势 E/V	n	$\bar{V}_n$	$\left(\frac{\Delta E}{\Delta V}\right)_n$	k	$\left(\frac{\Delta^2 E}{\Delta V^2}\right)_k$
1	5.00	0.062					
2	15.00	0.085	1	10	0.002		
3	20.00	0.107	2	17.5	0.004	1	0.00

续表

i	加入硝酸银体积 V/mL	工作电池的电动势 E/V	n	$\overline{V}_n$	$\left(\frac{\Delta E}{\Delta V}\right)_n$	k	$\left(\frac{\Delta^2 E}{\Delta V^2}\right)_k$
4	22.00	0.123	3	21	0.008	2	0.00
5	23.00	0.138	4	22.5	0.015	3	0.00
6	23.50	0.146	5	23.25	0.016	4	0.00
7	23.80	0.161	6	23.65	0.050	5	0.09
8	24.00	0.174	7	23.9	0.065	6	0.06
9	24.10	0.183	8	24.05	0.090	7	0.17
10	24.20	0.194	9	24.15	0.110	8	0.20
11	24.30	0.233	10	24.25	0.390	9	2.80
12	24.40	0.316	11	24.35	0.830	10	4.40
13	24.50	0.34	12	24.45	0.240	11	-5.90
14	24.60	0.351	13	24.55	0.110	12	-1.30
15	24.70	0.358	14	24.65	0.070	13	-0.40
16	25.00	0.373	15	24.85	0.050	14	-0.10
17	25.50	0.385	16	25.25	0.024	15	-0.07
18	26.00	0.396	17	25.75	0.022	16	0.00

表9-6中：

$$\overline{V}_n = \frac{V_{i+1} + V_i}{2}$$

$$\left(\frac{\Delta E}{\Delta V}\right)_n = \frac{E_{i+1} - E_i}{V_{i+1} - V_i}$$

$$\left(\frac{\Delta^2 E}{\Delta V^2}\right)_k = \frac{\left(\frac{\Delta E}{\Delta V}\right)_{n+1} - \left(\frac{\Delta E}{\Delta V}\right)_n}{\overline{V}_{n+1} - \overline{V}_n}$$

数据处理结果见上表，由表中数据可知，最大二阶微商为4.40，平均体积24.35，对应的起始体积为24.30；最小二阶微商为-5.90，平均体积24.45，对应的起始体积为24.40。为零的二阶微商应介于二者之间。设滴定终点体积为V_{ep}，由线性内插得

滴定体积	24.30	V_{ep}	24.40
二阶微商值	4.4	0	-5.9

$$\frac{24.40 - 24.30}{-5.9 - 4.4} = \frac{V_{ep} - 24.30}{0 - 4.4}$$

$$V_{ep} = 24.34 \text{ mL}$$

建议：将原始数据导入Excel中，按表9-6设计Excel表单，把计算公式转化为Excel语言，所有数据处理自动完成。

推荐按《化学试剂　电位滴定通则》（GB/T 9725—2007）规定用二阶微商计算法确定

滴定终点体积。现代自动电位滴定仪均自动报出滴定结果。

电化学分析方法还包括伏安法和极谱法，电极与库仑法及一些更新的分析方法，详细介绍与应用请查阅相关资料。

拓展任务一　直接电位法测定牙膏中氟离子的含量

氟为人体必需元素，若饮用水中氟含量过高，会引起牙釉和骨软症，而适量氟对预防龋齿有利。又由于氟化钠有毒，须严格控制其用量，因此测定牙膏中氟的含量具有重要的实际意义。

目前氟化物的测定方法很多，这里采用氟离子选择电极法，直接溶样测定牙膏中游离氟，该法与其他方法相比，操作更简单、方便快速、灵敏度高、准确、选择性好、仪器简单、成本低，是一种实用的测定氟离子的方法。

一、工学一体化准备

1. 仪器

（1）氟离子选择性电极（作指示电极）。

氟离子选择性电极在使用前，应在 0.001 mol/L NaF 溶液中活化浸泡 1～2 h，然后用去离子水清洗数次，直到测得的电位为 -300 mV 左右（每只电极具体数值不尽相同）。

（2）饱和甘汞电极或银—氯化银电极（作参比电极）。

（3）离子活度计或 pH 计，精确到 0.1 mV。

（4）磁力搅拌器、聚乙烯或聚四氟乙烯包裹的搅拌子。

（5）小烧杯、移液管、容量瓶、玻璃棒、滤纸。

（6）超声波清洗器。

2. 试剂

（1）氟化物标准储备液。称取 2.210 g 基准氟化钠（NaF）（预先在 105～110 ℃温度下烘干 2 h，或者于 500～650 ℃烘干约 40 min，冷却），用水溶解后转入 1 000 mL 容量瓶中，稀释至标线，摇匀。储存在聚乙烯瓶中。此溶液每毫升含氟离子 1 000 μg。

（2）氟化物标准溶液。用无分度吸管吸取氟化钠标准储备液 10.00 mL，注入 100 mL 容量瓶中，稀释至标线，摇匀。此溶液每毫升含氟离子 100 μg。

（3）总离子强度调节缓冲溶液（TISAB）。在 500 mL 水中，加入 57 mL 冰醋酸（A. R），58.5 g 的氯化钠和 0.3 g 的柠檬酸钠（A. R），用水稀释至 1 L。

二、工学一体化过程

1. 操作仪器

按照所用测量仪器和电极使用说明，首先接好线路，将各开关置于“关”的位置，开

启电源开关，预热，以后操作按说明书要求进行。测定前，标液、试液温度应达到室温。

2. 绘制标准工作曲线

用吸量管吸取0.00、2.00、4.00、6.00、8.00、10.00 mL氟化物标准溶液，分别置于6个100 mL容量瓶中，加入50 mL总离子强度调节缓冲溶液（TISAB），用水稀释至标线，摇匀。

分别移入100 mL聚乙烯杯中，各放入一只塑料搅拌子，按浓度由低到高的顺序，依次插入电极，连续搅拌溶液，读取搅拌状态下的稳态电位值（E），记录电位值。在每次测量之前，都要用水将电极冲洗干净，并用滤纸吸去水分。

3. 测定试样

准确称取2.080 0 g的牙膏试样于小烧杯中，用50 mL TISAB溶液将牙膏试样稀释后转移至100 mL容量瓶中，纯水定容，超声震荡5 min。在相同条件下测定，记录稳定的电位读数。平行测定3次。

4. 空白试验

用蒸馏水代替试样，按测定试样的条件和步骤进行测定。

三、数据记录与处理

由实验测得的工作溶液电位值绘制出工作曲线，电位E(mv）作纵坐标，pF^-即$-\lg\alpha(F^-)$作横坐标，绘制工作曲线。根据试样电位查出试样的pF^-，计算试样F^-的质量浓度ρ(μg/mL)。牙膏F^-含量为：

$$\omega = \frac{\bar{\rho} \times 100}{m} \times 10^{-3} \ (\text{mg/g})$$

式中 ω——牙膏中氟离子的质量分数；

$\bar{\rho}$——氟离子的平均质量浓度，μg/mL；

m——氟离子的质量分数，为牙膏试样质量，g。

拓展任务二　电位滴定法测定试样中亚铁离子的含量

《铁矿石全铁含量的测定　自动电位滴定法》（GB/T 6730.66—2009）描述：本方法适用于铜、钒、锰含量分别小于0.1%的天然铁矿、铁精矿和造块，包括烧结产品中全铁含量的测定。测定范围（质量分数）为40%～70%。借鉴该方法，我们采用电位滴定法测定硫酸亚铁铵试样中亚铁离子含量。

用重铬酸钾法电位测定硫酸亚铁铵溶液中亚铁离子含量，测定反应式为：

$$Cr_2O_7^{2-} + 6Fe^{2+} + 14H^+ = 2Cr^{2+} + 6Fe^{3+} + 7H_2O$$

利用铂电极作指示电极，饱和甘汞电极作参比电极，与被测溶液组成工作电池。在滴定过程中，随着滴定剂重铬酸钾标准溶液的加入，铂电极的电极电位发生变化。在化学计量点附近铂电极的电极电位产生突跃，从而确定滴定终点。

一、工学一体化准备

1. 仪器

（1）铂电极（作指示电极）。

（2）饱和甘汞电极（作参比电极）。

（3）离子活度计或 pH 计（精确到 0.1 mV）。

（4）磁力搅拌器、搅拌子。

（5）小烧杯、量筒、移液管（10 mL）、容量瓶、玻璃棒、滤纸。

2. 试剂

（1）$c(1/6K_2Cr_2O_7)=0.1$ mol/L 重铬酸钾标准溶液：准确称取在 120 ℃干燥过的基准试剂重铬酸钾约 4.903 3 g，溶解，转移到 1 000 mL 容量瓶，定容、摇匀。

（2）$H_2SO_4-H_3PO_4$ 混合酸（1+1）。

（3）$\omega(HNO_3)=10\%$ 硝酸溶液。

（4）硫酸亚铁铵试样：准确称取约 3.921 3 g 硫酸亚铁铵［$Fe(NH_4)_2(SO_4)_2\cdot 6H_2O$］于小烧杯中，加入 20 mL 2 mol/L H_2SO_4 溶解，转入 1 000 mL 容量瓶中，定容、摇匀。

二、工学一体化过程

打开离子计或精密酸度计（准确到 0.1 mV），通电预热 30 min。将铂电极浸入热的 $\omega(HNO_3)=10\%$ 硝酸溶液中数分钟，取出用蒸馏水冲洗干净，再用去离子水冲洗，安装好电极。同时安装好参比电极饱和甘汞电极。

用移液管准确移取 10 mL 硫酸亚铁铵溶液于 150 mL 烧杯中，加入 3 mol/L H_2SO_4 溶液 8~10 mL，加水至约 50 mL，将饱和甘汞电极和铂电极插入溶液中，放入转子，开动搅拌器，待电位稳定后，记录溶液的起始电位，然后用 $K_2Cr_2O_7$ 标准滴定溶液滴定，每加入一定体积的溶液，记录溶液的电位。

这里建议记录或打印滴定剂消耗体积与溶液电位信息，用二阶微商法确定滴定终点所消耗 $K_2Cr_2O_7$ 标准滴定溶液的体积。

三、数据记录与处理

根据记录的滴定剂消耗体积与溶液电位信息，用二阶微商法确定滴定终点所消耗 $K_2Cr_2O_7$ 标准滴定溶液的体积为：

$$\omega(Fe^{2+})=\frac{c\left(\frac{1}{6}K_2Cr_2O_7\right)\times V(K_2Cr_2O_7)\times M(Fe)}{m(\text{试样})\times\frac{10}{1\ 000}}$$

目标检测

一、选择题

1. 用银离子选择电极作指示电极，电位滴定测定牛奶中氯离子含量时，如以饱和甘汞电极作为参比电极，双盐桥应选用的溶液为（　　）。

A. KNO_3　　B. KCl　　C. KBr　　D. KI

2. 关于 pH 玻璃电极膜电位的产生原因，下列说法正确的是（　　）。

A. 氢离子在玻璃表面还原而传递电子

B. 钠离子在玻璃膜中移动

C. 氢离子穿透玻璃膜而使膜内外氢离子产生浓度差

D. 氢离子在玻璃膜表面进行离子交换和扩散的结果

3. 用离子选择性电极进行测量时，需用磁力搅拌器搅拌溶液，这是为了（　　）。

A. 减小浓差极化　　B. 加快响应速度

C. 使电极表面保持干净　　D. 降低电极电阻

4. Ag－AgCl 参比电极的电极电位取决于电极内部溶液中的（　　）。

A. Ag^+ 活度　　B. Cl^- 活度　　C. AgCl 活度　　D. Ag^+ 和 Cl^- 活度

5. pH 玻璃电极的使用方法中正确的是（　　）。

A. 使用前应在饱和 KCl 溶液中浸泡 24 h 以上

B. 电极的使用期一般为一年，老化的电极不能使用

C. 电极能在胶体溶液、有色溶液和含氟溶液中使用

D. 电极球泡污染后，可用铬酸洗液洗涤

6. 用标准缓冲溶液校准仪器的正确步骤是（　　）。

A. 温度、定位、斜率　　B. 定位、温度、斜率

C. 温度、斜率、定位　　D. 可随意操作

7. 氟离子选择性电极在使用前，应在（　　）中活化 12 h。

A. 蒸馏水　　B. 10% 硝酸溶液

C. 0.1 mol/L 盐酸溶液　　D. 1.000×10^{-3} mol/L 氟化钠溶液

二、判断题

1.（　　）离子选择电极又称膜电极，对有色溶液及混浊溶液均可分析。

2.（　　）当有微弱电流通过时，参比电极的电位基本保持不变。

3.（　　）甘汞电极由金属汞、甘汞及氯化钾溶液组成。

4.（　　）在电位分析中能指示被测离子活度的电极称为指示电极。

5.（　　）测定氨水的 pH 值，可用邻苯二甲酸氢钾和磷酸盐校正仪器。

三、填空题

1. 25 ℃，能斯特方程表达的溶液中 H^+ 的浓度与其电极的电极电位的数学关系是________。测定溶液 pH 值通常用 pH 玻璃电极作________电极，甘汞电极作________电极。

2. 25 ℃时，标准缓冲溶液邻苯二甲酸氢钾的 pH =________，磷酸氢二钠－磷酸二氢钾的 pH =________，四硼酸钠的 pH =________。硼酸盐和氢氧化钙标准缓冲溶液存放时应防止空气中的________进入。

3. pH 计一般由两部分组成，即________和________。电极插口平时应用保护帽________保护。

4. 甘汞电极的电池符号是______________，电极反应为______________，25 ℃时的电极电位表达式是______________，填充的电解液为________溶液，该电极的使用温度不能超过________℃。

5. 电位测量法通常用________作为电池的电解质溶液，再浸入两个电极，一个是作指示电极，另一个作参比电极，在零电流条件下，测量所组成原电池的________。

6. 用重铬酸钾电位滴定测定溶液中 Fe^{2+} 含量时，所用的参比电极是________，指示电极是________。

四、计算题

1. 用 pH 玻璃电极测定试样溶液的 pH 值。测得 pH = 3.0 的标准缓冲溶液的电池电动势为 -0.24 V，试样溶液中的电池电动势为 0.13 V，求试样溶液的 pH 值是多少？

2. 测定水中氟的含量。准确量取氟标准溶液（100 μg/mL）2.00 mL、4.00 mL、6.00 mL、8.00 mL、10.00 mL 及试样溶液 10 mL，分别加到 6 个 50 mL 容量瓶中，再各自加入 TISAB 溶液 10 mL，用蒸馏水定容至刻度，摇匀。分别测定其电动势如下，求水中氟离子含量（mg/L）。提示，先绘制工作曲线。

	标准溶液					试样溶液
V/mL	2.00	4.00	6.00	8.00	10.00	10.00
E/mV	67.1	51.2	41.1	33.2	27.1	32.1

3. 在干燥洁净的 250 mL 烧杯中准确加入 100.00 mL 水样，用钙离子选择性电极与甘汞电极组成电池测得电动势 E_x = -0.061 9 V。再加入 10.00 mL 0.007 32 mol/L 的 $Ca(NO_3)_2$ 标准溶液，与水样混合均匀，测得其电动势 E_{x+s} = -0.048 3 V。求原水样钙离子的物质的量浓度。

4. 用标准甘汞—铂电极对组成电池，以 $KMnO_4$ 溶液滴定 $FeSO_4$，计算 95% 的 Fe^{2+} 氧化为 Fe^{3+} 时的电动势（铂电极为正极，标准甘汞电极电位为 0.28 V）。

项目十

气相色谱法

任务引入

该项目有 3 个代表性工作任务。

气相色谱法在有机化工，如石油化工、煤化工、橡胶、高分子材料、有机合成等领域有着非常重要和广泛的应用。

分析方法

气相色谱法是利用气体作流动相的分离分析方法。汽化的试样被载气（流动相）带入色谱柱。柱中的固定相（色谱柱中填涂起分离作用的物质）与试样中各组分分子的相互作用力不同，导致各组分在柱中停留的时间不同，各组分从色谱柱中流出的时间不同，组分彼此分离，从而得到记录各组分出峰时间和峰面积大小的色谱图。根据出峰时间可对试样中的组分进行定性分析；根据峰的面积大小或峰的高低，可对试样中的组分进行定量分析。气相色谱法具有效能高、灵敏度高、选择性强、分析速度快、应用广泛、操作简便等特点，适用于易挥发有机化合物的定性、定量分析。

任务目标

【知识、技能与素养】

知识	技能	素养
1. 能简述气相色谱法的工作原理 2. 能简述气相色谱仪结构，说出各部件的名称和作用 3. 能简述色谱柱的分离原理 4. 能简述 FID、TCD 等检测器的工作原理	1. 能选择合适的气源，能正确操作钢瓶或气体发生器 2. 能正确开关气相色谱仪，能正确设置载气流量、色谱柱、汽化室、检测器温度等仪器工作参数 3. 能正确使用工作站进行色谱峰面积积分、选择合适的定量方法处理数据，编辑、输出、打印实验报告	交流沟通 自我管理 计划组织 自主学习 安全意识

续表

知识	技能	素养
5. 能正确识读色谱图，说出常用术语的意义 6. 能简述归一化法、内标法、外标法等数据处理方法	4. 能对气路仪器进行简单维护，如检漏、更换钢瓶、维护气体发生器 5. 能选择合适色谱柱和检测器，能正确更换色谱柱，能对气相色谱仪进行定期保养	环保意识 劳动意识 科学规范 诚实守信 爱岗敬业 工匠精神

任务一　归一化法测定丁醇同分异构体的含量

活动一　准备仪器与试剂

准备仪器

1. 气相色谱仪（带氢火焰 FID 检测器）。
2. 色谱柱（建议使用通用型非极性或弱极性石英毛细管色谱柱）。
3. 微量进样器（平头进样针，10 μL，6 只）。
4. 容量瓶（10 mL，6 只）。
5. 氢气、空气钢瓶（或氢气—空气发生器）、氮气钢瓶。
6. 配套通风装置。
7. 实验室常用玻璃仪器。

准备试剂

无水乙醇（色谱纯）、正丁醇（色谱纯）、2－丁醇（色谱纯）、2－甲基－1－丙醇（色谱纯）、2－甲基－2－丙醇（色谱纯）。

活动二　配制溶液

1. 配制标准单标溶液

准确移取 0.50 mL 正丁醇、2－丁醇、2－甲基－1－丙醇、2－甲基－2－丙醇分别至 4 个 10 mL 容量瓶，用无水乙醇稀释、定容、摇匀。

2. 配制标准混标溶液

分别准确移取 0.50 mL 正丁醇、2－丁醇、2－甲基－1－丙醇、2－甲基－2－丙醇于同一个 10 mL 容量瓶中，每次移取后准确称量容量瓶质量，确定每种同分异构体的质量。然后加入无水乙醇定容。

3. 配制未知样品溶液

未知样品溶液可由实验室直接提供，也可以让学生自行配制，如准确移取 0. 50 mL 正丁醇（并准确称量）、0. 50 mL 异丁醇（并准确称量）至 10 mL 容量瓶，用无水乙醇稀释、定容、摇匀作为样品溶液。

活动三　认识仪器

根据实验室提供的气相色谱仪和气源设备，认真阅读仪器使用说明书或操作手册，检查实验室水、电、气安全，抽风设备能否正常运行，完成表 10－1 的有关信息。

表 10－1　　认识气相色谱仪

<table>
<tr><td>仪器名称</td><td></td><td>仪器型号</td><td></td><td>仪器编号</td><td></td></tr>
<tr><td rowspan="2">色谱柱</td><td>□毛细管柱　型号：</td><td colspan="4">参数：长________m、内径________mm、固定液膜厚度________μm
固定相主要成分：____________________
极性：□非极性　□弱极性　□中等极性　□强极性</td></tr>
<tr><td>□填充柱　型号：</td><td colspan="4">参数：长________m、内径________mm、固定液膜厚度________μm
固定相主要成分：____________________
极性：□非极性　□弱极性　□中等极性　□强极性</td></tr>
<tr><td rowspan="5">检测器</td><td>□FID</td><td colspan="4">型号：</td></tr>
<tr><td>□TCD</td><td colspan="4">型号：</td></tr>
<tr><td>□ECD</td><td colspan="4">型号：</td></tr>
<tr><td>□NPD</td><td colspan="4">型号：</td></tr>
<tr><td>□FPD</td><td colspan="4">型号：</td></tr>
<tr><td>进样方式</td><td>□手动
□自动　型号：</td><td>操作面板</td><td colspan="3">□有
□无</td></tr>
<tr><td>分流功能</td><td>□有　　　　□无</td><td>尾吹功能</td><td colspan="3">□有　　　　□无</td></tr>
<tr><td>工作站</td><td>□有　　　　□无</td><td>工作站名称版本</td><td colspan="3"></td></tr>
<tr><td colspan="2">通信接口</td><td colspan="4">□USB　　□TTL　　□RS－232　　□其他</td></tr>
<tr><td rowspan="5">气源</td><td>□空气</td><td colspan="2">主阀压力：</td><td colspan="2">减压输出压力：</td></tr>
<tr><td>□氢气</td><td colspan="2">主阀压力：</td><td colspan="2">减压输出压力：</td></tr>
<tr><td>□氮气</td><td colspan="2">主阀压力：</td><td colspan="2">减压输出压力：</td></tr>
<tr><td>□氩气</td><td colspan="2">主阀压力：</td><td colspan="2">减压输出压力：</td></tr>
<tr><td>□氢气—空气发生器</td><td colspan="2">氢气输出压力：</td><td colspan="2">空气输出压力：</td></tr>
</table>

必备知识

一、气相色谱分析法原理

图 10－1 是典型氢火焰离子化检测器气相色谱分析法工作原理图。

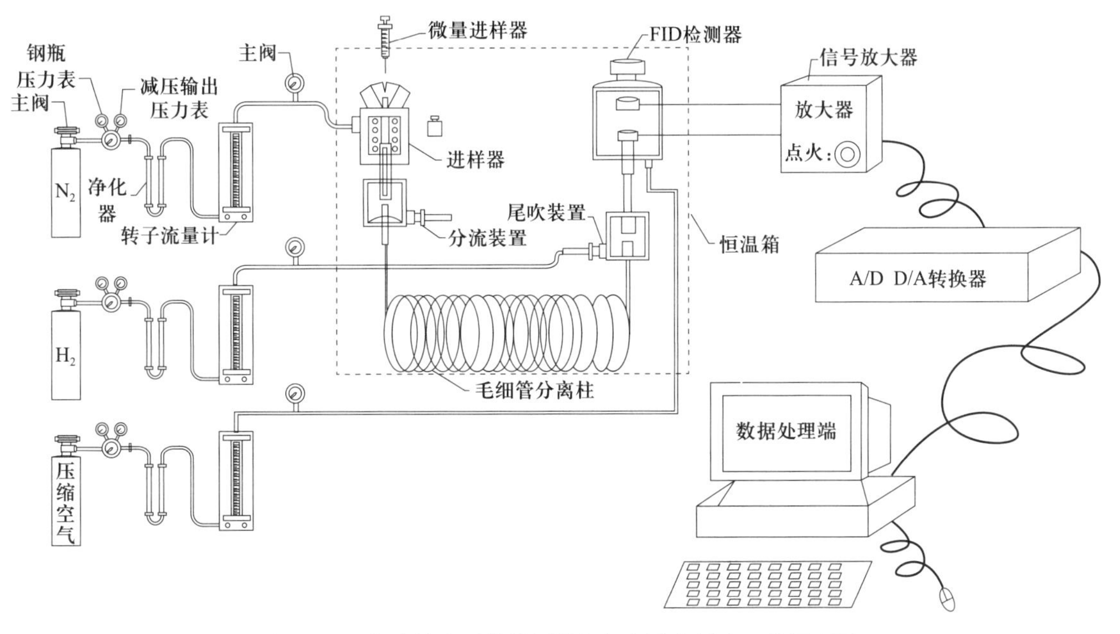

图 10－1 氢火焰离子化检测器气相色谱分析法工作原理图

待测样品由进样针注入进样器汽化，然后被载气源供给的压力、流速恒定，干燥、纯净的载气如氢气、氮气、氩气和氦气（通常称为流动相）带入色谱柱，流动相携带的混合物与涂渍或填充在色谱柱里起分离作用的物质如高沸点液体、活性炭、硅胶、氧化铝、分子筛等（通常称为固定相）通过不断地吸附与脱附或溶解与挥发的分配过程，由于混合物中各组分在性质和结构上的差异，与固定相之间产生的作用力的大小、强弱不同，随着流动相的移动，各组分在两相间经过反复多次的分配平衡，使得各组分被固定相保留的时间不同，从而按一定次序从固定相中流出。混合物在柱内被彼此分离后，先后流出色谱柱，依次进入检测器，产生了一定的电信号。电信号经放大器放大送入工作站，由工作站输出的是如图 10－2 所示的峰形曲线即色谱图。根据代表样品中各组分的色谱峰就可以进行定性和定量分析。

二、气相色谱分析法常用术语

1. 基线

当没有组分进入检测器时，色谱图是一条反映仪器系统噪声随时间变化的曲线，称为基线，通常情况下，稳定的基线是一条直线。

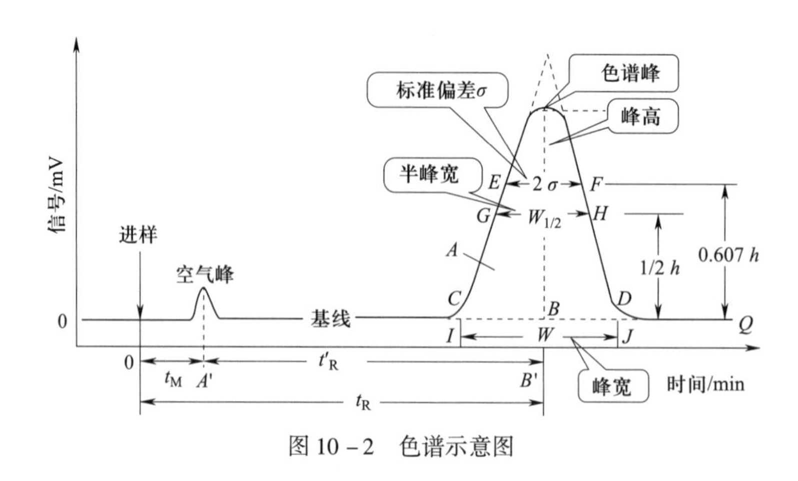

图 10－2　色谱示意图

2. 色谱峰

当有组分进入检测器时，反映检测器信号随时间变化的曲线称为色谱峰。

3. 保留值

保留值表示试样中各组分在色谱柱中的滞留时间的数值。组分的保留值具有特征性，是色谱分析的定性参数。

（1）死时间（t_M）。死时间是指不被固定相吸附或溶解的气体（如空气）从进样开始到柱后出现浓度最大值时所需的时间。显然，死时间正比于色谱柱的空隙体积。

（2）保留时间（t_R）。保留时间是指被测组分从进样开始到柱后出现浓度最大值时所需的时间。

（3）调整保留时间（t'_R）。某组分的调整保留时间是指扣除死时间后的保留时间，即：

$$t'_R = t_R - t_M$$

（4）死体积（V_M）。死体积是指色谱柱在填充固定相颗粒后所留的空间及色谱仪中管路和连接头间的空间以及检测器的空间的总和，即：

$$V_M = t_M \times F_c$$

式中　F_c——操作条件下的柱内载气的平均流速。

（5）保留体积（V_R）。保留体积是指从进样开始到柱后被测组分出现浓度最大值时所通过的载气体积。

（6）调整保留体积（V'_R）。扣除死体积后的保留体积称为调整保留体积，即：

$$V'_R = V_R - V_M = t'_R F_c$$

死体积反映了色谱柱和仪器系统的几何特性，它与被测物的性质无关，故保留体积中扣除死体积后的调整保留体积更合理地反映了被测组分的保留特性。

（7）相对保留值。色谱过程涉及组分在流动相和固定相两相中的分布平衡，分布平衡常数 K 称为分配系数，定义为：

$$K = \frac{c_s}{c_m}$$

式中　c_s——组分在固定相的浓度；

c_m——组分在流动相的浓度。

相邻组分调整保留时间或保留体积之比称为相对保留值，它反映了不同组分与固定相作用力的差异及分配系数 K 的差异。

$$\alpha_{2,1}=\frac{K_2}{K_1}=\frac{t'_2}{t'_1}=\frac{V'_2}{V'_1}$$

4. 区域宽度

色谱峰区域宽度是色谱流出曲线中一个重要的参数。从色谱分离角度着眼，希望区域宽度越窄越好。通常度量色谱峰区域宽度有以下 3 种方法：

（1）标准偏差（σ）。标准偏差即 0.607 倍峰高处色谱峰宽度的一半，如图 10－2 所示 EF 宽度为 2σ。

（2）半峰宽（$W_{1/2}$）。半峰宽即峰高为一半处的宽度，如图 10－2 所示 GH 宽度。

（3）峰宽（W）。峰宽即色谱峰两侧的转折点所作切线与基线相交的两点之间的距离，如图 10－2 所示 IJ 宽度。

（4）峰高和峰面积

1）峰高（h）是指峰顶到基线的高度。

2）峰面积（A）是指每个组分的流出曲线与基线之间所包围的面积。

峰高或峰面积的大小与每个组分在样品中的含量相关，是色谱定量分析的主要依据。

活动四　设置仪器运行参数

根据实验室提供的气相色谱仪，认真阅读仪器使用说明书或操作守则，必要时先进行仿真练习。

1. 打开稳压电源。

2. 逆时针打开载气（N_2）钢瓶主阀，记录钢瓶压力；顺时针调节钢瓶减压阀，输出压力调节至 0.2～0.4 MPa。

3. 打开色谱工作站，设定相关参数。

汽化室、色谱柱和氢火焰离子化 FID 检测器的温度按照汽化室及检测器温度一般比柱温高 50～100 ℃来设定。丁醇的同分异构体沸点大约在 82.3～117.2 ℃，变化范围不大，色谱柱的温度设置为 100 ℃、汽化室 150 ℃、FID 检测器 200 ℃（该参数可根据仪器特性反复修改优化）。

根据仪器推荐参数，设置隔垫吹扫、柱前进样分流比和检测器尾吹流量。

4. 待色谱柱、汽化室、FID 检测器的温度达到设定值，可开启燃气（H_2）、助燃气（空气）主阀，调节燃气减压阀输出压力不超过 0.20 MPa，调节助燃气减压阀输出压力在 0.4～0.6 MPa（具体参考仪器推荐的参数）。

5. 点火、走基线，注意观察记录仪器工作状态，达到仪器稳定，基线平稳状态。

活动五　分析检测

待仪器稳定、基线平稳后，准备进样。初次进样，建议采用手动进样方式利用微量进样器进样，练习排气泡、进样针穿扎隔垫的手感。

1. 分别用 10 μL 微量进样器吸取 1 μL 单标进样，用手指护着针尖前沿部分扎入隔垫，迅速推入样品。单击面板或工作站上的“开始”按钮，开始计时采样。采样时长既可以在工作站里设置，也可以根据谱图情况手动停止采样。采样完毕及时保存谱图。

2. 用 10 μL 微量进样器吸取 1 μL 混合标准样品溶液，用手指护着针尖前沿部分扎入隔垫，迅速推入样品。单击面板或工作站上的“开始”按钮，开始计时采样。采样时长既可以在工作站里设置，也可以根据谱图情况手动停止采样。采样完毕及时保存谱图。

3. 用 10 μL 微量进样器吸取 1 μL 未知样品溶液，用手指护着针尖前沿部分扎入隔垫，迅速推入样品。单击面板或工作站上的“开始”按钮，开始计时采样。采样完毕及时保存谱图。

4. 结束工作

采样介绍，首先设置色谱柱、汽化室、FID 检测器的降温参数（通常低于 60 ℃），关闭燃气和助燃气，通常待柱温降到设定温度后，关闭色谱仪，最后顺时针关闭载气钢瓶主阀。

按 6S 质量管理要求整理实验台面，处理废液、废渣，检测水电气和门窗，经实验室管理人员检查验收合格后方可离开实验室。

活动六　数据记录与处理

1. 仪器运行参数

气相色谱仪运行参数见表 10－2。

表 10－2　　气相色谱仪运行参数

仪器型号/编号		所在实验室	
载气名称及减压输出压力		检测器类型及温度	
燃气减压输出压力		色谱柱铭牌内容	
助燃气减压输出压力		汽化室温度	
分流	□否 □是　分流比：	色谱柱升温方式	□恒温　温度： □程序升温 升温方式：
隔垫吹扫	□否 □是　吹扫参数：	进样方式及进样量	□前进样口　□后进样口 □手动进样　□自动进样 进样量：
尾吹	□否 □是　尾吹参数：		

2. 采样记录

采样结束后，需要对保存的每张谱图进行积分。现代仪器分析都配备工作站，工作站高度智能化，甚至拥有大数据、云计算技术。在工作站数据处理向导引导下，可以轻松完成数据处理，色谱图只有先进行积分后，才能进行数据处理。在积分参数设置中，通常要修改的设置是最小峰面积，通过设置峰面积的大小，可以过滤掉不要的色谱峰。

（1）单标物质谱图信息。单标物质谱图保留时间见表 10－3。

表 10－3　单标物质谱图保留时间

物质	正丁醇	异丁醇	2－甲基1－丙醇	2－甲基2－丙醇
保留时间/min				

（2）混合标准溶液谱图信息。混合标准溶液谱图信息见表 10－4。

表 10－4　混合标准溶液谱图信息

物质	正丁醇	异丁醇	2－甲基1－丙醇	2－甲基2－丙醇
保留时间/min				
峰面积				
质量				
校正因子 f_i				

（3）样品溶液谱图信息。样品溶液谱图信息见表 10－5。

表 10－5　样品溶液谱图信息

色谱峰编号	1	2	3	4	5	6
保留时间						
峰面积						
定性结果（组分名称）						
定量结果（含量）						

必备知识

一、氢火焰离子化 FID 检测器

某仪器安装的双氢火焰离子化 FID 检测器实物图及工作原理如图 10－3 所示。

FID 是多用途的破坏性质量型通用检测器。FID 检测器对全部的有机物都有响应，而对无机物、惰性气体或火焰中不解离的物质几乎无响应。FID 检测器灵敏度高、线性范围宽，广泛应用于有机物的常量和微量检测，检测限可达 10^{-13} g/s，是分析烃类有机物灵敏度最好的方法。

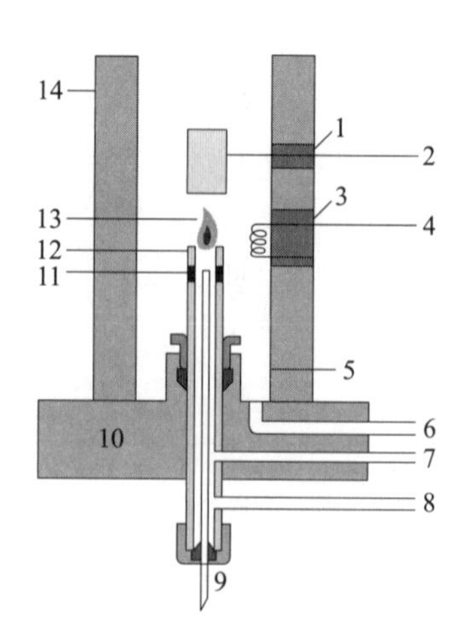

图 10-3　双氢火焰离子化 FID 检测器实物图及工作原理图

1—陶瓷绝缘体　2—收集极　3—陶瓷绝缘体　4—极化极和点火线圈　5—气体扩散器　6—空气入口　7—氢气入口　8—补充气（尾吹气）入口　9—石英毛细管　10—加热器　11—绝缘体　12—喷嘴　13—火焰　14—检测器筒体

FID 检测器工作原理为氢气和空气燃烧生成火焰，当有机化合物进入火焰时，有机化合物被破坏发生离子化反应，生成比基流高几个数量级的离子，在外加电场（150~300 V 直流电压）作用下，带正电荷的离子和带负电荷的电子分别向负极（收集极）和正极（极化极）移动，形成离子流，此离子流经放大器放大后，即可被检测。

二、校正因子

色谱分析的定量依据是检测器的响应信号（峰面积 A 或峰高 h）与组分的质量或在载气中的浓度成正比。通常将组分 i 的质量 m_i 与峰面积 A_i 的比值称为校正因子 f_i。

$$f_i = \frac{m_i}{A_i}$$

在实际应用中，常将组分 i 的校正因子与标准物质 s 或参照物的校正因子进行比较，称为该组分的相对校正因子 f_i'：

$$f_i' = \frac{f_i}{f_s} = \frac{m_i/A_i}{m_s/A_s} = \frac{A_s m_i}{A_i m_s}$$

质量为 m 的样品中待测组分的质量分数为：

$$\omega_i = \frac{m_i}{m} = f_i' \frac{A_i m_s}{A_s m}$$

三、色谱分析定量方法——面积归一化法

气相色谱定量分析常用方法之一是归一化法。当待测组分都能出峰时，可用归一化法定量。定量思路就是根据待测组分校正后的峰面积占所有组分校正后色谱峰面积的权重来判断。

$$\omega_i = \frac{f'_i A_i}{\sum f'_i A_i}$$

当组分是同系物或同分异构体时，它们的校正因子基本相同，上式可简化为该组分峰面积占所有组分峰面积之和的权重。

$$\omega_i = \frac{A_i}{\sum A_i}$$

【例 10－1】某样品的气相色谱分析数据如下，试计算各组分的质量分数。

化合物	乙醇	正庚烷	苯	乙酸乙酯
峰面积/cm^2	5.0	9.0	4.0	7.0
相对苯的质量校正因子	1.22	1.12	1.00	0.99

解：ω(乙醇) = (5.0×1.22)/(5.0×1.22＋9.0×1.12＋4.0×1.00＋7.0×0.99) = 0.22

同理　　ω(庚烷) = 0.37，ω(苯) = 0.15，ω(乙酸乙酯) = 0.26

过程评价

通过过程评价，不断检查与改进，培养学生科学、规范、自我管理、计划与组织、安全、环保、节约、求真务实等职业素养，过程评价指标见表 10－6。

表 10－6　丁醇同分异构体含量检测过程评价

操作项目	不规范操作项目名称	评价结果			
		是	否	扣分	得分
称量操作（10 分）	不看水平，扣 1 分				
	不清扫或校正天平零点后清扫，扣 1 分				
	称量开始或结束时零点不校正，扣 1 分				
	直接用手拿称量瓶或滴瓶，扣 1 分				
	将称量瓶或滴瓶放在桌子台面上，扣 1 分				
	称量时或敲样时不关门，或开关门太重，扣 1 分				
	称量物品洒落在天平内或工作台上，扣 1 分				
	离开天平室，物品留在天平内或放在工作台上，扣 1 分				
	称量物称样量不在规定量 ±5% 以内，扣 1 分				
	凳子不归位、不填写天平使用记录，扣 1 分				
玻璃器皿试漏洗涤（10 分）	需试漏的玻璃仪器容量瓶等未正确试漏，扣 2 分				
	烧杯挂液，扣 2 分				
	移液管挂液，扣 2 分				
	容量瓶挂液，扣 2 分				
	玻璃仪器不规范书写粘贴标签，扣 2 分				

续表

操作项目	不规范操作项目名称		评价结果			
			是	否	扣分	得分
容量瓶定容操作（10 分）	试液转移操作不规范，扣 2 分					
	试液溅出，扣 2 分					
	烧杯洗涤不规范，扣 2 分					
	稀释至刻度线不准确，扣 2 分					
	2/3 处未平摇或定容后摇匀动作不正确，扣 2 分					
仪器操作（20 分）	未规范操作钢瓶主阀和减压阀、压力范围设置不正确，扣 2 分					
	未按规定程序开机，进样口、汽化室、柱温、检测器温度设置不正确，扣 2 分					
	未等温度达到设定值即开燃气和助燃气、点火，扣 2 分					
	未正确设置载气、燃气、助燃气流量，分流比、尾吹流量、隔垫吹扫流量，扣 2 分					
	未及时保存工作程序文件、发送仪器参数，扣 2 分					
	未充分预热，仪器性能未稳定、基线未平稳就进样，扣 2 分					
	未规范使用进样针（润洗、排泡、取样），进样操作（护针、扎隔垫）不规范，扣 2 分					
	进样后未及时按仪器面板或工作站的“开始”键采样或采样时间设置不正确，扣 2 分					
	未正确保存和打印色谱图，扣 2 分					
	采样结束后未正确设置降温参数，未及时关闭燃气和助燃气，关机顺序和方法不正确，扣 2 分					
实验结果（40 分）	色谱图	正确设置积分时间范围，得 2 分				
		正确设置、优化积分最小峰面积，得 4 分				
		积分结果组分表定性组分名称设置正确，得 4 分				
		积分结果组分表组分保留时间及时更新，得 4 分				
		定量方法设置正确、组分浓度数据正确，得 4 分				
		正确输出和打印实验报告，得 2 分				
	准确度/%	相对误差 <1，得 20 分				
		相对误差 <5，得 10 分				
		相对误差≥5，得 0 分				
安全文明结束工作（10 分）	玻璃仪器不清洗，扣 2 分					
	废液、废渣处理不规范，扣 2 分					
	工作台不整理或玻璃仪器摆放不整齐，未恢复原样，扣 2 分					
	安全防护用品未及时归还或摆放不整齐，扣 2 分					
	未请实验指导老师检查工作台面就结束实验，离开实验室，扣 2 分					
	本项不计分，损坏玻璃仪器除按规定赔偿外，倒扣 10 分					
实验过程合计得分（总分 100 分）						

任务二　内标法测定工业酒精中甲醇、丙醇、丁醇、戊醇、乙酸酯的含量

活动一　准备仪器与试剂

准备仪器

1. 气相色谱仪（带氢火焰 FID 检测器）。
2. 色谱柱（建议使用通用型非极性或弱极性石英毛细管色谱柱）。
3. 微量进样器（平头进样针，10 μL，6 只）。
4. 氢气、空气钢瓶（或氢气—空气发生器）、氮气。
5. 配套通风装置。

准备试剂

无水乙醇（色谱纯）、甲醇（色谱纯）、正丙醇（色谱纯）、异丙醇（色谱纯）、乙酸乙酯（色谱纯）、乙酸异丙酯（色谱纯）、正丁醇（色谱纯）、2-丁醇（色谱纯）、异丁醇（色谱纯）、异戊醇（色谱纯）、正戊醇（色谱纯）、正己烷（色谱纯）。

活动二　配制溶液

1. 配制标准混合溶液

分别准确称取 0.25 g 甲醇、正丙醇、异丙醇、乙酸乙酯、乙酸异丙酯、正丁醇、2-丁醇、异丁醇、异戊醇、正戊醇、正己烷至 250 mL 容量瓶，用无水乙醇稀释、定容、摇匀，贴上标签（如有十万分之一的分析天平，也可分别准确称取 0.1 g 定容至 100 mL 或购买有产品合格证 1 g/L 混合标准品溶液）。

2. 配制标准内标溶液

准确称取 0.25 g 色谱纯正己烷于 250 mL 容量瓶中，用无水乙醇（色谱纯）定容。摇匀后即为 1 g/L 内标溶液。

3. 配制校正因子测定溶液

准确移取 0.50 mL 混合标准溶液于 10 mL 容量瓶中，准确加入 0.50 mL 内标溶液，然后用无水乙醇（色谱纯）稀释、定容、混匀。

4. 配制未知试样溶液

先取少量待测工业酒精试样于 10 mL 容量瓶中，再准确移取 0.50 mL 内标溶液至 10 mL 容量瓶，然后用待测工业酒精试样稀释、定容、摇匀。

活动三　认识仪器

根据实验室提供的气相色谱仪和气源设备，认真阅读仪器使用说明书或操作手册，检查实验室水、电、气安全，抽风设备能否正常运行，完成表 10－7 的有关信息。

表 10－7　认识气相色谱仪

仪器名称		仪器型号		仪器编号	
色谱柱	□毛细管柱　型号：	参数：长________ m、内径________ mm、固定液膜厚度________ μm 固定相主要成分：________________ 极性：□非极性　□弱极性　□中等极性　□强极性			
	□填充柱　型号：	参数：长________ m、内径________ mm、固定液膜厚度________ μm 固定相主要成分：________________ 极性：□非极性　□弱极性　□中等极性　□强极性			
检测器	□FID	型号：			
	□TCD	型号：			
	□ECD	型号：			
	□NPD	型号：			
	□FPD	型号：			
进样方式	□手动 □自动　型号：	操作面板	□有 □无		
分流功能	□有　□无	尾吹功能	□有　□无		
工作站	□有　□无	工作站名称版本			
通信接口		□USB　□TTL　□RS－232　□其他			
气源	□空气	主阀压力：	减压输出压力：		
	□氢气	主阀压力：	减压输出压力：		
	□氮气	主阀压力：	减压输出压力：		
	□氩气	主阀压力：	减压输出压力：		
	□氢气—空气发生器	氢气输出压力：	空气输出压力：		

必备知识

一、色谱分析定量方法——内标法

内标法是色谱分析常用的定量方法。若试样中有组分不出峰或不需要全部组分都出峰时，可以将一定量的试样中不含的且其色谱峰不干扰待测组分的色谱峰的标准样物质（称为内标物）加入试样中，混匀，进样出峰。可按下式计算待测组分的含量。

待测组分的相对校正因子：

$$f'_{\mathrm{i}} = \frac{m_{\mathrm{i}}/A_{\mathrm{i}}}{m_{\mathrm{s}}/A_{\mathrm{s}}}$$

内标物的相对校正因子：

$$f'_{\mathrm{is}} = \frac{m_{\mathrm{is}}/A_{\mathrm{is}}}{m_{\mathrm{s}}/A_{\mathrm{s}}}$$

待测组分的质量分数：

$$\omega_{\mathrm{i}} = \frac{m_{\mathrm{i}}}{m} = \frac{A_{\mathrm{i}} f'_{\mathrm{i}}}{A_{\mathrm{is}} f'_{\mathrm{is}}} \times \frac{m_{\mathrm{is}}}{m}$$

测定相对校正因子的标准物质与内标物是同一物质时，则 $f'_{\mathrm{is}} = 1$。待测组分的质量分数：

$$\omega_{\mathrm{i}} = \frac{m_{\mathrm{i}}}{m} = \frac{A_{\mathrm{i}} f'_{\mathrm{i}}}{A_{\mathrm{is}}} \times \frac{m_{\mathrm{is}}}{m}$$

二、气相色谱分析常用检测器

前面介绍了氢火焰 FID 离子化检测器。气相色谱常用的检测器还有 TCD、ECD、FPD、NPD 等，详见表 10－8。

表 10－8　　**气相色谱常用的检测器**

类型	FID	TCD	ECD	FPD	NPD
原理图	电子信号 收集极 氢火焰 空气 尾吹气(H_2) 氢气 色谱柱	A 惠斯通电桥 C D B 参比气体 载气+分析气体	电子 信号 收集极 63 Ni辐射源 色谱柱 氮气	过滤器 光电倍增管 石英管 信号处理系统 氢气 空气 喷口 尾吹气(H_2) 色谱柱	收集极 空气 离子源 氢气 喷口 尾吹气 色谱柱
名称	氢火焰离子化检测器	热导检测器	电子捕获检测器	火焰光度检测器	氮磷检测器
响应类型	质量型	浓度型	浓度型	质量型	质量型
检测对象	有机物	通用（有机物、无机物）	有机氯农药残留（电负性基团）	有机磷、硫化物	有机磷 含氮化合物
检测下限	1×10^{-13} g/s	1×10^{-8} g/mL	5×10^{-14} g/m	3×10^{-13} g/s	1×10^{-15} g/s

续表

类型	FID	TCD	ECD	FPD	NPD
线性范围	10^7	10^4	5×10^4	10^5	10^5
适用载气	N_2	N_2 和 He	N_2	N_2 和 He	N_2 和 Ar
备注	噪声：10^{-4} A	噪声：0.01 mV	噪声：8×10^{-12} A	过滤器： 磷用 526 nm 滤光片 硫用 394 nm 滤光片	

活动四　设置仪器运行参数

根据实验室提供的气相色谱仪，认真阅读仪器使用说明书或操作守则，必要时先进行仿真练习。建议按表 10－9 要求更换、安装聚苯乙烯—二乙烯基苯键合毛细管色谱柱。

表 10－9　　建议设置的仪器运行参数

项目	参数
色谱柱	极性多孔高聚物（聚苯乙烯—二乙烯基苯）键合毛细管
柱长×柱内径×液膜厚度	25 m×0.32 mm×7 μm
柱温	程序升温 起始柱温为 110 ℃，保持 2 min，然后以 10 ℃/min 程序升温至 180 ℃，保持 4 min
进样口温度	200 ℃
检测器温度	220 ℃
载气（氮气）	流速 2.0 mL/min，尾吹气 30 mL/min
氢气	流速 50 mL/min
空气	流速 400 mL/min
分流比	30:1
进样量	1 μL

1. 打开稳压电源。

2. 逆时针打开载气（N_2）钢瓶主阀、记录钢瓶压力；顺时针调节钢瓶减压阀，输出压力调节至 0.2～0.4 MPa。

3. 打开色谱工作站，设定相关参数。

进样口、色谱柱和 FID 检测器的温度按表 10－9 进行设置，注意色谱柱是程序升温。

根据仪器推荐参数，设置隔垫吹扫、柱前进样分流比和检测器尾吹流量。

4. 待色谱柱、汽化室、FID 检测器的温度达到设定值，可开启燃气（H_2）、助燃气（空气）主阀，调节燃气减压阀输出压力不超过 0.20 MPa，调节助燃气减压阀输出压力在 0.4 ~ 0.6 MPa（具体参考仪器推荐的参数）。

可按照表 10 – 9 推荐的参数，通过工作站设置载气、氢气、空气、尾吹气的流量和柱前进样分流比。

5. 点火、走基线，注意观察记录仪器工作状态，待仪器稳定，基线平稳。

活动五　分析检测

待仪器稳定、基线平稳后，准备进样。初次进样，建议采用手动进样方式利用微量进样器进样，练习排气泡、进样针穿扎隔垫的手感。

1. 校正因子测定

准确吸取适量的校正因子测定溶液，润针、排气泡、调节溶液量至 1 μL。用手指护着针尖前沿部分扎入隔垫，迅速推入 1 μL 校正因子测定溶液。单击面板或工作站上的“开始”按钮，开始计时采样。采样时长既可以在工作站里设置，也可以根据谱图情况手动停止采样。采样完毕及时保存谱图。

2. 试样的测定

准确吸取适量的试样溶液，润针、排气泡、调节溶液量至 1 μL。用手指护住针尖前沿部分扎入隔垫，迅速推入 1 μL 试样溶液。单击面板或工作站上的“开始”按钮，开始计时采样。采样时长既可以在工作站里设置，也可以根据谱图情况手动停止采样。采样完毕及时保存谱图。

3. 结束工作

采样介绍，首先设置色谱柱、汽化室、FID 检测器的降温参数（通常低于 60 ℃），关闭燃气和助燃气，通常待柱温降到设定温度后，关闭色谱仪，最后顺时针关闭载气钢瓶主阀。

按 6S 质量管理要求整理实验台面，处理废液、废渣，检测水电气和门窗，经实验室管理人员检查验收合格后方可离开实验室。

活动六　数据记录与处理

1. 仪器运行参数

将数据记录于表 10 – 10。

表 10 – 10　气相色谱仪运行参数

仪器型号/编号		所在实验室	
载气名称及减压输出压力		检测器类型及温度	

续表

载气流量		色谱柱铭牌内容	
燃气减压输出压力		进样口温度	
燃气流量		汽化室温度	
助燃气减压输出压力			
助燃气流量			
分流	□否 □是　分流比：	色谱柱升温方式	□恒温　温度： □程序升温 升温方式：
隔垫吹扫	□否 □是　吹扫参数：	进样方式及进样量	□前进样口　□后进样口 □手动进样　□自动进样 进样量：
尾吹	□否 □是　尾吹参数：		

2. 采样记录

采样结束后，需要对保存的每张谱图进行积分。现代仪器分析都配备工作站，工作站高度智能化，甚至拥有大数据、云计算技术。在工作站数据处理向导引导下，可以轻松地完成数据处理，色谱图只有先进行积分后，才能进行数据处理。在积分参数设置中，通常要修改的设置是最小峰面积、积分时间范围，通过设置峰面积的大小，可以过滤掉不要的色谱峰。

（1）单标物质谱图信息。必要时，可以进样单标物质，确定每个单标物质的保留时间。见表 10 – 11。

表 10 – 11　单标物质谱图保留时间

物质	甲醇	正丙醇	异丙醇	乙酸乙酯	乙酸异丙酯	正丁醇
保留时间/min						
物质	2 – 丁醇	异丁醇	异戊醇	正戊醇	正己烷	
保留时间/min						

（2）混合标准溶液谱图信息。混合标准溶液谱图信息见表 10 – 12。

表 10 – 12　混合标准溶液谱图信息

物质	甲醇	正丙醇	异丙醇	乙酸乙酯	乙酸异丙酯	正丁醇
保留时间/min						
峰面积						
质量						

续表

物质	甲醇	正丙醇	异丙醇	乙酸乙酯	乙酸异丙酯	正丁醇
校正因子 f_i						
分离度 R						
物质	2-丁醇	异丁醇	异戊醇	正戊醇	正己烷（内标物）	
保留时间/min						
峰面积						
质量						
校正因子 f_i						
分离度 R						

（3）样品溶液谱图信息。样品溶液谱图信息见表 10-13。

表 10-13 样品溶液谱图信息

色谱峰编号	1	2	3	4	5	6
保留时间						
峰面积						
定性结果（组分名称）						
定量结果（含量）						
色谱峰编号	7	8	9	10	11	12
保留时间						
峰面积						
定性结果（组分名称）						
定量结果（含量）						

必备知识

一、分离度（R）

分离度是用来描述相邻色谱峰相互分离的程度，数值上等于相邻两组分色谱峰的保留时间之差与两组分色谱峰宽度之和平均值的比值。

$$R=\frac{t_{R2}-t_{R1}}{\frac{1}{2}(W_{b1}+W_{b2})}=\frac{2(t_{R2}-t_{R1})}{W_{b1}+W_{b2}}$$

若相邻两色谱峰对称且满足正态分布，当 $R<1.0$ 时，两峰有部分重叠，当 $R=1.0$ 时，分离程度可达 98%，当 $R\geq1.5$ 时，分离程度可达 99.7%。通常用 $R=1.5$ 作为相邻两峰完全分离的标志。

R 值越大，分离度越好。为了增加 R 值，除选择合适固定液的色谱柱外，适当降低色谱柱温度，增加色谱柱长度也是可考虑的选项。但柱温太低、柱长太长会使色谱峰扩展，对称性变差，所以色谱分析的魅力在于不断优化色谱条件的过程。

分离度 R 可以手工计算，在色谱工作站积分结果组分表中也可以直接查看分离度。

二、《工业用乙醇》

《工业用乙醇》(GB/T 6820—2016）规定了工业用乙醇的产品分类要求、试验方法、检验规则及标志、包装、储存、运输和安全。甲醇、异丙醇、正丙醇、乙酸酯、C4 + C5 醇含量测定的典型气相色谱图如图 10－4 所示，保留时间见表 10－14。

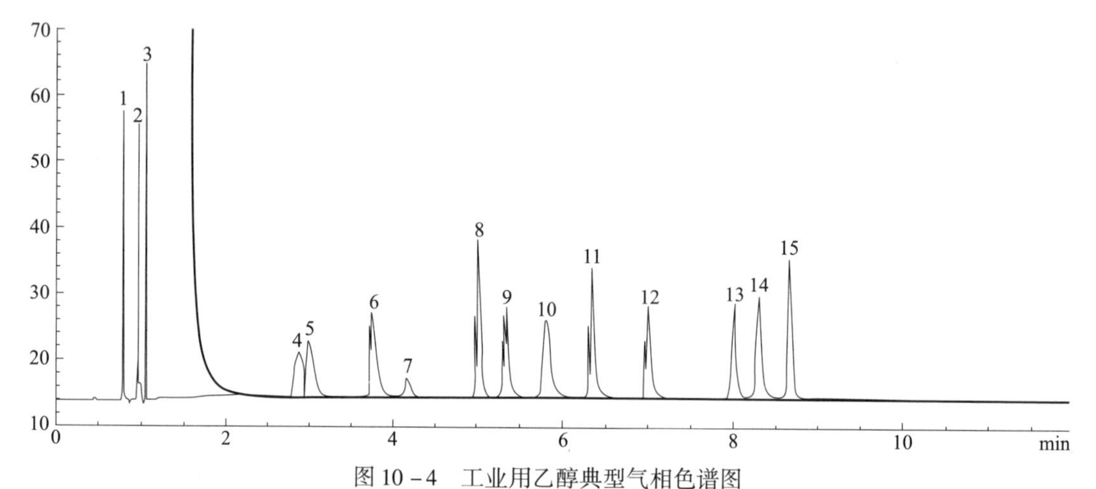

图 10－4　工业用乙醇典型气相色谱图

1—甲醇　2—乙醛　3—乙醇　4—异丙醇　5—丙酮　6—正丙醇　7—正己烷　8—乙酸乙酯　9—2－丁醇　10—异丁醇　11—正丁醇　12—乙酸异丙酯　13—乙缩醛　14—异戊醇　15—正戊醇

表 10－14　工业用乙醇色谱分析典型色谱图保留时间

峰序	组分名称	保留时间/min	峰序	组分名称	保留时间/min
1	甲醇	0. 783	9	2－丁醇	5. 326
2	乙醛	0. 972	10	异丁醇	5. 798
3	乙醇	1. 602	11	正丁醇	6. 331
4	异丙醇	2. 873	12	乙酸异丙酯	7. 032
5	丙酮	2. 99	13	乙缩醛	8. 002
6	正丙醇	3. 76	14	异戊醇	8. 295
7	正己烷	4. 167	15	正戊醇	8. 655
8	乙酸乙酯	5. 013			

某实验室分析某企业提供的工业用乙醇色谱分析实测信息如图 10－5 所示。

由于实验条件、仪器、色谱柱及分析参数和产品的生产厂家不同，色谱图会有差异，最好对每一种要分析检测的组分进一针单标，以确定其保留时间。

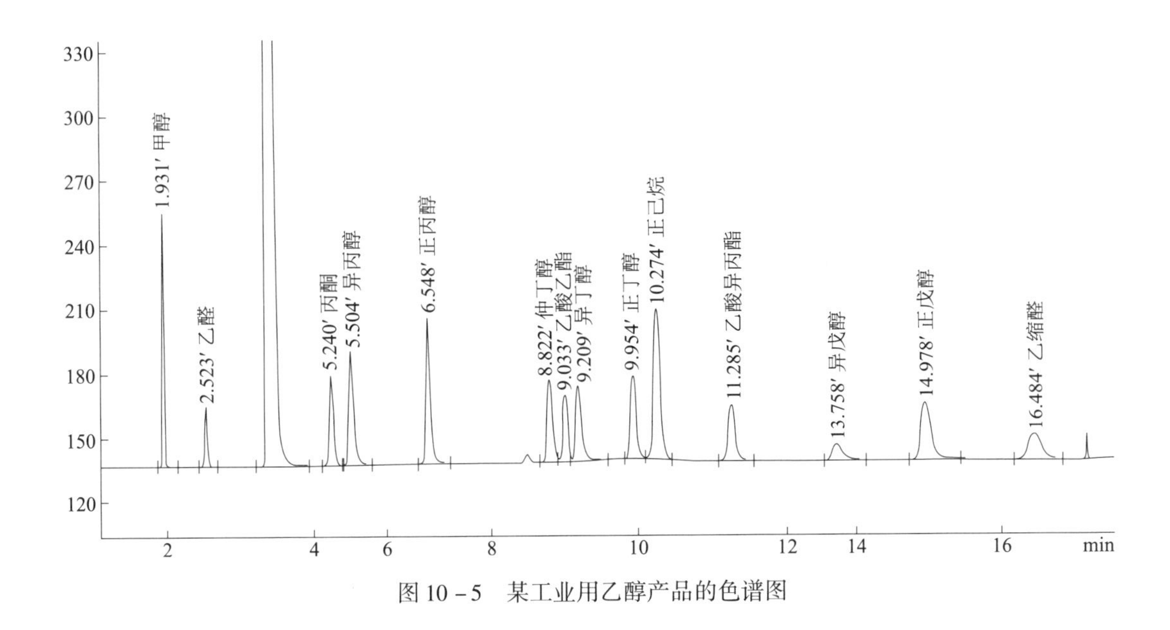

图 10－5　某工业用乙醇产品的色谱图

过程评价

通过过程评价，不断检查与改进，培养学生科学、规范、自我管理、计划与组织、安全、环保、节约、求真务实等职业素养，过程评价指标见表 10－15。

表 10－15　　工业乙醇中甲醇、丙醇、丁醇、戊醇、乙酸酯含量检测过程评价

操作项目	不规范操作项目名称	评价结果			
		是	否	扣分	得分
称量操作（10 分）	不看水平，扣 1 分				
	不清扫或校正天平零点后清扫，扣 1 分				
	称量开始或结束时零点不校正，扣 1 分				
	直接用手拿称量瓶或滴瓶，扣 1 分				
	将称量瓶或滴瓶放在桌子台面上，扣 1 分				
	称量时或敲样时不关门，或开关门太重，扣 1 分				
	称量物品洒落在天平内或工作台上，扣 1 分				
	离开天平室，物品留在天平内或放在工作台上，扣 1 分				
	称量物称样量不在规定量 ±5% 以内，扣 1 分				
	凳子不归位、不填写天平使用记录，扣 1 分				
玻璃器皿试漏洗涤（10 分）	需试漏的玻璃仪器容量瓶等未正确试漏，扣 2 分				
	烧杯挂液，扣 2 分				
	移液管挂液，扣 2 分				
	容量瓶挂液，扣 2 分				
	玻璃仪器不规范书写粘贴标签，扣 2 分				

续表

操作项目	不规范操作项目名称		评价结果			
			是	否	扣分	得分
容量瓶定容操作（10 分）	试液转移操作不规范，扣 2 分					
	试液溅出，扣 2 分					
	烧杯洗涤不规范，扣 2 分					
	稀释至刻度线不准确，扣 2 分					
	2/3 处未平摇或定容后摇匀动作不正确，扣 2 分					
仪器操作（20 分）	未规范操作钢瓶主阀和减压阀、压力范围设置不正确，扣 2 分					
	未按规定程序开机，进样口、汽化室、柱温、检测器温度设置不正确，扣 2 分					
	未等温度达到设定值开燃气和助燃气、点火，扣 2 分					
	未正确设置载气、燃气、助燃气流量、分流比、尾吹流量、隔垫吹扫流量，扣 2 分					
	未及时保存工作程序文件、发送仪器参数，扣 2 分					
	未充分预热，仪器性能未稳定、基线未平稳就进样，扣 2 分					
	未规范使用进样针（润洗、排泡、取样），进样操作（护针、扎隔垫）不规范，扣 2 分					
	进样后未及时按仪器面板或工作站的“开始”键采样或采样时间设置不正确，扣 2 分					
	未正确保存和打印色谱图，扣 2 分					
	采样结束后未正确设置降温参数，未及时关闭燃气和助燃气，关机顺序和方法不正确，扣 2 分					
实验结果（40 分）	色谱图	正确设置积分时间范围，得 2 分				
		正确设置、优化积分最小峰面积，得 4 分				
		积分结果组分表定性组分名称设置正确，得 4 分				
		积分结果组分表组分保留时间及时更新，得 4 分				
		定量方法设置正确、组分浓度数据正确，得 4 分				
		正确输出和打印实验报告，得 2 分				
	准确度/%	相对误差 <1，得 20 分				
		相对误差 <5，得 10 分				
		相对误差 ≥5，得 0 分				
安全文明结束工作（10 分）	玻璃仪器不清洗，扣 2 分					
	废液废渣处理不规范，扣 2 分					
	工作台不整理或玻璃仪器摆放不整齐，未恢复原样，扣 2 分					
	安全防护用品未及时归还或摆放不整齐，扣 2 分					
	未请实验指导老师检查工作台面就结束实验离开实验室，扣 2 分					
	本项不计分，损坏玻璃仪器除按规定赔偿外，倒扣 10 分					
实验过程合计得分（总分 100 分）						

任务三 外标法测定中样品中微量水分的含量

活动一 准备仪器与试剂

准备仪器

1. 气相色谱仪（带 TCD 检测器）。

2. 色谱柱，建议使用聚二乙烯基苯相或聚苯乙烯—二乙烯基苯色谱柱，如 TG - BOND Q 色谱柱（30 m × 0.32 mm × 10 μm）、PLOT Q 聚苯乙烯—二乙烯基苯色谱柱等。

3. 微量进样器（进样针，10 μL，6 只）。

4. 振荡器。

5. 过滤装置。

6. 0.45 μm 滤膜。

7. 高纯氦气钢瓶（99.999%）。

8. 配套通风装置。

准备试剂

无水乙醇（色谱纯）、超纯水（可由超纯水机现场制作，导电电阻≥18.25 MΩ）、银杏叶（在药店购买或购买银杏叶分散片）、工业酒精。

活动二 配制溶液

1. 配制标准溶液

分别准确移取0.00 mL、0.05 mL、0.10 mL、0.15 mL、0.20 mL、0.25 mL、0.30 mL 超纯水，加入到 7 个 10 mL 容量瓶中，用无水乙醇稀释至刻度、摇匀，配制成浓度为 0.00 mg/mL、5.0 mg/mL、10.0 mg/mL、15.0 mg/mL、20.0 mg/mL、25.0 mg/mL、30.0 mg/mL 的标准溶液，贴上标签。

2. 配制样品前处理溶液

准确称取银杏叶粉末样品（或银杏叶分散片粉末）5.0 g 于 250 mL 碘量瓶中，加入 100 mL无水乙醇，以 200 rpm 振荡 3 h，静置 12 h，吸取上清液流过 0.45 μm 的滤膜，然后装入 1.5 ~ 2 mL 色谱瓶中备用。

平行配制 3 份。

活动三　认识仪器

根据实验室提供的气相色谱仪和气源设备，认真阅读仪器使用说明书或操作手册，检查实验室水、电、气安全，抽风设备能否正常运行，完成表 10－16 的有关信息。

表 10－16　　**认识气相色谱仪**

仪器名称		仪器型号		仪器编号	
色谱柱	□毛细管柱　型号：	参数：长________ m、内径________ mm、固定液膜厚度________ μm 固定相主要成分：________ 极性：□非极性　□弱极性　□中等极性　□强极性			
	□填充柱　型号：	参数：长________ m、内径________ mm、固定液膜厚度________ μm 固定相主要成分：________ 极性：□非极性　□弱极性　□中等极性　□强极性			
检测器	□FID	型号：			
	□TCD	型号：			
	□ECD	型号：			
	□NPD	型号：			
	□FPD	型号：			
进样方式	□手动 □自动　型号：	操作面板	□有 □无		
分流功能	□有　　□无	尾吹功能	□有　　□无		
工作站	□有　　□无	工作站名称版本			
通信接口		□USB　□TTL　□RS－232　□其他			
气源	□空气	主阀压力：	减压输出压力：		
	□氢气	主阀压力：	减压输出压力：		
	□氮气	主阀压力：	减压输出压力：		
	□氩气	主阀压力：	减压输出压力：		
	□氦气	主阀压力：	减压输出压力：		
	□氢气—空气发生器	氢气输出压力：	空气输出压力：		

活动四　设置仪器运行参数

根据实验室提供的气相色谱仪，认真阅读仪器使用说明书或操作守则，必要时先进行仿真练习。按表 10－17 要求更换、安装聚苯乙烯—二乙烯基苯键合类型毛细管色谱柱。

表 10－17　建议设置的仪器运行参数

项目	参数
色谱柱	极性多孔高聚物（聚苯乙烯—二乙烯基苯）键合毛细管
柱长×柱内径×液膜厚度	推荐色谱柱 TG－BOND Q（30 m×0.32 mm×10 μm）
柱温	程序升温 初始温度 100 ℃，按 20 ℃/min 升到 200 ℃保持 1 min
进样口温度	200 ℃
TCD 检测器检测池温度	220 ℃
TCD 检测器灯丝温度	280 ℃
载气（高纯氦气）	恒流模式，3.0 mL/min
参比气（高纯氦气）	流速 1.0 mL/min
分流比	10∶1
液体进样量	0.5 μL

1. 打开稳压电源。

2. 逆时针打开载气（He）钢瓶主阀、记录钢瓶压力；顺时针调节钢瓶减压阀，输出压力调节至 0.25～0.4 MPa。

3. 打开设备电源，确定 TCD 检测器处于 OFF 关闭状态，TCD 桥电流为“0”。

4. 打开色谱工作站，设定相关参数。

进样口、色谱柱和 TCD 检测器的温度按表 10－18 进行设置，注意色谱柱是程序升温。根据仪器推荐参数，设置隔垫吹扫、柱前进样分流比和检测器尾吹流量。大约 15 min 后，气路稳定，检测 TCD 温度是否大于 100 ℃。

待仪器性能初步稳定，TCD 温度达到设定值，将 TCD 检测器置于 ON 的状态，根据仪器推荐参数，将桥流设为分析条件所需值，如用热传导系数大的 H_2、He 作载气，桥电流可设置大些，如 80～160 mA，待仪器稳定。

观测 TCD 基线，调至可视范围，基本稳定后，可调零。

活动五　分析检测

待仪器稳定、基线平稳后，准备进样。初次进样，建议采用手动进样方式利用微量进样器进样，练习排气泡、进样针穿扎隔垫的手感。

1. 校正曲线的绘制

准备 6 只微量进样器，分别对应标准曲线系列工作溶液，进样针不建议重复交叉使用（进样针必须统一回收处理，确保回收数量与领取数量一致，不得带出实验室），准确吸取适量的校正曲线绘制溶液，润针，排气泡，调节溶液量至 0.5 μL。

用手指护着针尖前沿部分扎入隔垫，迅速推入 0.5 μL 校正曲线绘制溶液。单击面板或工作站上的“开始”按钮，开始计时采样。采样时长既可以在工作站里设置，也可以根据谱图情况手动停止采样。采样完毕及时保存谱图。

2. 试样的测定

准确吸取适量的试样溶液，润针，排气泡，调节溶液量至0.5 μL。用手指护住针尖前沿部分扎入隔垫，迅速推入0.5 μL试样溶液。单击面板或工作站上的“开始”按钮，开始计时采样。采样时长既可以在工作站里设置，也可以根据谱图情况手动停止采样。采样完毕及时保存谱图。

3. 结束工作

采样结束，设置TCD桥电流为“0”，将TCD检测器置于OFF的状态。设置进样口、汽化室、色谱柱、TCD检测器的降温参数（通常低于60 ℃），通常待柱温降到设定温度后，关闭色谱仪，最后顺时针关闭载气钢瓶主阀。

按6S质量管理要求整理实验台面，处理废液、废渣，检测水电气和门窗，经实验室管理人员检查验收合格后方可离开实验室。

活动六　数据记录与处理

1. 仪器运行参数

气相色谱仪运行参数见表10－18。

表10－18　　气相色谱仪运行参数

仪器型号/编号		所在实验室	
载气名称及减压输出压力		检测器类型	
载气流量		检测器池体温度	
参比气流量		检测器灯丝	
色谱柱铭牌内容		检测器桥电流	
进样口温度		汽化室温度	
分流	□否 □是　分流比：	色谱柱升温方式	□恒温　温度： □程序升温 升温方式：
隔垫吹扫	□否 □是　吹扫参数：	进样方式及进样量	□前进样口　□后进样口 □手动进样　□自动进样 进样量：
尾吹	□否 □是　尾吹参数：		

2. 采样记录

采样结束后，需要对保存的每张谱图进行积分。现代仪器分析都配备工作站，工作站高度智能化，甚至拥有大数据、云计算技术。在工作站数据处理向导引导下，可以轻松地完成数据处理，色谱图只有先进行积分后，才能进行数据处理。在积分参数设置中，

通常要修改的设置是最小峰面积、积分时间范围，通过设置峰面积的大小，可以过滤掉不要的色谱峰。

（1）校正曲线谱图信息。单标物质谱图保留时间见表 10 – 19。

表 10 – 19　单标物质谱图保留时间

标准工作曲线溶液序号	1	2	3	4	5	6	7
水分含量/(mg/mL)	0.00	5	10	15	20	25	30
水分保留时间/min							
水分峰面积							

（2）样品溶液谱图信息。样品溶液谱图信息见表 10 – 20。

表 10 – 20　样品溶液谱图信息

样品溶液序号	1	2	3
水分保留时间			
水分峰面积			
定量结果（含量）			
定量结果（平均含量）			

必备知识

一、外标法

外标法分为校正曲线法和单点外标法。外标法不必加内标物，常用于控制分析，分析结果的准确度主要取决于进样量的准确性和操作条件的稳定程度。如果有标准品或基准物质，可以使用单点外标法，也称为比较法。待测组分的含量可按下式计算：

$$m_i = A_i \frac{m_s}{A_s} = h_i \frac{m_s}{h_s}$$

二、热导池 TCD 检测器

热导池 TCD 检测器又叫热导检测器（TCD），它是根据不同的物质具有不同的热导率制成的浓度型检测器。热导检测器由于结构简单，性能稳定，几乎对所有物质都有响应，通用性好，而且线性范围宽，价格便宜，是应用最广、最成熟的一种检测器，普遍用于工厂的控制分析，如石油裂解气的分析。

热导池检测器中的检测机构是惠斯通电桥，由池体和热敏元件（如钨丝）构成，热导池体中，只通纯载气的通道称为参比池，通载气与样品气的通道称为测量池。如图 10 – 6 所示。

当参比池和测量池通入的都是纯载气时，同一种载气有相同的热导率，因此两臂的电阻值相同，电桥平衡，无信号输出，记录系统记录的是一条直线。当有样品进入检测器时，参比池和测量池的发热丝的电阻值产生差异，电桥失去平衡，$R_1 + R_3 \neq R_2 + R_4$，检测器有信号输出，

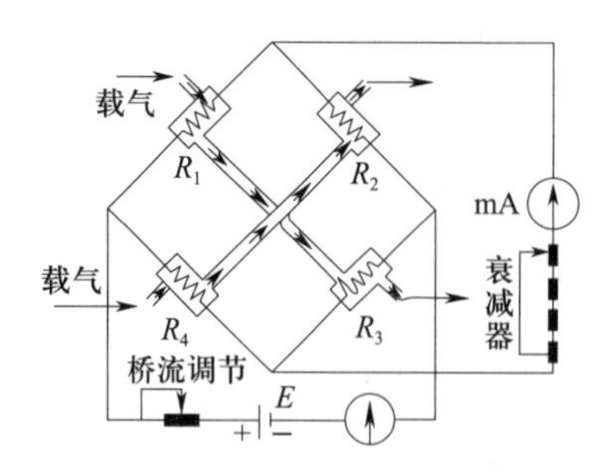

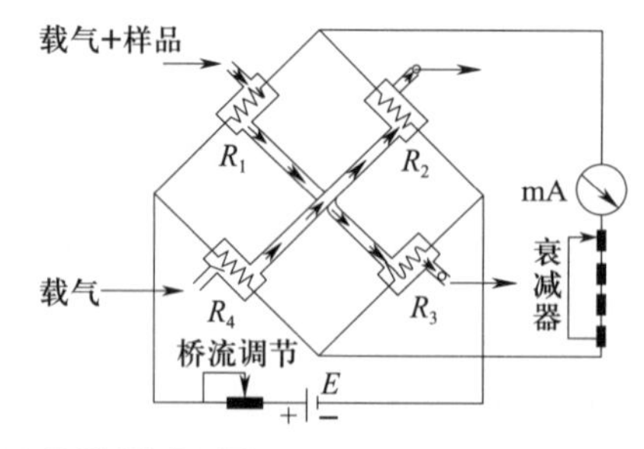

图 10－6　热导池检测器原理图

输出的信号（色谱峰面积或峰高）与样品的浓度成正比，这正是热导检测器的定量基础。

载气纯度影响 TCD 灵敏度。实验表明：在桥流 160～200 mA 范围内，用 99.999% 的超纯 H_2 比用 99% 的普通 H_2 灵敏度高 6%～13%。用 TCD 作高纯气中杂质检测时，载气纯度应比被测气体高 10 倍以上，否则将出倒峰。

TCD 为浓度敏感型检测器，色谱峰的峰面积响应值反比于载气流速。因此，在检测过程中，载气流速必须保持恒定。在柱分离许可的情况下，载气应尽量选用低流速。

一般认为检测器的灵敏度与桥电流的三次方成正比。在满足分析灵敏度要求的前提下，应尽量选取低的桥电流。桥电流一般在 100～200 mA。

TCD 的灵敏度与热丝和池体间的温差成正比，温差越大，越有利于热传导，检测器的灵敏度也就越高。但池体温度不能低于分离柱温度，以防止试样组分在检测器中冷凝。

三、色谱分析理论

1. 热力学塔板理论

1941 年，马丁（Martin）提出了半经验的塔板理论。塔板理论从热力学的角度衡量色谱分离过程，将色谱分离过程比拟为蒸馏过程，把色谱柱看作由许多个塔板组成的精馏塔。塔板理论主要内容如下：

（1）在一小段间隔内，气相平均组成与液相平均组成可以很快达到分配平衡。这样达到分配平衡的一小段柱长称为塔板理论高度 H。

（2）长为 L 的色谱柱由一系列塔板顺序排列组成，柱内各处板高为常数，柱内理论塔板数为：

$$n = \frac{L}{H}$$

（3）组分的分配系数在确定温度下为常数。

（4）色谱柱分离效能。对 L 一定的色谱柱，板高越小，塔板数越多，柱效能越高。由于死体积等因素，有效塔板数可按下式计算：

$$n_{有效} = 5.54\left(\frac{t'_R}{W_{1/2}}\right)^2 = 16\left(\frac{t'_R}{W_b}\right)^2$$

式中，t'_R 是调整保留时间，W_b 是以时间为单位的峰宽，$W_{1/2}$ 是半峰宽。

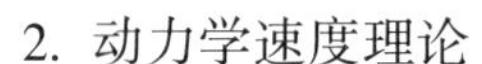

2. 动力学速度理论

1956 年，荷兰学者范第姆特（Van Deemter）提出了速度理论。该理论从动力学的观点衡量色谱分离过程。在塔板理论的基础上，把影响塔板高度的动力学因素考虑进来，导出了塔板高度 H 与载气流速 u（单位 cm/s）的关系即速度理论方程（亦称范第姆特方程）。

$$H = A + \frac{B}{u} + Cu$$

式中，A、B、C 为三个常数，A 为涡流扩散项因子；B 为分子扩散项系数；C 为传质阻力系数。

速度理论为色谱分离和操作条件的选择提供了理论指导，阐明了流速和柱温对柱效及分离的影响，指导了毛细管色谱和高效液相色谱（HPLC）的发展。

3. 色谱分离的基本方程

由于分离度考虑了组分分离的热力学和动力学（即峰间距和峰宽）两方面的因素，因此，常用分离度作为色谱柱的总分离效能指标。反映分离度与柱效能和选择性因子 $\alpha_{2,1}$ 三者之间关系的色谱分离基本方程见式为：

$$n_{有效} = 16R^2 \left(\frac{\alpha_{2,1}}{\alpha_{2,1} - 1}\right)^2$$

该方程为色谱分离条件的选择和制备色谱柱提供了理论依据。

过程评价

通过过程评价，不断检查与改进，培养学生科学、规范、自我管理、计划与组织、安全、环保、节约、求真务实等职业素养，过程评价指标见表 10－21。

表 10－21　样品中微量水分含量检测过程评价

操作项目	不规范操作项目名称	评价结果			
		是	否	扣分	得分
称量操作（10 分）	不看水平，扣 1 分				
	不清扫或校正天平零点后清扫，扣 1 分				
	称量开始或结束时零点不校正，扣 1 分				
	直接用手拿称量瓶或滴瓶，扣 1 分				
	将称量瓶或滴瓶放在桌子台面上，扣 1 分				
	称量时或敲样时不关门，或开关门太重，扣 1 分				
	称量物品洒落在天平内或工作台上，扣 1 分				
	离开天平室，物品留在天平内或放在工作台上，扣 1 分				
	称量物称样量不在规定量 ±5% 以内，扣 1 分				
	凳子不归位、不填写天平使用记录，扣 1 分				

续表

<table>
<tr><th rowspan="2">操作项目</th><th rowspan="2" colspan="2">不规范操作项目名称</th><th colspan="4">评价结果</th></tr>
<tr><th>是</th><th>否</th><th>扣分</th><th>得分</th></tr>
<tr><td rowspan="5">玻璃器皿试漏洗涤（10 分）</td><td colspan="2">需试漏的玻璃仪器容量瓶等未正确试漏，扣 2 分</td><td></td><td></td><td></td><td rowspan="5"></td></tr>
<tr><td colspan="2">烧杯挂液，扣 2 分</td><td></td><td></td><td></td></tr>
<tr><td colspan="2">移液管挂液，扣 2 分</td><td></td><td></td><td></td></tr>
<tr><td colspan="2">容量瓶挂液，扣 2 分</td><td></td><td></td><td></td></tr>
<tr><td colspan="2">玻璃仪器不规范书写粘贴标签，扣 2 分</td><td></td><td></td><td></td></tr>
<tr><td rowspan="5">容量瓶定容操作（10 分）</td><td colspan="2">试液转移操作不规范，扣 2 分</td><td></td><td></td><td></td><td rowspan="5"></td></tr>
<tr><td colspan="2">试液溅出，扣 2 分</td><td></td><td></td><td></td></tr>
<tr><td colspan="2">烧杯洗涤不规范，扣 2 分</td><td></td><td></td><td></td></tr>
<tr><td colspan="2">稀释至刻度线不准确，扣 2 分</td><td></td><td></td><td></td></tr>
<tr><td colspan="2">2/3 处未平摇或定容后摇匀动作不正确，扣 2 分</td><td></td><td></td><td></td></tr>
<tr><td rowspan="10">仪器操作（20 分）</td><td colspan="2">未规范操作钢瓶主阀和减压阀、压力范围设置不正确，扣 2 分</td><td></td><td></td><td></td><td rowspan="10"></td></tr>
<tr><td colspan="2">未按规定程序开机，进样口、汽化室、柱温、检测器温度设置不正确，扣 2 分</td><td></td><td></td><td></td></tr>
<tr><td colspan="2">未等温度达到设定值即开 TCD 检测器，扣 2 分</td><td></td><td></td><td></td></tr>
<tr><td colspan="2">未正确设置 TCD 检测器桥电流，扣 2 分</td><td></td><td></td><td></td></tr>
<tr><td colspan="2">未及时保存工作程序文件、发送仪器参数，扣 2 分</td><td></td><td></td><td></td></tr>
<tr><td colspan="2">未充分预热，仪器性能未稳定、基线未平稳就进样，扣 2 分</td><td></td><td></td><td></td></tr>
<tr><td colspan="2">未规范使用进样针（润洗、排泡、取样），进样操作（护针、扎隔垫）不规范，扣 2 分</td><td></td><td></td><td></td></tr>
<tr><td colspan="2">进样后未及时按仪器面板或工作站的“开始”键采样或采样时间设置不正确，扣 2 分</td><td></td><td></td><td></td></tr>
<tr><td colspan="2">未正确保存和打印色谱图，扣 2 分</td><td></td><td></td><td></td></tr>
<tr><td colspan="2">采样结束后未正确设置降温参数，未及时关闭燃气和助燃气，关机顺序和方法不正确，扣 2 分</td><td></td><td></td><td></td></tr>
<tr><td rowspan="9">实验结果（40 分）</td><td rowspan="6">色谱图</td><td>正确设置积分时间范围，得 2 分</td><td></td><td></td><td></td><td></td></tr>
<tr><td>正确设置、优化积分最小峰面积，得 4 分</td><td></td><td></td><td></td><td></td></tr>
<tr><td>积分结果组分表定性组分名称设置正确，得 4 分</td><td></td><td></td><td></td><td></td></tr>
<tr><td>积分结果组分表组分保留时间及时更新，得 4 分</td><td></td><td></td><td></td><td></td></tr>
<tr><td>定量方法设置正确、组分浓度数据正确，得 4 分</td><td></td><td></td><td></td><td></td></tr>
<tr><td>正确输出和打印实验报告，得 2 分</td><td></td><td></td><td></td><td></td></tr>
<tr><td rowspan="3">准确度/%</td><td>相对误差 <1，得 20 分</td><td></td><td></td><td></td><td></td></tr>
<tr><td>相对误差 <5，得 10 分</td><td></td><td></td><td></td><td></td></tr>
<tr><td>相对误差 ≥5，得 0 分</td><td></td><td></td><td></td><td></td></tr>
<tr><td rowspan="5">安全文明结束工作（10 分）</td><td colspan="2">玻璃仪器不清洗，扣 2 分</td><td></td><td></td><td></td><td rowspan="6"></td></tr>
<tr><td colspan="2">废液废渣处理不规范，扣 2 分</td><td></td><td></td><td></td></tr>
<tr><td colspan="2">工作台不整理或玻璃仪器摆放不整齐，未恢复原样，扣 2 分</td><td></td><td></td><td></td></tr>
<tr><td colspan="2">安全防护用品未及时归还或摆放不整齐，扣 2 分</td><td></td><td></td><td></td></tr>
<tr><td colspan="2">未请实验指导老师检查工作台面就结束实验离开实验室，扣 2 分</td><td></td><td></td><td></td></tr>
<tr><td></td><td colspan="2">本项不计分，损坏玻璃仪器除按规定赔偿外，倒扣 10 分</td><td></td><td></td><td></td></tr>
<tr><td colspan="6">实验过程合计得分（总分 100 分）</td><td></td></tr>
</table>

目标检测

一、选择题

1. 相对保留值是指组分间的（　　）。

A. 调整保留值之比　　B. 死时间之比

C. 时间之比　　D. 体积之比

2. 气相色谱定量分析时（　　）要求进样量特别准确。

A. 内标法　　B. 外标法　　C. 面积归一法　　D. 标准加入法

3. 下列气相色谱仪的检测器中，属于质量型检测器的是（　　）。

A. 热导池和氢火焰离子化检测器　　B. 火焰光度和氢火焰离子化检测器

C. 热导池和电子捕获检测器　　D. 火焰光度和电子捕获检测器

4. 衡量色谱柱总分离效能的指标是（　　）。

A. 塔板数　　B. 分离度　　C. 分配系数　　D. 相对保留值

5. 气相色谱图中，与组分含量成正比的是（　　）。

A. 峰面积　　B. 相对保留值　　C. 峰宽　　D. 保留时间

6. 热导检测器的基本原理是依据被测组分与载气（　　）的不同。

A. 相对极性　　B. 电阻率　　C. 相对密度　　D. 导热系数

7. 目前，常用气—液色谱，起分离作用的固定液涂装在固定相担体中，各组分被分离的原理是（　　）。

A. 各组分溶解度不同　　B. 各组分电负性不同

C. 各组分颗粒大小不同　　D. 各组分吸附能力不同

8. 在用外标法测定样品中微量水分含量时，所用色谱柱的极性属于（　　）。

A. 非极性色谱柱　　B. 弱极性色谱柱

C. 中等极性色谱柱　　D. 强极性色谱柱

9. 气相色谱定量分析时，当样品中各组分不能全部出峰或在多种组分中只需定量分析其中几个组分时，可选用（　　）。

A. 归一化法　　B. 标准曲线法　　C. 内标法　　D. 比较法

10. 色谱法分离混合物的可能性决定于试样混合物在固定相中（　　）的差别。

A. 沸点差　　B. 温度差　　C. 吸光度　　D. 分配系数

二、判断题

1. （　　）在气—液色谱中首先流出色谱柱的组分是溶解能力强的。

2.（　　）气相色谱分析中，热导检测器的桥路电流和钨丝温度一定时，适当降低池体温度，可以提高灵敏度。

3.（　　）氢火焰离子化检测器是典型的非破坏型质量型检测器。

4.（　　）相对保留值仅与柱温、固定相性质有关，与操作条件无关。

5.（　　）当相邻组分分离度 $R=1$ 时，说明两组分已完全分开，色谱峰不重叠。

三、填空题

1. 色谱法是一种________技术。

2. 气相色谱的流动相称为________，使用最多的气源是________和________。

3. 当色谱柱中只有载气经过时，检测器记录的信号称为________。

4. 气—液色谱常用检测器有________、________、________、________、________等。

5. 在一定温度下，组分在固定相和流动相两相间分配达到平衡时的浓度比称为________，用符号________表示，它表示组分与固定相________的差异。

四、计算题

1. 两物质 A 和 B 在 30 cm 长的色谱柱上的保留时间分别为 16.40 min 和 17.63 min，有一不与固定相作用的物质，其在此柱上的保留时间为 1.30 min。物质 A 和 B 的峰底宽度分别为 1.11 min 和 1.21 min。请计算：（1）A 物质在该色谱柱的调整保留时间；（2）组分 B 在此柱上的分配比是多少；（3）以组分 B 计算色谱柱的理论塔板高度 H；（4）此色谱柱对 A、B 两物质的分离度 R，并判断两组分是否完全分离。

2. 一液体混合物中含有苯、甲苯、邻二甲苯、对二甲苯。用气相色谱法，以热导池为检测器进行定量，苯的峰面积为 1.26 cm^2、甲苯为 0.95 cm^2、邻二甲苯为 2.55 cm^2、对二甲苯为 1.04 cm^2。求各组分的质量分数。

已知相对质量校正因子：苯 0.780，甲苯 0.794，邻二甲苯 0.840，对二甲苯 0.812。

（提示：用归一化法）

项目十一

高效液相色谱法

任务引入

该项目有2个代表性工作任务。

阿莫西林是一种最常用的半合成青霉素类广谱抗生素，杀菌作用强，穿透细胞膜的能力强，是目前应用广泛的口服半合成青霉素之一，对其分散片有效成分的检测是药品质量监管的重要工作。

分析方法

阿莫西林的含量测定方法按照《中国药典》（2020年版，二部），采用高效液相色谱法。

高效液相色谱分析方法是以液体为流动相，借助高压输液泵获得相对较高流速、流量或压力恒定的液体以提高分离速度，采用颗粒极细的高效固定相制成的色谱柱进行分离和分析的一种分析方法。

技术上，流动相改为高压输送，输送压力可高达30～60 MPa，流速一般可达1～10 mL/min。使分析时间大大缩短，复杂试样一般少于1 h。色谱柱是以特殊的方法用小粒径的填料填充而成，从而使色谱柱的柱效大大提高。由于广泛采用高灵敏度的检测器，进一步提高了分析的灵敏度，如荧光检测器灵敏度可达10^{-11} g。另外，试样用样量少，一般为几个微升。所以高效液相色谱法具有高压、高速、高效、高灵敏度、适用范围广、试样用量少等特点。

任务目标

【知识、技能与素养】

知识	技能	素养
1. 能准确描述高效液相色谱仪的工作原理 2. 能准确说出高效液相色谱仪的结构组成 3. 能正确描述高效液相色谱仪的工作流程 4. 能根据组分性质选择合适的淋洗液和色谱柱 5. 能归纳分离条件的选择原则 6. 能正确解释梯度洗脱方法的原理与要求 7. 能正确简述高效液相色谱法的特点	1. 能正确开启、关闭高效液相色谱仪，能完成日常检查维护工作 2. 能正确配制流动相、标准溶液等 3. 能利用高效液相色谱仪完成样品的定性、定量分析	交流沟通 自我管理 计划组织 自主学习 安全意识 环保意识 劳动意识 科学规范 诚实守信 爱岗敬业 工匠精神

任务一　认识高效液相色谱仪

活动一　准备仪器与试剂

准备仪器

1. 高效液相色谱仪。
2. 减压过滤装置（配 0.45 μm 有机滤膜）。
3. 超声波发生器。
4. pH 计（配标准化生成的 pH 值为 6.86、4.00 的标准缓冲溶液）。
5. 微量进样器（平头进样针、100 μL，配 0.45 μm 过滤头）。
6. 实验室常用玻璃仪器。

准备试剂

磷酸二氢钾（分析纯）、氢氧化钾（分析纯）、乙腈（色谱纯）、阿莫西林对照品、超纯水。

活动二　认识仪器

根据实验室提供的高效液相色谱仪，完成表 11－1 的有关信息。

表 11－1　认识高效液相色谱仪

仪器名称				仪器型号		仪器编号	
储液瓶	个	体积	mL	高压泵	个	型号	
自动进样器	□有　型号： □无			柱温箱	□有　型号： □无		
紫外可见检测器	□有　型号： □无			荧光检测器	□有　型号： □无		
矩阵检测器	□有　型号： □无			自动脱气装置	□有　型号： □无		

必备知识

高效液相色谱仪基本组成系统如图 11－1 所示。

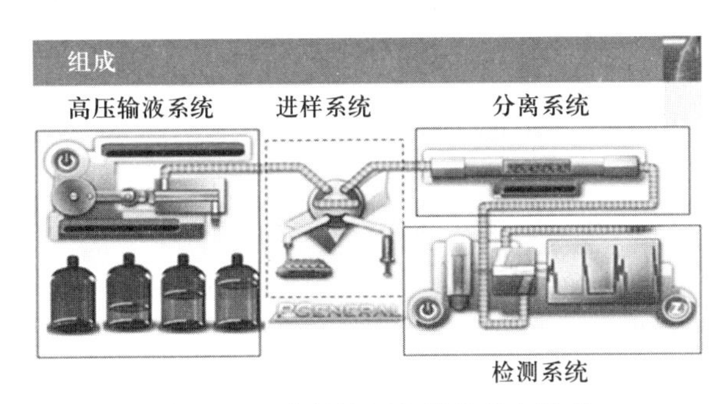

图 11－1　高效液相色谱仪基本组成

一、高压输液系统

高压输液系统一般包括储液器、高压输液泵、过滤器以及梯度洗脱装置等。高压输液泵是高效液相色谱仪的关键部件，其作用是将流动液体以相对稳定的流速或压力输送到色谱柱。高压输液泵按输液性能可分为恒压泵和恒流泵两类。目前，高效液相色谱仪普遍采用的是往复式恒流泵，特别是双柱塞型往复泵，具有液路缓冲器，可获得较高的流量稳定性，尤其适用于梯度洗脱。串联式柱塞往复泵部分可视部件如图 11－2 所示。

串联式柱塞往复泵的工作原理如图 11－3 所示。

并联式柱塞往复泵部分可视部件如图 11－4 所示。

并联式柱塞往复泵的工作原理如图 11－5 所示。

凸轮输液泵 CAD 模型如图 11－6 所示。凸轮定位及脉动阻尼功能，可实现低流量的稳定输出。

凸轮输液泵工作原理如图 11－7 所示。

输液系统还有一个重要功能是按程序设计，改变不同流动相的配比，一般是在分离过程中逐渐改变流动相组成，使流动相的强度（或极性）逐渐增强，从而达到分离复杂混合物组分的目的，这就是“梯度洗脱”。梯度洗脱又称为梯度淋洗或程序洗提。梯度洗脱可以缩短分析

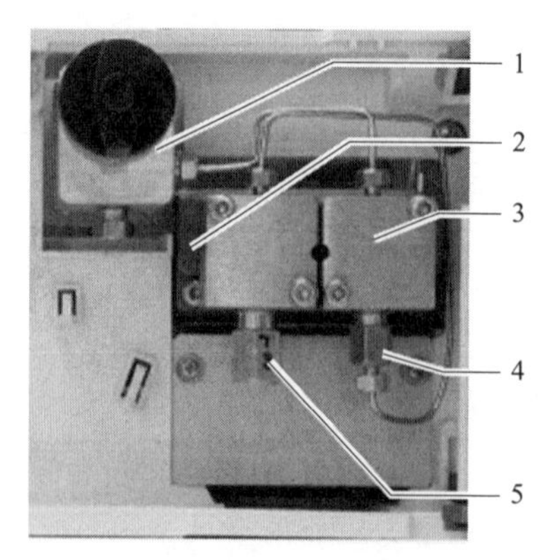

图 11－2　串联式柱塞往复泵部分可视部件

1—压力传感器　2—泵头固定器　3—高压泵头　4—副泵进口止回阀　5—主泵进口止回阀

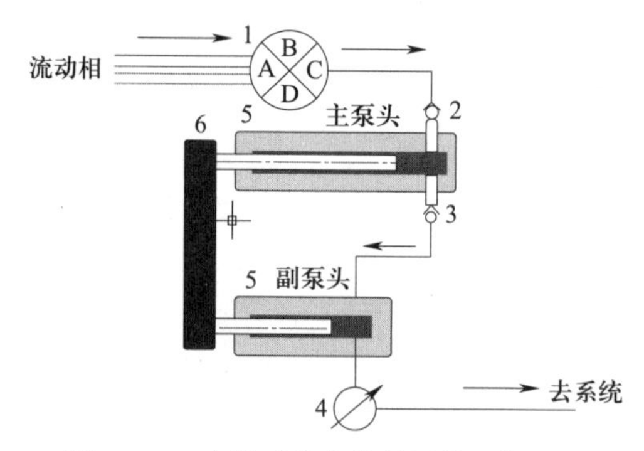

图 11－3　串联式柱塞往复泵的工作原理

1—流动相混合比例阀　2—进口止回阀　3—出口止回阀　4—脉冲阻尼器　5—泵活塞缸体　6—泵活塞杆体

图 11－4　并联式柱塞往复泵部分可视部件

1—压力传感器　2—高压泵头　3—泵头固定器　4—管道入口　5—单向阀（进）　6—单向阀（出）

周期，提高分离能力，改善峰型，提高检测灵敏度，但有时会引起基线漂移和降低重现性。梯度洗脱分为低压梯度和高压梯度。低压梯度又称为外梯度，是在低压状态下将两种或两种以上的流动相输入比例阀，混合后再由高压泵吸入增压输送到色谱柱，原理如图 11－8 所示。

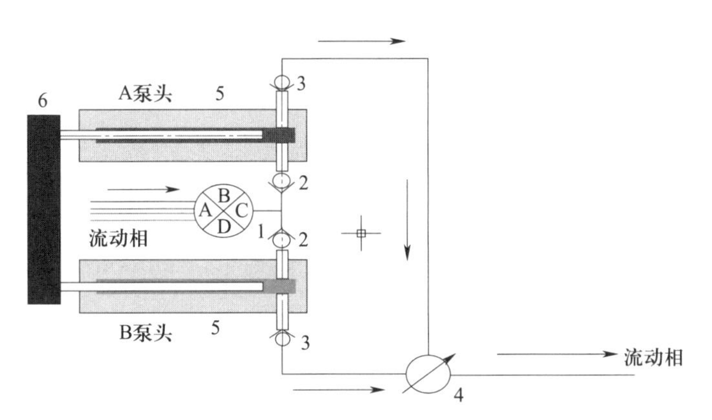

图 11-5　并联式柱塞往复泵的工作原理

1—流动相混合比例阀　2—进口止回阀　3—出口止回阀　4—脉冲阻尼器　5—泵活塞缸体　6—泵活塞杆体

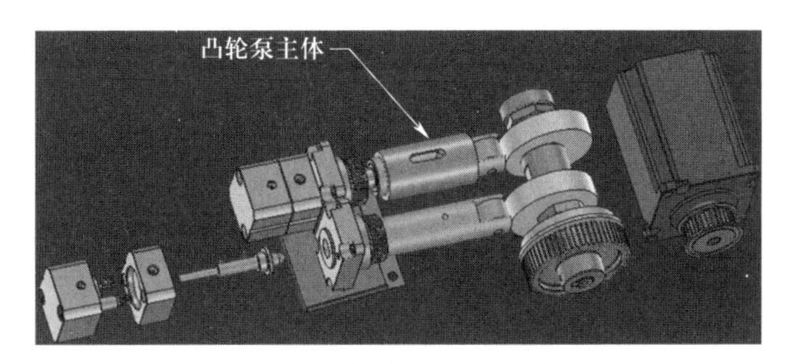

图 11-6　凸轮输液泵 CAD 模型图

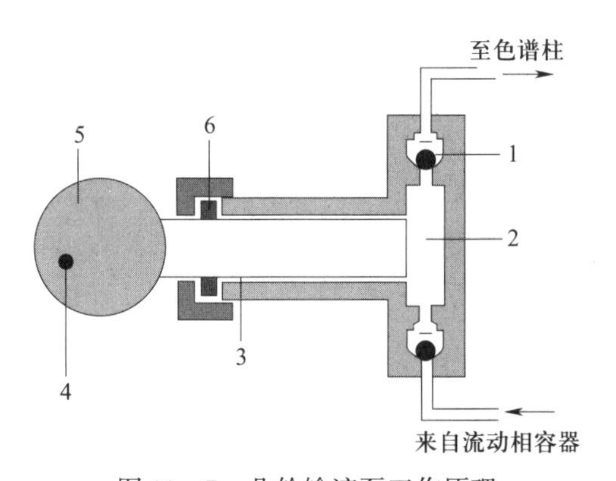

图 11-7　凸轮输液泵工作原理

1—单相阀　2—活塞缸　3—活塞　4—与电动机相连　5—偏心轮　6—密封垫

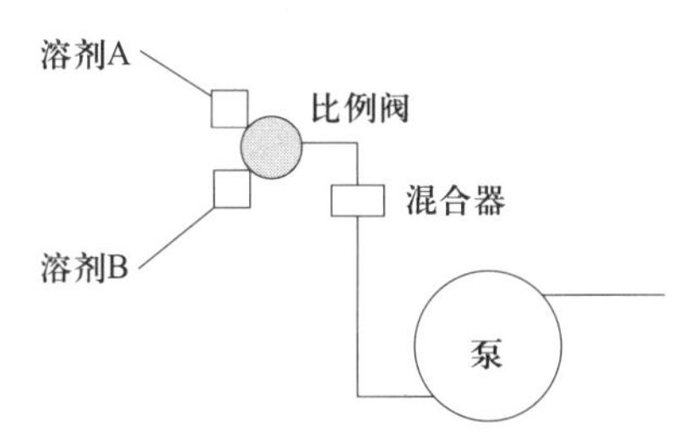

图 11-8　低压梯度洗脱原理

高压梯度是依靠每种流动相各自的高压泵将流动相增压后送入混合器，进行混合后再送入色谱柱。其原理如图 11－9 所示。

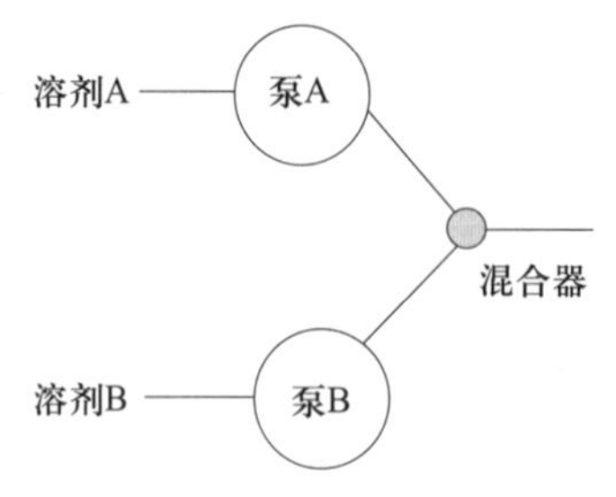

图 11－9　高压梯度洗脱原理

四元高压梯度洗脱液相系统配置如图 11－10 所示。

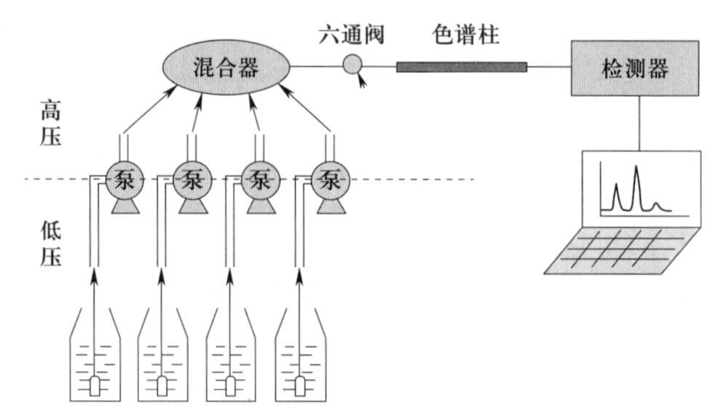

图 11－10　四元高压梯度洗脱液相系统配置示意图

二、进样系统

进样系统是将试样准确定量地送入色谱柱。进样系统分为手动进样和自动进样。手动进样器包括进样瓶、平头进样针和六通阀。进样瓶和平头进样针如图 11－11 所示。

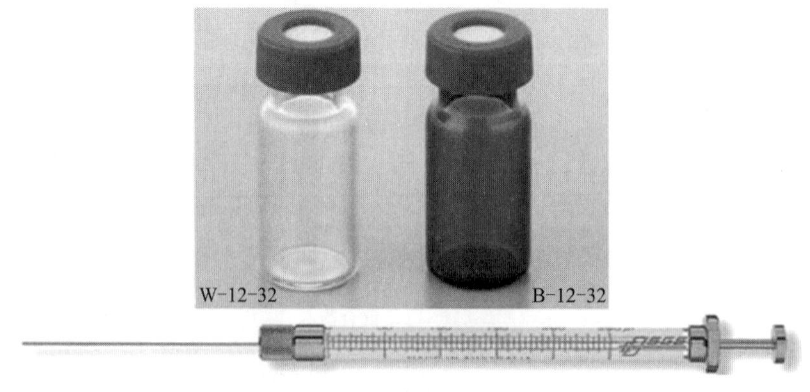

图 11－11　进样瓶和平头进样针

六通进样阀使用原理如图 11－12 所示，先将阀柄置于采样位置（LOAD），用平头进样针注入试样，多余的试样自动溢出。然后将六通阀手柄顺时针转动 60°至进样位置（INJECT），流动相与定量管接通，样品被流动相带到色谱柱进行分离。

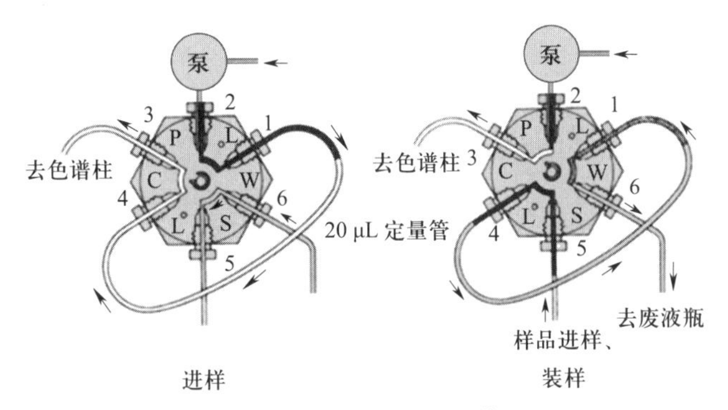

图 11－12　六通进样阀工作原理

1—定量环入口　2—泵液口　3—去色谱柱　4—定量环出口　5—样品入口　6—废液出口

六通进样阀实物图片如图 11－13 所示。

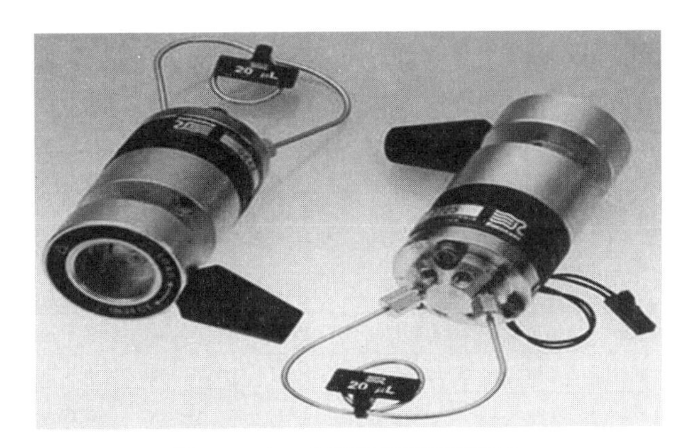

图 11－13　六通进样阀实物图片

自动进样器由计算机编程控制多个样品自动进样，适用于批量样品分析。

三、分离系统

分离系统的关键部件是色谱柱。色谱柱一端接进样器，一端接检查器。色谱柱实例如图 11－14 所示。

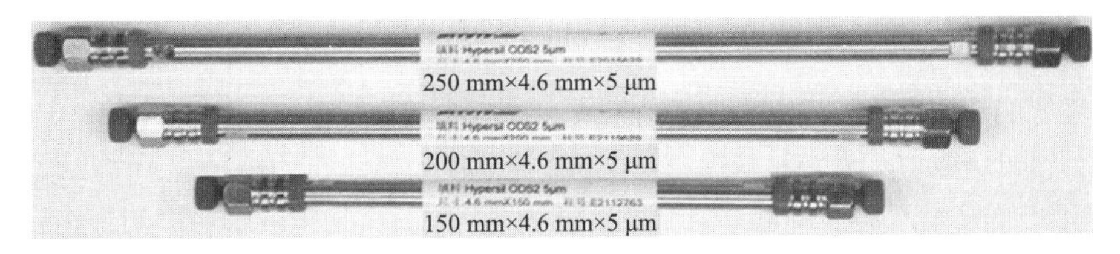

图 11－14　某型号色谱柱

为了保护色谱柱，在色谱柱入口端接入装有与色谱柱相同固定相的短柱（5～30 mm长），其可以方便地更换。

为了提高色谱柱柱效，改善色谱峰分离度，使峰形变窄，缩短保留时间，保证结果的准确性和重复性，可以为色谱柱配备恒温箱。

新型柱温箱采用交流电相位调制方式，功率控制可精确到1/65 000，结合数字PID整定技术，升温时间缩短到20 min以内。

液相色谱柱有许多专业公司生产，表11－2为某型号高效液相色谱分析柱。

表11－2　某型号高效液相色谱分析柱

氨基分析柱					C8分析柱				
键合相	长度	内径	粒径	部件编号	键合相	长度	内径	粒径	部件编号
氨基	50 mm	4.6 mm	3 μm	N9303502	C8	30 mm	4.6 mm	5 μm	N9303521
氨基	100 mm	4.6 mm	3 μm	N9303500	C8	100 mm	4.6 mm	5 μm	N9303515
氨基	150 mm	4.6 mm	3 μm	N9303501	C8	150 mm	4.0 mm	5 μm	N9303516
氨基	50 mm	4.6 mm	5 μm	N9303506	C8	150 mm	4.6 mm	5 μm	N9303517
氨基	100 mm	4.6 mm	5 μm	N9303503	C8	200 mm	4.6 mm	5 μm	N9303518
氨基	150 mm	4.6 mm	5 μm	N9303504	C8	250 mm	4.0 mm	5 μm	N9303519
氨基	250 mm	4.6 mm	5 μm	N9303505	C8	250 mm	4.6 mm	5 μm	N9303520
C18分析柱					PAH分析柱				
C18	30 mm	4.6 mm	3 μm	N9303509	PAH	100 mm	4.6 mm	5 μm	N9303527
C18	50 mm	4.6 mm	3 μm	N9303510	PAH	150 mm	3.2 mm	5 μm	N9303430
C18	100 mm	4.6 mm	3 μm	N9303507	PAH	150 mm	4.6 mm	5 μm	N9303529
C18	150 mm	4.6 mm	3 μm	N9303508	PAH	200 mm	4.6 mm	5 μm	N9303528
C18	100 mm	4.0 mm	5 μm	N9303511	PAH	250 mm	2.1 mm	5 μm	N9303530
C18	100 mm	4.6 mm	5 μm	N9303512	PAH	250 mm	4.6 mm	5 μm	N9303531
C18	150 mm	4.6 mm	5 μm	N9303513	PAH	100 mm	4.6 mm	5 μm	N9303527
C18	250 mm	4.6 mm	5 μm	N9303514	PAH	150 mm	3.2 mm	5 μm	N9303430
氰基分析柱					苯基分析柱				
Cyano	150 mm	4.6 mm	5 μm	N9303522	苯基	150 mm	4.6 mm	5 μm	N9303524
Cyano	250 mm	4.6 mm	5 μm	N9303523					
硅胶分析柱									
硅胶	150 mm	4.6 mm	5 μm	N9303525					
硅胶	250 mm	4.6 mm	5 μm	N9303526					

四、检测系统

检测系统的作用是将柱流出物中样品组成和含量的变化转化为可供检测的信号，常用检测器有紫外可见吸收、荧光、示差折光、化学发光检测器等。

紫外可见吸收检测器（ultraviolet-visibledetector，UVD）是HPLC中应用最广泛的检测器，几乎所有的液相色谱仪都配有这种检测器。其特点是灵敏度较高，线性范围宽，噪声低，适用于梯度洗脱，对强吸收物质检测限可达1 ng，检测后不破坏样品，可用于制备标准

试剂，并能与任何检测器串联使用。紫外可见检测器的工作原理与结构和一般分光光度计相似。

五、数据处理和计算机控制系统

数据处理系统有数据记录、图谱积分、定量计算和输出分析报告等功能。控制系统可实现泵流量、检查器检测波长、柱箱温度、自动进样、系统安全等多种操作参数的控制，保证仪器各系统协调、高效工作。

活动三　配制流动相

一、双泵模式

取磷酸二氢钾 13.6 g，加水溶解后稀释到 2 000 mL，配成 0.05 mol/L 磷酸盐缓冲液，用 8 mol/L 氢氧化钾溶液调节 pH 值至 5.0 ±0.1，过滤、装 A 储液瓶超声脱气，乙腈过滤、装 B 储液瓶超声脱气，按磷酸盐缓冲溶液∶乙腈（96∶4）设置流动相。

二、单泵模式

取磷酸二氢钾 13.6 g，加水溶解后稀释到 2 000 mL，配成 0.05 mol/L 磷酸盐缓冲液，用 8 mol/L 氢氧化钾溶液调节 pH 值至 5.0 ±0.1，按磷酸盐缓冲液∶乙腈（96∶4）的比例装入储液瓶摇匀，过滤、超声脱气。

必备知识

液相色谱柱固定相的粒径一般不超过 5 μm，流动相使用前必须过滤和脱气。过滤是为了除去流动相中的杂质，保护系统和柱子。脱气是为了除去流动相中的气泡，降低色谱分析的基线噪声。过滤装置如图 11－15 所示，所用滤膜见表 11－3。

图 11－15　流动相减压过滤装置

表 11－3 HPLC 流动相过滤膜，47 mm

产品编号	产品说明	包装
66557	0.2 μm，GH Polypro（GHP）膜	100 片/包装
66548	0.45 μm，GH Polypro（GHP）膜	100 片/包装
60301	0.2 μm，Supor（PES）膜	100 片/包装
60173	0.45 μm，Supor（PES）膜	100 片/包装
66557	0.2 μm，GH Polypro（PP）膜	100 片/包装
66548	0.45 μm，GH Polypro（PP）膜	100 片/包装
66143	0.2 μm，TF（PTFE）膜	100 片/包装
66149	0.45 μm，TF（PTFE）膜	100 片/包装
66602	0.2 μm，Nylaflo（尼龙）膜	100 片/包装
66608	0.45 μm，Nylaflo（尼龙）膜	100 片/包装

注：GHP 膜是过滤流动相的首选膜，聚四氟乙烯（PTFE）膜具有极佳的化学兼容性，适于过滤腐蚀性很强的化学制品和 HPLC 流动相。

现在一般使用超声波振荡脱气，超声波振荡脱气装置如图 11－16 所示。

脱气分为超声波振荡脱气和在线连续脱气。超声波振荡脱气，脱气率大约为 30%，在使用过程中，又会有气体溶入流动相。在线连续脱气，脱气率大约为 70%，效果好。在线连续脱气是现有的最佳脱气方式。在线连续脱气组件一般都是选配的。超声波振荡脱气时，将装有配制好的流动相储液瓶放入装有水的超声波振荡器中，脱气 15～20 min 即可。经过过滤和脱气后，可以将连接好仪器的流动相软管安装有过滤头的一端浸入流动相。装有过滤头的软管如图 11－17 所示。

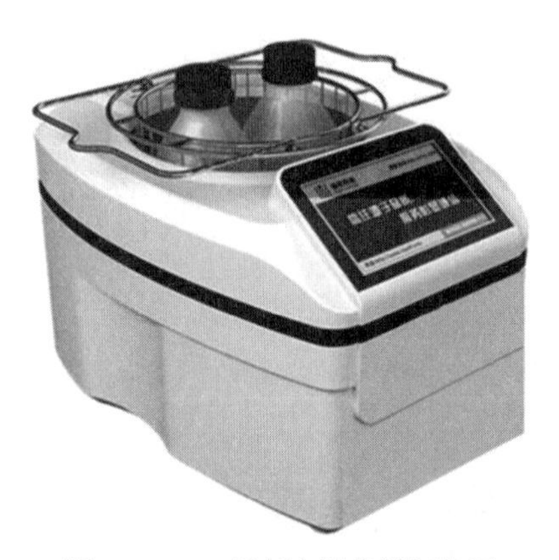

图 11－16 超声波振荡脱气装置

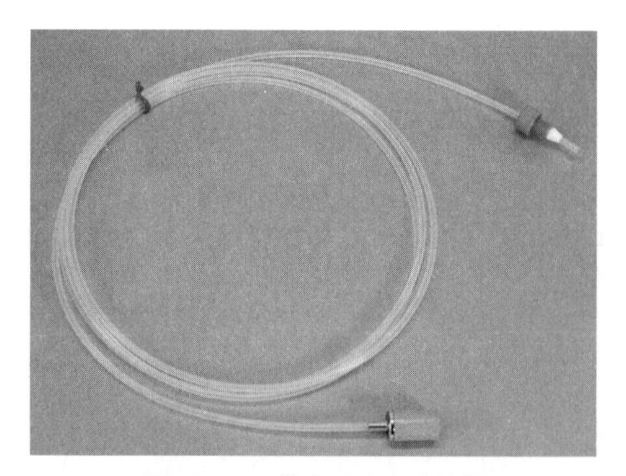

图 11－17 装有过滤头的软管

活动四 系统适用性试验

一、配制对照品溶液

取阿莫西林对照品约 25 mg，置于 50 mL 容量瓶中，用流动相溶解并稀释至刻度，摇匀。

二、启动仪器

1. 开机

检查流动相是否足够，开机进行自检。

2. 排气泡

打开泵上的旁通阀，按 purg 键，通过旁通阀排除流路中泵之前的气泡，关闭旁通阀，继续按 purg 键，排除连接色谱柱的接头之前管线中的气泡之后。关闭 purg 键，关闭旁通阀。

3. 打开色谱工作站，设置相应的色谱参数

流速：1.0 mL/min。

检测波长：254 nm。

4. 运行仪器，走基线。

三、系统适用性试验

用进样针吸取约 2 mL 对照品溶液，套上 0.45 μm 过滤头，用 1.5 mL 进样瓶收集约 1 mL 对照品溶液，用 100 μL 微量平头进样针吸取 20 μL 对照品溶液注入六通阀（有自动进样器按操作说明书进行）。比较记录的色谱图与标准图谱是否一致，理论板数按阿莫西林峰计算应不低于 1 700。

必备知识

高效液相色谱分离原理

根据分离机理，高效液相色谱可分为液—固吸附色谱、液—液分配色谱、键合相色谱、凝胶色谱、离子色谱等。这里主要介绍前 3 种。

一、液—固吸附色谱

1. 分离原理

液—固吸附色谱是基于各组分吸附能力的差异进行混合物分离的。其固定相是固体吸附剂，是一些多孔性的微粒物质，当试样随流动相通过吸附剂时，由于固定相对流动相和试样中各组分的吸附能力不同，与吸附剂结构和性质相似的组分易被吸附，吸附能力强，呈现高保留值，后流出色谱柱，后出峰；反之，与吸附剂结构和性质差异较大的组分不易被吸附，吸附能力弱，先流出色谱柱，先出峰。

2. 固定相与流动相

固定相中的极性吸附剂常用的有氧化铝、硅胶、硅酸镁、氧化镁、分子筛和聚酰胺等。目前，全多孔型硅胶微粒固定相由于其表面积大、柱效高而成为液—固吸附色谱中使用最广泛的固定相，全多孔型硅胶微粒粒径为 5 ~ 10 μm。固定相的非极性吸附剂最常用是高强度多孔微粒活性炭，近年来开始使用 5 ~ 10 μm 的多孔石墨化炭黑。

流动相即洗脱液（又称载液）是非常重要的。使用时优先选择黏度小、不溶解试样、不与试样发生吸附反应的洗脱液。选择洗脱液还应考虑洗脱液的极性和强度。洗脱液的强度是指溶剂洗脱色谱柱内组分的能力，用参数 ε^0 表示，ε^0 是指固定相的表面积为一个单位面积时溶剂所具有的吸附能力，ε^0 越大，洗脱能力越强，表明流动相的极性越强。表 11－4 列出了常用流动相的强度参数。

表 11－4　常用流动相的强度参数

溶剂	己烷	氯仿	乙酸乙酯	甲醇	水	乙酸
溶剂强度 ε^0	0.00	0.26	0.38	0.73	>0.73	>0.73

在洗脱过程中，有时采用二元或多元组合溶剂作为流动相，以灵活调节流动相的极性，增加洗脱的选择性，以改进分离或调整出峰时间，该洗脱方式称为梯度洗脱。适用于组分复杂的样品，在分离过程中逐渐增加 ε^0 值。

液—固吸附色谱常用于极性不同的化合物、异构体的分离与检测，如二氯代苯的保留时间如图 11－18 所示。

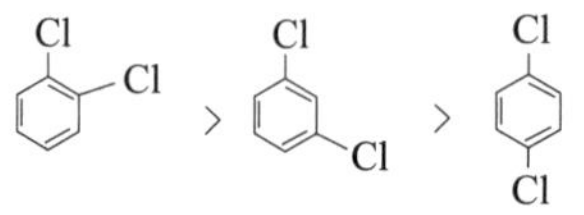

图 11－18　二氯代苯的保留时间

液—固吸附色谱法使用的流动相主要为非极性的烃类（如己烷、庚烷等），某些极性有机溶剂作为缓和剂加入其中（如二氯甲烷、甲醇等），极性越大的组分保留时间越长。

二、液—液分配色谱

液—液分配色谱是利用混合物中各组分在固定相和流动相中溶解度的差异进行分离的。流动相和固定相均为液体，但互不相溶。液—液分配色谱的分离原理遵守分配定律，分配系数 K 值小的组分，在柱中保留时间短，先流出色谱柱，先出峰；K 值大的，后出峰。

依据固定相和流动相的相对极性不同，液—液分配色谱可分为以下两种：

1. 正相液相色谱法（NPLC）

固定相的极性大于流动相的极性，流动相的主体为非极性的己烷、庚烷。适用于极性组分的分离。

2. 反相液相色谱法（RPLC）

固定相的极性小于流动相的极性，流动相的主体为极性的水。适用于非极性组分的分离。

在主体流动相里加入不同极性的溶剂，可以改变流动相对不同组分的洗脱能力。常用溶剂的极性顺序：水（极性最大）> 甲酰胺 > 乙腈 > 甲醇 > 乙醇 > 丙醇 > 丙酮 > 二氧六环 > 四氢呋喃 > 甲乙酮 > 正丁醇 > 醋酸乙酯 > 乙醚 > 异丙醚 > 二氯甲烷 > 氯仿 > 溴乙烷 > 苯 > 氯丙烷 > 甲苯 > 四氯化碳 > 二硫化碳 > 环己烷 > 己烷 > 庚烷 > 煤油（极性最小）。

三、键合相色谱

键合相色谱是将不同的有机官能团通过化学反应，共价键合到硅胶载体表面的游离羟基上，生成化学键固定相的色谱分析方法。由于键合固定相非常稳定，在使用中不易流失，且键合到载体表面的官能团可以是各种极性的，因此，它适用于各种样品的分离与检测。目前键合固定相色谱已逐渐取代液—液分配色谱，获得了日益广泛的应用，在高效液相色谱中具有极其重要的地位。

根据键合固定相与流动相相对极性的强弱，键合相色谱可分为：

1. 正相键合相色谱

键合固定相的极性大于流动相的极性，适用于分离油溶性或水溶性的极性与强极性化合物。

2. 反相键合相色谱

键合固定相的极性小于流动相的极性，适用于分离非极性、极性或离子型化合物。

正相键合相色谱的分离原理与液—液分配色谱相似。固定相用极性有机基团如氰基（—CN）、氨基（—NH_2）等键合在硅胶表面制成，试样组分在固定相的分配与分离遵守分配定律。

反相键合相色谱的分离原理可用疏溶剂理论来解释。固定相用极性较小的有机基团如苯基、烷基等键合在硅胶表面制成。疏溶剂理论认为：键合在硅胶表面的非极性或弱极性基团具有较强的疏水性，当用极性溶剂作流动相来分离含有极性官能团的有机化合物时，一方面组分分子中的非极性部分与疏水基团产生缔合作用，使它保留在固定相中；另一方面，组分分子中极性部分受到极性流动相的作用，促使组分分子解缔，离开固定相。这种缔合和解缔能力的差异，使各组分流出色谱柱的时间不一样，从而达到分离的目的。

正相键合相色谱多用于分离各类极性化合物如燃料、炸药、氨基酸和药物等。正相色谱柱多以硅胶为柱填料。根据外形可分为无定型和球型两种，其颗粒直径在 3 ~ 10 μm 的范围内。另一类正相色谱柱的填料是硅胶表面键合—CN，—NH_2 等官能团即所谓的键合相硅胶。反相键合相色谱由于操作简单、稳定性好和重现性好，已成为一种通用型液相色谱分析方法，高效液相色谱中，约 70% ~80% 的分析任务是由反相键合相色谱来完成的。反相色谱柱主要是以硅胶为基质，在其表面键合十八烷基官能团（ODS）的非极性填料。也有无定型和球型之分。反相色谱柱常用的其他的反相填料还有键合 C_8、C_4、C_2、苯基等，其颗粒粒径在 3 ~ 10 μm 之间。

在液相色谱中，目前由于十八烷基（简称 ODS 或简写为 C_{18}）能够用于多种化合物的分离，因此它是最常选用的固定相。

正相键合相色谱的流动相通常采用烷烃（如己烷）加适量极性调节剂（如乙醚、甲基叔丁基醚、氯仿等）混合而成。反相键合相色谱的流动相一般以极性最大的水为主，加入甲醇、乙腈、四氢呋喃等极性调节剂。极性调节剂的性质及其与水的混合比例对溶质的保留值和分离选择性有显著影响。一般情况下，甲醇—水系统已能满足多数试样的分离要求，且其黏度小、价格低，是反相键合相色谱法最常用的流动相。若甲醇—水系统无法满足分离的要求，可选用乙腈—水系统。因为与甲醇相比，乙腈的溶解强度较高且黏度较小，因此，综合来看乙腈—水系统优于甲醇—水系统。但是乙腈的毒性是甲醇的 5 倍，是乙醇的 25 倍，使用时应注意安全。

任务二　外标法测定化学合成药物阿莫西林有效成分的含量

活动一　准备仪器与试剂

准备仪器

1. 高效液相色谱仪（HPLC）。
2. 色谱柱：十八烷基硅烷键合硅胶为填充剂（ODS）。
3. 减压抽滤装置。
4. 超声脱气装置。
5. 滤膜（0.45 μm）、过滤头（0.45 μm）。
6. 平头进样针（或自动进样器）。
7. 实验室常用成套玻璃仪器。
8. 研钵、镊子、棉花。

准备试剂

磷酸二氢钾（分析纯）、氢氧化钾（分析纯）、乙腈（色谱纯）、阿莫西林对照品、阿莫西林胶囊。

活动二　配制溶液

一、检查流动相和对照品溶液

检查流动相、对照品溶液（0.5 mg/mL）是否足够，不够应及时配制补充，确保实验正常进行。

二、配制供试品溶液

取阿莫西林胶囊 5 粒，准确称量后取出内容物，研匀。精密称量粉末 25 mg，置于 50 mL

容量瓶中，用流动相稀释至刻度，备用。

同时，用少许棉花将胶囊壳中残留药物拭尽，准确称取空胶囊壳的质量，并算出 5 粒胶囊内容物的质量，进一步算出平均装量。

活动三　分析检测

一、色谱条件

1. 色谱柱：十八烷基硅烷键合硅胶色谱柱（ODS）。
2. 流动相：0.05 mol/L 磷酸盐溶液（pH = 5.0）∶乙腈（96∶4）。
3. 检测波长：254 nm。
4. 进样体积：20 μL。

二、进样分析

检查管路是否有气泡，注意松开泵上的旁路阀排气泡，走基线，待基线平稳后，分别放进对照品溶液和供试品溶液，记录、保存色谱图，处理实验数据，计算供试品阿莫西林含量。

三、结束实验

所有进样结束后，需对管路系统进行清洗，建议先用色谱甲醇或乙腈进行冲洗，包括色谱柱，冲洗时间不少于 10 min，若仪器较长时间不用，建议按说明书中仪器维护指南进行清洗。

活动四　数据记录与处理

1. 将供试品溶液峰和对照品溶液峰高填写在下表，并计算出供试品质量分数。见表 11－5。

表 11－5　　原始记录

项目	A			ω/%				
	1	2	平均值	相对于对照品 1		相对于对照品 2		平均值
对照品 1								
对照品 2								
供试品 1								
供试品 2								

2. 按下式计算阿莫西林质量分数：

$$c_{供试} = c_{对照} \times \frac{A_{供试}}{A_{对照}}$$

$$\omega = \frac{c_{供试} \times 50 \times m_{平均装量}}{m_{称样量} \times m_{胶标示}} \times 100\%$$

式中 $A_{供试}$——供试品溶液峰面积；

$A_{对照}$——对照品溶液峰面积；

$c_{供试}$——供试品溶液浓度，mg/mL；

$c_{对照}$——对照品的浓度，mg/mL；

$m_{平均装量}$——称取胶囊的平均装样质量；

$m_{称样量}$——称取的样品粉末定容用的质量；

$m_{胶标示}$——胶囊的样品含量的标示值，mg；

50——容量瓶的体积，mL。

过程评价

过程评价见表 11－6。

表 11－6　过程评价

操作项目	不规范操作项目名称	评价结果			
		是	否	扣分	得分
溶液的配制（20 分）	不看水平，扣 2 分				
	不清扫或校正天平零点后清扫，扣 2 分				
	称量开始或结束时零点不校正，扣 2 分				
	直接用手拿称量瓶或滴瓶，扣 2 分				
	将称量瓶或滴瓶放在桌子台面上，扣 2 分				
	称量时或敲样时不关门，或开关门太重，扣 2 分				
	称量物品洒落在天平内或工作台上，扣 2 分				
	离开天平室，物品留在天平内或放在工作台上，扣 2 分				
	称量物称样量不在规定量 ±5% 以内，扣 2 分				
	重称，扣 4 分				
玻璃器皿试漏洗涤（10 分）	需试漏的玻璃仪器容量瓶等未正确试漏，扣 2 分				
	烧杯挂液，扣 2 分				
	移液管挂液，扣 2 分				
	容量瓶挂液，扣 2 分				
	玻璃仪器不规范书写粘贴标签，扣 2 分				
容量瓶定容操作（10 分）	试液转移操作不规范，扣 2 分				
	试液溅出，扣 2 分				
	烧杯洗涤不规范，扣 2 分				
	稀释至刻度线不准确，扣 2 分				
	2/3 处未平摇或定容后摇匀动作不正确，扣 2 分				

续表

操作项目	不规范操作项目名称	评价结果			
		是	否	扣分	得分
仪器操作（40分）	配制流动相错误，扣5分				
	更换流动相错误，扣5分				
	接色谱柱错误，扣5分				
	排气泡错误，扣5分				
	参数设置错误，扣5分				
	进样操作错误，扣5分				
	清洗色谱柱错误，扣5分				
	关机错误，扣5分				
数据记录及处理（10分）	未在规定的记录纸上记录，扣2分				
	计算错误，扣4分				
	有效数字位数保留不正确，扣4分				
安全文明结束工作（10分）	玻璃仪器不清洗，扣2分				
	废液废渣处理不规范，扣2分				
	工作台不整理或玻璃仪器摆放不整齐未恢复原样，扣2分				
	安全防护用品未及时归还或摆放不整齐，扣2分				
	未请实验指导老师检查工作台面就结束实验离开实验室，扣2分				
	本项不计分，损坏玻璃仪器除按规定赔偿外，倒扣10分				
实验过程合计得分（总分100分）					

知识拓展

离子色谱

离子色谱（以下简称IC）是高效液相色谱（简称HPLC）的一种，常用来分析阴阳离子。

离子色谱的构成与HPLC相同，仪器由流动相传送部分、分离柱、检测器和数据处理系统组成。其主要不同之处是IC的流动相要求耐酸碱腐蚀。因此，凡是流动相通过的管道、阀门、泵、柱子及接头等不仅要求耐压高，而且要求耐酸碱腐蚀，通常采用PEEK材料的全塑料IC系统。全塑料系统和用微机控制的高精度无脉冲双往复泵，用色谱工作站控制仪器的全部功能和作数据处理，以及在0～14的整个pH值范围内和（0～100%）与水互溶的有机溶剂中性能稳定的柱填料和液体管道系统是现代离子色谱系统的主要特点。

离子色谱的最重要部件之一是分离柱。柱管材料是惰性的，一般在室温下使用。抑制器是抑制型电导检测器的关键部件，检测阴离子的抑制器装有阳离子交换膜，可让阳离子透过阳离子交换膜变成废液。检测阳离子的抑制器装有阴离子交换膜，可让阴离子透过阴离子交换膜变成废液。

某离子色谱仪如图 11－19 所示。离子色谱仪阴离子分析的工作原理如图 11－20 所示。

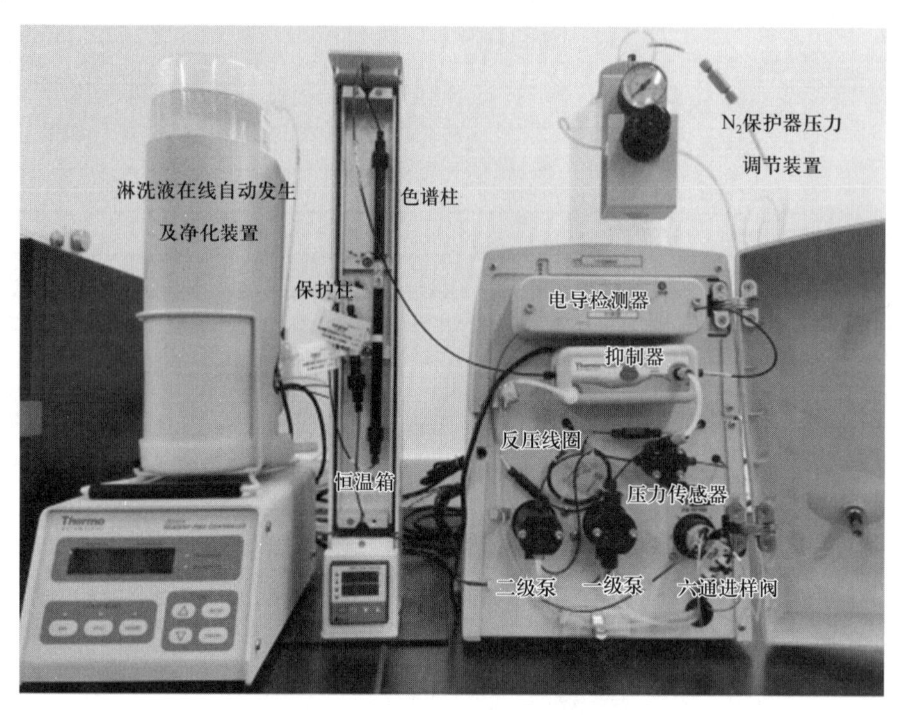

图 11－19　离子色谱仪实物图

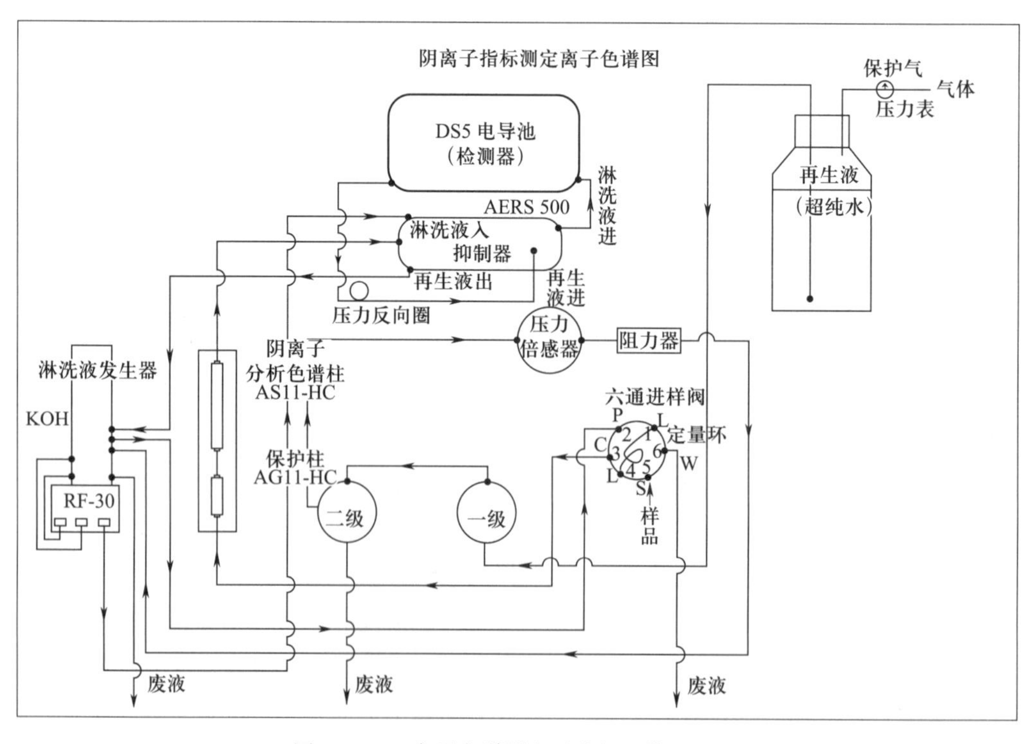

图 11－20　离子色谱阴离子分析工作原理图

目标检测

一、选择题

1. 高效液相色谱仪与气相色谱仪相比增加了（　　）。

A. 检测器　　B. 恒温器　　C. 高压输液泵　　D. 程序升温

2. 高效液相色谱分离柱的长度一般在（　　）之间。

A. 10～30 cm　　B. 20～50 m

C. 1～2 m　　D. 2～5 m

3. 高效液相色谱仪的通用型检测器是（　　）。

A. 紫外可见吸收检测器　　B. 示差折光检测器

C. 热导池检测器　　D. 火焰光度检测器

4. 液相色谱流动相过滤时常用孔径为（　　）μm 的过滤膜。

A. 0.5　　B. 0.45　　C. 0.6　　D. 0.55

5. 描述“梯度洗脱”正确的是（　　）。

A. 从分离开始到结束，使流动相的强度（或极性）逐渐增强

B. 从分离开始到结束，使流动相的强度（或极性）逐渐减弱

C. 从分离开始到结束，可根据需要随意调整流动相的强度

D. 从分离开始到结束，可任意改变流动相的强度

6. 描述高压洗脱正确的是（　　）。

A. 溶剂 A、B 先按比例混合，再加压

B. 溶剂 A 先加压，再按比例与溶剂 B 混合

C. 溶剂 B 先加压，再按比例与溶剂 A 混合

D. 溶剂 A、B 先加压，再按比例混合

7. 在 HPLC 中，关于 ODS 正确的是（　　）。

A. 是正相键合相色谱的固定相　　B. 是非极性固定相

C. 是硅胶键合辛烷基得到的固定相　　D. 是高分子多孔微球

8. 在反向键合液相色谱中，流动相可选用（　　）。

A. 水　　B. 甲醇—水　　C. 缓冲盐溶液　　D. 乙醚

9. 液—液分配色谱法的分离原理是利用混合物中各组分在固定相和流动相中溶解度的差异进行分离的，分配系数大的组分（　　）大。

A. 峰高　　B. 峰面　　C. 峰宽　　D. 保留值

10. 在高效液相色谱中，紫外可见检测器的最低检出量可达（　　）g。

A. 10^{-3}　　B. 10^{-6}　　C. 10^{-9}　　D. 10^{-11}

二、判断题

1.（　　）在液相色谱分析中，选择流动相组分的比例比选择柱温更重要。

2.（　　）高效液相色谱中，分离系统主要包括色谱柱管、固定相和柱箱。

3.（　　）液相色谱，流动相的最高输送压力可达 60 MPa，流速可达 10 mL/min。

4.（　　）液相色谱中，串联式柱塞往复泵的两个泵头有主次之分。

5.（　　）液相色谱中，高压洗脱是先将流动相组分混合后，再用高压泵增压。

6.（　　）液相色谱中，过滤甲醇流动相时，要用亲水性的过滤膜。

7.（　　）液相色谱的流动相配置完成后应先进行超声波振荡脱气，再进行过滤。

8.（　　）液相色谱中，色谱柱清洗时，应该打开输液泵排空阀；流动相及管路系统有气泡，冲洗时应关闭输液泵排空阀。

9.（　　）高效液相色谱中，各组分的分离是基于各组分吸附力的不同。

10.（　　）高效液相色谱分析中，固定相极性大于流动相极性称为正相色谱法。

三、填空题

1. 高效液相色谱法具有________、________、________、________、适用范围广、试样用量少等特点。

2. 高效液相色谱仪一般由________系统、________系统、________系统、________系统、数据处理和计算机控制系统组成。

3. 凸轮输液泵主要由________、________、________、________和活塞缸组成。

4. 六通进样阀采样时，先将阀柄置于________位置，用平头针注入试样，多余的试样自动溢出。然后将六通阀手柄________针转动________置于________，流动相与________接通，样品被流动相带到色谱柱进行分离。

5. 液相色谱常用的检测器有________、________、________、化学发光等检测器。________检测器对强吸收物质检测限可达 1 ng，检测时________破坏样品。

6. 在液—固吸附色谱中，对复杂组分样品的分析，常用梯度洗脱，梯度洗脱的含义是________________________。常用硅胶和氧化铝固定相的洗脱液是________和________的混合物，通过调节不同的配比，配成不同极性的洗脱液，提高吸附、分离的选择性。吸附能力强的，呈现________保留值，后流出色谱柱，________出峰。

7. 键合相色谱中，正相键合相色谱法是指键合固定相的极性________流动相的极性，适用于分离________或________的极性与强极性化合物；反相键合相色谱法是指键合固定相的极性________流动相的极性，适用于分离非极性、极性或离子型化合物。非极性烷基键合相目前应用广泛，尤其是________反相键合相（简称 DOS）应用最广。

8. 正相键合相色谱的流动相的主体成分是________或________，反相键合相色谱的流动相的主体成分是________。实际使用中，一般采用________________体系已能满足多数样品的分离要求。

四、计算题

1. 用高效液相色谱法测定吲哚二羧酸中主要成分的含量，已知在分析条件下所有组分都出峰，且分离完全，根据测定数据计算吲哚二羧酸中主要成分（出峰时间在 5.7 min 左右）的含量。

序号	1	2	3	4	5
保留时间/min	3.54	3.96	4.82	5.72	7.15
峰面积/mV · min	7 620	11 694	4 605	5 325 106	4 372

2. 用液相色谱法测定叶酸片（5 mg/片）中叶酸含量。称取对照品 5 mg，加30 mL 0.5%氨水溶解，用水定容至50 mL，20 μL 进样得叶酸峰面积为92 800；另取已研成粉末的叶酸片剂91.5 mg，同法测定得叶酸峰面积为91 750，已知平均片重为92.2 mg，求叶酸片剂的质量分数。

附录一

常用指示剂

1. 酸碱指示剂

指示剂名称	pH 值变色范围	颜色变化	溶液配制方法
甲基黄	2.9～4.0	红～黄	0.1%乙醇（90%）溶液
溴酚蓝	3.0～4.6	黄～蓝	0.1 g 指示剂溶于 100 mL 20%乙醇中
甲基橙	3.1～4.4	红～黄	1 g/L 水溶液
溴甲酚绿	3.8～5.4	黄～蓝	0.1 g 指示剂溶于 100 mL 20%乙醇中
甲基红	4.4～6.2	红～黄	0.1 g 或 0.2 g 指示剂溶于 100 mL 20%乙醇中
溴百里酚蓝	6.0～7.6	黄～蓝	0.05 g 指示剂溶于 100 mL 20%乙醇中
中性红	6.8～8.0	红～亮黄	0.1 g 指示剂溶于 100 mL 20%乙醇中
酚酞	8.2～10.0	无色～淡红	0.1 g 或 1 g 指示剂溶于 90 mL 乙醇中，加水至 100 mL
百里酚酞	9.4～10.6	无色～蓝	0.1 g 指示剂溶于 90 mL 乙醇中，加水至 100 mL

2. 混合指示剂

指示剂名称	变色点 pH 值	颜色		指示剂溶液组成
		酸式色	碱式色	
甲基橙—靛蓝二磺酸	4.1	紫	黄绿	一份 1 g/L 的甲基橙溶液 一份 2.5 g/L 的靛蓝（二磺酸）水溶液
溴百里酚绿—甲基橙	4.3	黄	蓝绿	一份 1 g/L 的溴百里酚绿钠盐水溶液 一份 2 g/L 的甲基橙水溶液
溴甲酚绿—甲基红	5.1	酒红	绿	三份 1 g/L 的溴甲酚绿乙醇溶液 两份 2 g/L 的甲基红乙醇溶液

续表

指示剂名称	变色点 pH 值	颜色		指示剂溶液组成
		酸式色	碱式色	
甲基红—亚甲基蓝	5.4	红紫	绿	一份 2 g/L 的甲基红乙醇溶液 一份 1 g/L 的亚甲基蓝乙醇溶液
溴甲酚紫—溴百里酚蓝	6.7	黄	蓝紫	一份 1 g/L 的溴甲酚紫钠盐水溶液 一份 1 g/L 的溴百里酚蓝钠盐水溶液
中性红—亚甲基蓝	7.0	紫蓝	绿	一份 1 g/L 的中性红乙醇溶液 一份 1 g/L 的亚甲基蓝乙醇溶液
溴百里酚蓝—酚红	7.5	黄	绿	一份 1 g/L 的溴百里酚蓝钠盐水溶液 一份 1 g/L 的酚红钠盐水溶液
甲酚红—百里酚蓝	8.3	黄	紫	一份 1 g/L 的甲酚红钠盐水溶液 三份 1 g/L 的百里酚蓝钠盐水溶液

3. 金属指示剂

指示剂名称	适合 pH 值范围	颜色		直接测定离子举例	配制方法
		In	MIn		
铬黑 T（EBT）	7～10	蓝	红	Mg^{2+}、Zn^{2+}	1 g 铬黑 T 与 100 g NaCl 研细混匀，将 0.2 g 铬黑 T 溶于 15 mL 三乙醇胺及 5 mL 甲醇中
钙指示剂（N. N）	10～13	蓝	酒红	Ca^{2+}	0.5 g 钙指示剂与 100 g NaCl 研细混匀
二甲酚橙（XO）	<6	黄	紫红	Bi^{3+}、Pb^{2+} Zn^{2+}、Cd^{2+}	0.2 g 二甲酚橙溶于 100 mL 去离子水中
K－B 指示剂	8～13	蓝	红	Mg^{2+}、Zn^{2+}、 Ca^{2+}	100 g 酸性铬蓝 K 与 2.5 g 萘酚绿 B 和 50 g KNO_3 研细混匀
磺基水杨酸	1.5～3	无	紫红	Fe^{3+}	100 g/L 的水溶液
PAN 指示剂	2～12	黄	紫红	Cu^{2+}、Ni^{2+}	0.1 g 或 0.2 g PAN 溶于 100 mL 乙醇中

4. 氧化还原指示剂

指示剂	变色点	颜色		指示剂溶液
	E/V	氧化态	还原态	
亚甲基蓝	0.53	蓝绿	无色	0.5 g/L 水溶液
二苯胺	0.76	紫色	无色	1 g 二苯胺在搅拌下溶入 100 mL 浓硫酸中
二苯胺磺酸钠	0.84	紫红	无色	5 g/L 水溶液
邻二氮菲亚铁	1.06	浅蓝	红色	0.5 g $FeSO_4 \cdot 7H_2O$ 溶于 100 mL 水中，加 2 滴硫酸，再加 0.5 g 邻菲啰啉
邻苯氨基苯甲酸	1.08	紫红	无色	0.2 g 邻苯氨基苯甲酸，加热溶解在 100 mL 0.2% 碳酸钠溶液，必要时过滤

5. 沉淀及吸附指示剂

指示剂	颜色变化		配制方法
铬酸钾	黄色	砖红色	5 g K_2CrO_4 溶于水，稀释至 100 mL
硫酸铁铵	无色	血红色	40 g $NH_4Fe(SO_4)_2 \cdot 12H_2O$ 溶于水，加几滴硫酸，用水稀释至 100 mL
荧光黄	绿色荧光	玫瑰红色	0.5 g 荧光黄溶于乙醇，用乙醇稀释至 100 mL
二氯荧光黄	绿色荧光	玫瑰红色	0.1 g 二氯荧光黄溶于乙醇，用乙醇稀释至 100 mL
曙红	黄色	玫瑰红色	0.5 g 曙红钠盐溶于水，稀释至 100 mL
溴酚蓝	黄绿	蓝色	0.1 g 溴酚蓝钠盐溶于 100 mL 水

附录二

不同温度下玻璃容器中 1 mL 纯水在空气中用黄铜砝码称得的质量

温度/℃	密度/(g/mL)	温度/℃	密度/(g/mL)	温度/℃	密度/(g/mL)	温度/℃	密度/(g/mL)
1	0.998 24	11	0.998 32	21	0.997 00	31	0.994 64
2	0.998 32	12	0.998 23	22	0.996 80	32	0.994 34
3	0.998 39	13	0.998 14	23	0.996 60	33	0.994 06
4	0.998 44	14	0.998 04	24	0.996 38	34	0.993 75
5	0.998 48	15	0.997 93	25	0.996 17	35	0.993 45
6	0.998 51	16	0.997 80	26	0.995 93	36	0.993 12
7	0.998 50	17	0.997 65	27	0.995 69	37	0.992 80
8	0.998 48	18	0.997 51	28	0.995 44	38	0.992 46
9	0.998 44	19	0.997 34	29	0.995 18	39	0.992 12
10	0.998 39	20	0.997 18	30	0.994 91	40	0.991 77

附录三

不同温度下标准滴定溶液的体积补正值［《化学试剂 标准滴定溶液的制备》（GB/T 601—2016）］

1 000 mL 溶液由 *t* ℃换为 20 ℃时的补正值/(mL/L)

温度/℃	水和 0.05 mol/L 以下的各种水溶液	0.1 mol/L 和 0.2 mol/L 以下的各种水溶液	盐酸溶液 $c(HCl)$ = 0.5 mol/L	盐酸溶液 $c(HCl)$ = 1 mol/L	硫酸溶液 $c\left(\frac{1}{2}H_2SO_4\right)$ = 0.5 mol/L 氢氧化钠溶液 $c(NaOH)$ = 0.5 mol/L	硫酸溶液 $c\left(\frac{1}{2}H_2SO_4\right)$ = 1 mol/L 氢氧化钠溶液 $c(NaOH)$ = 1 mol/L	碳酸钠溶液 $c\left(\frac{1}{2}Na_2CO_3\right)$ = 1 mol/L	氢氧化钾乙醇溶液 $c(KOH)$ = 0.1 mol/L
5	+1.38	+1.7	+1.9	+2.3	+2.4	+3.6	+3.3	
6	+1.38	+1.7	+1.9	+2.2	+2.3	+3.4	+3.2	
7	+1.36	+1.6	+1.8	+2.2	+2.2	+3.2	+3.0	
8	+1.33	+1.6	+1.8	+2.1	+2.2	+3.0	+2.8	
9	+1.29	+1.5	+1.7	+2.0	+2.1	+2.7	+2.6	
10	+1.23	+1.5	+16	+1.9	+2.0	+2.5	+2.4	+10.8
11	+1.17	+1.4	+1.5	+1.8	+1.8	+2.3	+2.2	+9.6
12	+1.10	+1.3	+1.4	+1.6	+1.7	+2.0	+2.0	+8.5
13	+0.99	+1.1	+1.2	+1.4	+1.5	+1.8	+1.8	+7.4
14	+0.88	+1.0	+1.1	+1.2	+1.3	+1.6	+1.5	+6.5
15	+0.77	+0.9	+0.9	+1.0	+1.1	+1.3	+1.3	+5.2
16	+0.64	+0.7	+0.8	+0.8	+0.9	+1.1	+1.1	+4.2
17	+0.50	+0.6	+0.6	+0.6	+0.7	+0.8	+0.8	+3.1
18	+0.34	+0.4	+0.4	+0.4	+0.5	+0.6	+0.6	+2.1
19	+0.18	+0.2	+0.2	+0.2	+0.2	+0.3	+0.3	+1.0

续表

温度/℃	水和0.05 mol/L以下的各种水溶液	0.1 mol/L和0.2 mol/L以下的各种水溶液	盐酸溶液 $c(HCl)=0.5$ mol/L	盐酸溶液 $c(HCl)=1$ mol/L	硫酸溶液 $c\left(\frac{1}{2}H_2SO_4\right)=0.5$ mol/L 氢氧化钠溶液 $c(NaOH)=0.5$ mol/L	硫酸溶液 $c\left(\frac{1}{2}H_2SO_4\right)=1$ mol/L 氢氧化钠溶液 $c(NaOH)=1$ mol/L	碳酸钠溶液 $c\left(\frac{1}{2}Na_2CO_3\right)=1$ mol/L	氢氧化钾乙醇溶液 $c(KOH)=0.1$ mol/L
20	0.00	0.00	0.00	0.0	0.0	0.0	0.0	0.0
21	-0.18	-0.2	-0.2	-0.2	-0.2	-0.3	-0.3	-1.1
22	-0.38	-0.4	-0.4	-0.5	-0.5	-0.6	-0.6	-2.2
23	-0.58	-0.6	-0.7	-0.7	-0.8	-0.9	-0.9	-3.3
24	-0.80	-0.9	-0.9	-1.0	-1.0	-1.2	-1.2	-4.2
25	-1.03	-1.1	-1.1	-1.2	-1.3	-1.5	-1.5	-5.3
26	-1.26	-1.4	-1.4	-1.4	-1.5	-1.8	-1.8	-6.4
27	-1.51	-1.7	-1.7	-1.7	-1.8	-2.1	-2.1	-7.5
28	-1.76	-2.0	-2.0	-2.0	-2.1	-2.4	-2.4	-8.5
29	-2.01	-2.3	-2.3	-2.3	-2.4	-2.8	-2.8	-9.6
30	-2.30	-2.5	-2.5	-2.6	-2.8	-3.2	-3.1	-10.6
31	-2.58	-2.7	-2.7	-2.9	-3.1	-3.5		-11.6
32	-2.86	-3.0	-3.0	-3.2	-3.4	-3.9		-12.6
33	-3.04	-3.2	-3.3	-3.5	-3.7	-4.2		-13.7
34	-3.47	-3.7	-3.6	-3.8	-4.1	-4.6		-14.8
35	-3.78	-4.0	-4.0	-4.1	-4.4	-5.0		-16.0
36	-4.10	-4.3	-4.3	-4.4	-4.7	-5.3		-17.0

注：1. 本表数值是以20 ℃为标准温度以实测法测出。

2. 表中带有“+”“-”号的数值是以20 ℃为分界。室温低于20 ℃的补正值为“+”，高于20 ℃的补正值为“-”。

3. 本表的用法如下：如1 L硫酸溶液 $c(1/2H_2SO_4)=1$ mol/L，由25 ℃换算为20 ℃时，其体积补正值为-1.5 mL，故40.00 mL换算为20 ℃时的体积为：

$$40.00-\frac{1.5}{1\,000}\times 40.00=39.94(\text{mL})。$$

附录四

一些常用的掩蔽剂和被掩蔽的金属离子

掩蔽剂	被掩蔽的金属离子	使用条件
三乙醇胺	Al^{3+} Fe^{3+} Sn^{4+} TiO^{2+} Mn^{2+}	酸性溶液中加入三乙醇胺调至碱性
氟化物	Al^{3+} Sn^{4+} TiO^{2+} Zr^{4+}	溶液 $pH>4$
氰化物	Cd^{2+} Hg^{+} Cu^{2+} Co^{2+} Ni^{2+} Fe^{2+}	溶液 $pH>8$
硫化物	Hg^{2+} Cu^{+}	弱酸性溶液
2,3－二巯基丙醇	Cd^{2+} Hg^{2+} Bi^{3+} Sb^{3+}	溶液 $pH\approx10$
乙酰丙酮	Al^{3+} Fe^{3+} Be^{3+} Pb^{2+}	溶液 $pH=5\sim6$
邻二氮菲	Cu^{2+} Ni^{2+} Co^{2+}	溶液 $pH=5\sim6$
柠檬酸	Bi^{3+} $Cr3^{+}$ Fe^{3+} Sn^{4+} Tn^{4+} Ti^{+} Zr^{4+}	中性溶液
磺基水杨酸	Al^{3+} Th^{4+} Zr^{4+}	酸性溶液

附录五

常用酸碱的相对密度和浓度

试剂名称	相对密度	质量分数 ω/%	浓度/(mol/L)
盐酸	1.181～1.19	36～38	11.6～12.4
硝酸	1.39～1.40	65.0～68.0	14.4～15.2
硫酸	1.83～1.84	95～98	17.8～18.4
磷酸	1.69	85	14.6
高氯酸	1.68	70.0～72.0	11.7～12.0
冰醋酸	1.05	99.8（优级纯） 99.0（分析纯、化学纯）	17.4
氢氟酸	1.13	40	22.5
氢溴酸	1.49	47.0	8.6
氨水	0.88～0.90	25.0～28.0	13.3～14.8

附录六

难溶化合物的溶度积常数

分子式	K_{sp}	pK_{sp}	分子式	K_{sp}	pK_{sp}
AgBr	5.0×10^{-13}	12.3	$FeAsO_4$	5.7×10^{-21}	20.24
$AgBrO_3$	5.50×10^{-5}	4.26	$FeCO_3$	3.2×10^{-11}	10.50
AgCl	1.8×10^{-10}	9.75	$Fe(OH)_2$	8.0×10^{-16}	15.1
AgCN	1.2×10^{-16}	15.92	$Fe(OH)_3$	4.0×10^{-38}	37.4
Ag_2CO_3	8.1×10^{-12}	11.09	$FePO_4$	1.3×10^{-22}	21.89
$Ag_2C_2O_4$	3.5×10^{-11}	10.46	FeS	6.3×10^{-18}	17.2
$Ag_2Cr_2O_4$	1.2×10^{-12}	11.92	Hg_2Br_2	5.6×10^{-23}	22.24
$Ag_2Cr_2O_7$	2.0×10^{-7}	6.70	Hg_2Cl_2	1.3×10^{-18}	17.88
AgI	8.3×10^{-17}	16.08	HgC_2O_4	1.0×10^{-7}	7.0
$AgIO_3$	3.1×10^{-8}	7.51	Hg_2CO_3	8.9×10^{-17}	16.05
AgOH	2.0×10^{-8}	7.71	$Hg_2(CN)_2$	5.0×10^{-40}	39.3
Ag_2MoO_4	2.8×10^{-12}	11.55	Hg_2CrO_4	2.0×10^{-9}	8.70
Ag_3PO_4	1.4×10^{-16}	15.84	Hg_2I_2	4.5×10^{-29}	28.35
Ag_2S	6.3×10^{-50}	49.2	HgI_2	2.82×10^{-29}	28.55
AgSCN	1.0×10^{-12}	12.00	$Hg_2(IO_3)_2$	2.0×10^{-14}	13.71
Ag_2SO_3	1.5×10^{-14}	13.82	$Hg_2(OH)_2$	2.0×10^{-24}	23.7
Ag_2SO_4	1.4×10^{-5}	4.84	HgS（红）	4.0×10^{-53}	52.4
$Al(OH)_3$①	4.57×10^{-33}	32.34	HgS（黑）	1.6×10^{-52}	51.8
$AlPO_4$	6.3×10^{-19}	18.24	$MgCO_3$	3.5×10^{-8}	7.46
Al_2S_3	2.0×10^{-7}	6.7	$Mg(OH)_2$	1.8×10^{-11}	10.74
$Ba_3(AsO_4)_2$	8.0×10^{-51}	50.1	$MnCO_3$	1.8×10^{-11}	10.74
$BaCO_3$	5.1×10^{-9}	8.29	$Mn(IO_3)_2$	4.37×10^{-7}	6.36

续表

分子式	K_{sp}	pK_{sp}	分子式	K_{sp}	pK_{sp}
BaC_2O_4	1.6×10^{-7}	6.79	$Mn(OH)_4$	1.9×10^{-13}	12.72
$BaCrO_4$	1.2×10^{-10}	9.93	MnS(粉红)	2.5×10^{-10}	9.6
$Ba_3(PO_4)_2$	3.4×10^{-23}	22.44	MnS(绿)	2.5×10^{-13}	12.6
$BaSO_4$	1.1×10^{-10}	9.96	$NiCO_3$	6.6×10^{-9}	8.18
BaS_2O_3	1.6×10^{-5}	4.79	NiC_2O_4	4.0×10^{-10}	9.4
$CaCO_3$	2.8×10^{-9}	8.54	$Ni(OH)_2$(新)	2.0×10^{-15}	14.7
$CaC_2O_4\cdot H_2O$	4.0×10^{-9}	8.4	$Ni_3(PO_4)_2$	5.0×10^{-31}	30.3
CaF_2	2.7×10^{-11}	10.57	$Pb_3(AsO_4)_2$	4.0×10^{-36}	35.39
$CaMoO_4$	4.17×10^{-8}	7.38	$PbBr_2$	4.0×10^{-5}	4.41
$Ca(OH)_2$	5.5×10^{-6}	5.26	$PbCl_2$	1.6×10^{-5}	4.79
$Ca_3(PO_4)_2$	2.0×10^{-29}	28.70	$PbCO_3$	7.4×10^{-14}	13.13
$CaSO_4$	3.16×10^{-7}	5.04	$PbCrO_4$	2.8×10^{-13}	12.55
$CaSiO_3$	2.5×10^{-8}	7.60	PbF_2	2.7×10^{-8}	7.57
$CdCO_3$	5.2×10^{-12}	11.28	$PbMoO_4$	1.0×10^{-13}	13.0
$CdC_2O_4\cdot 3H_2O$	9.1×10^{-8}	7.04	$Pb(OH)_2$	1.2×10^{-15}	14.93
$Cd_3(PO_4)_2$	2.5×10^{-33}	32.6	$Pb(OH)_4$	3.2×10^{-66}	65.49
CdS	8.0×10^{-27}	26.1	$Pb_3(PO_4)_3$	8.0×10^{-43}	42.10
$Co_3(AsO_4)_2$	7.6×10^{-29}	28.12	PbS	1.0×10^{-28}	28.00
$CoCO_3$	1.4×10^{-13}	12.84	$PbSO_4$	1.6×10^{-8}	7.79
CoC_2O_4	6.3×10^{-8}	7.2	$Pd(OH)_2$	1.0×10^{-31}	31.0
$Co(OH)_2$（蓝）	6.31×10^{-15}	14.2	$Pd(OH)_4$	6.3×10^{-71}	70.2
$Co(OH)_2$（新沉淀）	1.58×10^{-15}	14.8	PdS	2.03×10^{-58}	57.69
$Co(OH)_2$（陈化）	2.00×10^{-16}	15.7	Sb_2S_3	1.5×10^{-93}	92.8
$Co_3(PO_4)_3$	2.0×10^{-35}	34.7	$Sn(OH)_2$	1.4×10^{-28}	27.85
$Cr(OH)_3$	6.3×10^{-31}	30.2	$Sn(OH)_4$	1.0×10^{-56}	56.0
CuBr	5.3×10^{-9}	8.28	$Sn(OH)_4$	1.0×10^{-56}	56.0
CuCl	1.2×10^{-6}	5.92	SnO_2	3.98×10^{-65}	64.4
CuCN	3.2×10^{-20}	19.49	SnS	1.0×10^{-25}	25.0
$CuCO_3$	2.34×10^{-10}	9.63	$Zn(OH)_2$	1.2×10^{-17}	16.92
CuI	1.1×10^{-12}	11.96	$ZnCO_3$	1.4×10^{-11}	10.84
$Cu(OH)_2$	4.8×10^{-20}	19.32	$Zn_3(PO_4)_2$	9.0×10^{-33}	32.04
$Cu_3(PO_4)_2$	1.3×10^{-37}	36.9	β - ZnS	2.5×10^{-22}	21.6
Cu_2S	2.5×10^{-48}	47.6			

附录七

解离常数（25 ℃）

名称	化学式	$K_{a(b)}$	$pK_{a(b)}$
偏铝酸	$HAlO_2$	6.3×10^{-13}	12.20
亚砷酸	H_3AsO_3	6.0×10^{-10}	9.22
砷酸	H_3AsO_4	$6.3\times10^{-3}(K_1)$	2.20
		$1.05\times10^{-7}(K_2)$	6.98
		$3.2\times10^{-12}(K_3)$	11.50
硼酸	H_3BO_3	$5.8\times10^{-10}(K_1)$	9.24
		$1.8\times10^{-13}(K_2)$	12.74
		$1.6\times10^{-14}(K_3)$	13.80
次溴酸	HBrO	2.4×10^{-9}	8.62
氢氰酸	HCN	6.2×10^{-10}	9.21
碳酸	H_2CO_3	$4.2\times10^{-7}(K_1)$	6.38
		$5.6\times10^{-11}(K_2)$	10.25
次氯酸	HClO	3.2×10^{-8}	7.50
氢氟酸	HF	6.61×10^{-4}	3.18
高碘酸	HIO_4	2.8×10^{-2}	1.56
亚硝酸	HNO_2	5.1×10^{-4}	3.29
次磷酸	H_3PO_2	5.9×10^{-2}	1.23
亚磷酸	H_3PO_3	$5.0\times10^{-2}(K_1)$	1.30
		$2.5\times10^{-7}(K_2)$	6.60
磷酸	H_3PO_4	$7.52\times10^{-3}(K_1)$	2.12
		$6.31\times10^{-8}(K_2)$	7.20
		$4.4\times10^{-13}(K_3)$	12.36

续表

名称	化学式	$K_{a(b)}$	$pK_{a(b)}$
焦磷酸	$H_4P_2O_7$	$3.0\times10^{-2}(K_1)$	1.52
		$4.4\times10^{-3}(K_2)$	2.36
		$2.5\times10^{-7}(K_3)$	6.60
		$5.6\times10^{-10}(K_4)$	9.25
氢硫酸	H_2S	$1.3\times10^{-7}(K_1)$	6.88
		$7.1\times10^{-15}(K_2)$	14.15
亚硫酸	H_2SO_3	$1.23\times10^{-2}(K_1)$	1.91
		$6.6\times10^{-8}(K_2)$	7.18
硫酸	H_2SO_4	$1.0\times10^{3}(K_1)$	-3.0
		$1.02\times10^{-2}(K_2)$	1.99
硫代硫酸	$H_2S_2O_3$	$2.52\times10^{-1}(K_1)$	0.60
		$1.9\times10^{-2}(K_2)$	1.72
硅酸	H_2SiO_3	$1.7\times10^{-10}(K_1)$	9.77
		$1.6\times10^{-12}(K_2)$	11.80
甲酸	HCOOH	1.8×10^{-4}	3.75
乙酸	CH_3COOH	1.74×10^{-5}	4.76
草酸	$(COOH)_2$	$5.4\times10^{-2}(K_1)$	1.27
		$5.4\times10^{-5}(K_2)$	4.27
乳酸	$CH_3CHOHCOOH$	1.4×10^{-4}	3.86
酒石酸	HOCOCH(OH)CH(OH)COOH	$1.04\times10^{-3}(K_1)$	2.98
		$4.55\times10^{-5}(K_2)$	4.34
柠檬酸	$HOCOCH_2C(OH)(COOH)CH_2COOH$	$7.4\times10^{-4}(K_1)$	3.13
		$1.7\times10^{-5}(K_2)$	4.76
		$4.0\times10^{-7}(K_3)$	6.40
苯酚	C_6H_5OH	1.1×10^{-10}	9.96
苯甲酸	C_6H_5COOH	6.3×10^{-5}	4.20
水杨酸	$C_6H_4(OH)COOH$	$1.05\times10^{-3}(K_1)$	2.98
		$4.17\times10^{-13}(K_2)$	12.38
氢氧化铝	$Al(OH)_3$	$1.38\times10^{-9}(K_3)$	8.86
氢氧化银	AgOH	1.10×10^{-4}	3.96
氨水	$NH_3\cdot H_2O$	1.78×10^{-5}	4.75
羟氨	NH_2OH+H_2O	9.12×10^{-9}	8.04
氢氧化铅	$Pb(OH)_2$	$9.55\times10^{-4}(K_1)$	3.02
		$3.0\times10^{-8}(K_2)$	7.52
氢氧化锌	$Zn(OH)_2$	9.55×10^{-4}	3.02

续表

名称	化学式	$K_{a(b)}$	$pK_{a(b)}$
尿素(脲)	$CO(NH_2)_2$	1.5×10^{-14}	13.82
乙二胺	$H_2N(CH_2)_2NH_2$	$8.51\times10^{-5}(K_1)$	4.07
		$7.08\times10^{-8}(K_2)$	7.15
三乙醇胺	$(HOCH_2CH_2)_3N$	5.75×10^{-7}	6.24
吡啶	C_5H_5N	1.48×10^{-9}	8.83
六亚甲基四胺	$(CH_2)_6N_4$	1.35×10^{-9}	8.87

附录八

标准电极电位（18～25 ℃）

半反应	E^0(V)	半反应	E^0(V)
F_2(气) $+2H^+ +2e = 2HF$	3.06	$Hg^{2+} +2e = Hg$	0.845
$O_3 +2H^+ +2e = O_2 +2H_2O$	2.07	$NO_3^- +2H^+ +e = NO_2 +H_2O$	0.80
$S_2O_8^{2-} +2e = 2SO_4^{2-}$	2.01	$Ag^+ +e = Ag$	0.799 5
$H_2O_2 +2H^+ +2e = 2H_2O$	1.77	$Hg_2^{2+} +2e = 2Hg$	0.793
$MnO_4^- +4H^+ +3e = MnO_2$(固) $+2H_2O$	1.695	$Fe^{3+} +e = Fe^{2+}$	0.771
PbO_2(固) $+SO_4^{2-} +4H^+ +2e = PbSO_4$(固) $+2H_2O$	1.685	$BrO^- +H_2O +2e = Br^- +2OH^-$	0.76
$HClO_2 +H^+ +e = HClO +H_2O$	1.64	O_2(气) $+2H^+ +2e = H_2O_2$	0.682
$HClO +H^+ +e = 1/2\ Cl_2 +H_2O$	1.63	$AsO_8^- +2H_2O +3e = As +4OH^-$	0.68
$Ce^{4+} +e = Ce^{3+}$	1.61	$2HgCl_2 +2e = Hg_2Cl_2$(固) $+2Cl^-$	0.63
$H_5IO_6 +H^+ +2e = IO_3^- +3H_2O$	1.60	Hg_2SO_4(固) $+2e = 2Hg +SO_4^{2-}$	0.615 1
$HBrO +H^+ +e = 1/2\ Br_2 +H_2O$	1.59	$MnO_4^- +2H_2O +3e = MnO_2 +4OH^-$	0.588
$BrO_3^- +6H^+ +5e = 1/2\ Br_2 +3H_2O$	1.52	$MnO_4^- +e = MnO_4^{2-}$	0.564
$MnO_4^- +8H^+ +5e = Mn^{2+} +4H_2O$	1.51	$H_3AsO_4 +2H^+ +2e = HAsO_2 +2H_2O$	0.559
Au(Ⅲ) $+3e = Au$	1.50	$I_3^- +2e = 3I^-$	0.545
$HClO +H^+ +2e = Cl^- +H_2O$	1.49	I_2(固) $+2e = 2I^-$	0.534 5
$ClO_3^- +6H^+ +5e = 1/2\ Cl_2 +3H_2O$	1.47	Mo(Ⅵ) $+e =$ Mo(Ⅴ)	0.53
PbO_2(固) $+4H^+ +2e = Pb^{2+} +2H_2O$	1.455	$Cu^+ +e = Cu$	0.52
$HIO +H^+ +e = 1/2\ I_2 +H_2O$	1.45	$4SO_2$(水) $+4H^+ +6e = S_4O_6^{2-} +2H_2O$	0.51
$ClO_3^- +6H^+ +6e = Cl^- +3H_2O$	1.45	$HgCl_4^{2-} +2e = Hg +4Cl^-$	0.48
$BrO_3^- +6H^+ +6e = Br^- +3H_2O$	1.44	$2SO_2$(水) $+2H^+ +4e = S_2O_3^{2-} +H_2O$	0.40
Au(Ⅲ) $+2e =$ Au(Ⅰ)	1.41	$Fe(CN)_6^{3-} +e = Fe(CN)_6^{4-}$	0.36
Cl_2(气) $+2e = 2Cl$	1.359 5	$Cu^{2+} +2e = Cu$	0.337

续表

半反应	E^0(V)	半反应	E^0(V)
$ClO_4^- + 8H^+ + 7e = 1/2\ Cl_2 + 4H_2O$	1.34	$VO^{2+} + 2H^+ + 2e = V^{3+} + H_2O$	0.337
$Cr_2O_7^{2-} + 14H^+ + 6e = 2Cr^{3+} + 7H_2O$	1.33	$BiO^+ + 2H^+ + 3e = Bi + H_2O$	0.32
MnO_2(固) $+ 4H^+ + 2e = Mn^{2+} + 2H_2O$	1.23	Hg_2CI_2(固) $+ 2e = 2Hg + 2Cl^-$	0.267 6
O_2(气) $+ 4H^+ + 4e = 2H_2O$	1.229	$HAsO_2 + 3H^+ + 3e = As + 2H_2O$	0.248
$IO_3^- + 6H^+ + 5e = 1/2\ I_2 + 3H_2O$	1.20	$AgCI$(固) $+ e = Ag + Cl^-$	0.222 3
$ClO_4^- + 2H^+ + 2e = ClO_3^- + H_2O$	1.19	$SbO^+ + 2H^+ + 3e = Sb + H_2O$	0.212
Br_2(水) $+ 2e = 2Br^-$	1.087	$SO_4^{2-} + 4H^+ + 2e = SO_2$(水) $+ H_2O$	0.17
$NO_2 + H^+ + e = HNO_2$	1.07	$Cu^{2+} + e = Cu^-$	0.519
$Br_3^- + 2e = 3Br^-$	1.05	$Sn^{4+} + 2e = Sn^{2+}$	0.154
$HNO_2 + H^+ + e = NO$(气) $+ H_2O$	1.00	$S + 2H^+ + 2e = H_2S$(气)	0.141
$VO_2^+ + 2H^+ + e = VO^{2+} + H_2O$	1.00	$Hg_2Br_2 + 2e = 2Hg + 2Br^-$	0.139 5
$HIO + H^+ + 2e = I^- + H_2O$	0.99	$TiO^{2+} + 2H^+ + e = Ti^{3+} + H_2O$	0.1
$NO_3^- + 3H^+ + 2e = HNO_2 + H_2O$	0.94	$S_4O_6^{2-} + 2e = 2S_2O_3^{2-}$	0.08
$ClO^- + H_2O + 2e = Cl^- + 2OH^-$	0.89	$AgBr$(固) $+ e = Ag + Br^-$	0.071
$H_2O_2 + 2e = 2OH^-$	0.88	$2H^+ + 2e = H_2$	0.000
$Cu^{2+} + I^- + e = CuI$(固)	0.86	$O_2 + H_2O + 2e = HO_2^- + OH^-$	-0.067
$TiOCl^+ + 2H^+ + 3Cl^- + e = TiCl_4^- + H_2O$	-0.09	$2SO_3^{2-} + 3H_2O + 4e = S_2O_3^{2-} + 6OH^-$	-0.58
$Pb^{2+} + 2e = Pb$	-0.126	$SO_3^{2-} + 3H_2O + 4e = S + 6OH^-$	-0.66
$Sn^{2+} + 2e = Sn$	-0.136	$AsO_4^{3-} + 2H_2O + 2e = AsO_2^- + 4OH^-$	-0.67
AgI(固) $+ e = Ag + I^-$	-0.152	Ag_2S(固) $+ 2e = 2Ag + S^{2-}$	-0.69
$Ni^{2+} + 2e = Ni$	-0.246	$Zn^{2+} + 2e = Zn$	-0.763
$H_3PO_4 + 2H^+ + 2e = H_3PO_3 + H_2O$	-0.276	$2H_2O + 2e = H_2 + 2OH^-$	-8.28
$Co^{2+} + 2e = Co$	-0.277	$Cr^{2+} + 2e = Cr$	-0.91
$Tl^+ + e = Tl$	-0.336 0	$HSnO_2^- + H_2O + 2e = Sn^- + 3OH^-$	- >0.91
$In^{3+} + 3e = In$	-0.345	$Se + 2e = Se^{2-}$	-0.92
$PbSO_4$(固) $+ 2e = Pb + SO_4^{2-}$	-0.355 3	$Sn(OH)_6^{2-} + 2e = HSnO_2^- + H_2O + 3OH^-$	-0.93
$SeO_3^{2-} + 3H_2O + 4e = Se + 6OH^-$	-0. 366	$CNO^- + H_2O + 2e = Cn^- + 2OH^-$	-0.97
$As + 3H^+ + 3e = AsH_3$	-0.38	$Mn^{2+} + 2e = Mn$	-1.182
$Se + 2H^+ + 2e = H_2Se$	-0.40	$ZnO_2^{2-} + 2H_2O + 2e = Zn + 4OH^-$	-1.216
$Cd^{2+} + 2e = Cd$	-0.403	$Al^{3+} + 3e = Al$	-1.66
$Cr^{3+} + e = Cr^{2+}$	- >0.41	$H_2AlO_3^- + H_2O + 3e = Al + 4OH^-$	-2.35
$Fe^{2+} + 2e = Fe$	-0.440	$Mg^{2+} + 2e = Mg$	-2.37
$S + 2e = S^{2-}$	-0.48	$Na^+ + e = Na$	-2.71
$2CO_2 + 2H^+ + 2e = H_2C_2O_4$	-0.49	$Ca^{2+} + 2e = Ca$	-2.87
$H_3PO_3 + 2H^+ + 2e = H_3PO_2 + H_2O$	-0.50	$Sr^{2+} + 2e = Sr$	-2.89
$Sb + 3H^+ + 3e = SbH_3$	-0.51	$Ba^{2+} + 2e = Ba$	-2.90
$HPbO_2^- + H_2O + 2e = Pb + 3OH^-$	-0.54	$K^+ + e = K$	-2.925
$Ga^{3+} + 3e = Ga$	-0.56	$Li^+ + e = Li$	-3.042
$TeO_3^{2-} + 3H_2O + 4e = Te + 6OH^-$	-0.57		

附录九

化合物式量

化合物	M(g/mol)	化合物	M(g/mol)
AgBr	187.77	K_2CO_3	138.21
AgCl	143.32	K_2CrO_4	194.19
AgCN	133.89	$K_2Cr_2O_7$	294.18
AgSCN	165.95	$K_3Fe(CN)_6$	329.25
$AlCl_3$	133.34	$K_4Fe(CN)_6$	368.35
Ag_2CrO_4	331.73	$KFe(SO_4)_2 \cdot 12H_2O$	503.24
AgI	234.77	$KHC_2O_4 \cdot H_2O$	146.14
$AgNO_3$	169.87	$KHC_2O_4 \cdot H_2C_2O_4 \cdot H_2O$	254.19
$AlCl_3 \cdot 6H_2O$	241.43	$KHC_4H_4O_6$(酒石酸氢钾)	188.18
$Al(NO_3)_3$	213	$KHC_8H_4O_4$(邻苯二甲酸氢钾)	204.22
$Al(NO_3)_3 \cdot 9H_2O$	375.13	$KHSO_4$	136.16
Al_2O_3	101.96	KI	166
$Al(OH)_3$	78	KIO_3	214
$Al_2(SO_4)_3$	342.14	$KIO_3 \cdot HIO_3$	389.91
$Al_2(SO_4)_3 \cdot 18H_2O$	666.41	$KMnO_4$	158.03
As_2O_3	197.84	$KNaC_4H_4O_6 \cdot 4H_2O$	282.22
As_2O_5	229.84	KNO_3	101.1
As_2S_3	246.03	KNO_2	85.1
$BaCO_3$	197.34	K_2O	94.2
BaC_2O_4	225.35	KOH	56.11
$BaCl_2$	208.24	K_2SO_4	174.25
$BaCl_2 \cdot 2H_2O$	244.27	$MgCO_3$	84.31

续表

化合物	M(g/mol)	化合物	M(g/mol)
$BaCrO_4$	253.32	$MgCl_2$	95.21
BaO	153.33	$MgCl_2 \cdot 6H_2O$	203.3
$Ba(OH)_2$	171.34	MgC_2O_4	112.33
$BaSO_4$	233.39	$Mg(NO_3)_2 \cdot 6H_2O$	256.41
$BiCl_3$	315.34	$MgNH_4PO_4$	137.32
BiOCl	260.43	MgO	40.3
CO_2	44.01	$Mg(OH)_2$	58.32
CaO	56.08	$Mg_2P_2O_7$	222.55
$CaCO_3$	100.09	$MgSO_4 . 7H_2O$	246.47
CaC_2O_4	128.1	$MnCO_3$	114.95
$CaCl_2$	110.99	$MnCl_2 . 4H_2O$	197.91
$CaCl_2 \cdot 6H_2O$	219.08	$Mn(NO_3)_2 . 6H_2O$	287.04
$Ca(NO_3)_2 \cdot 4H_2O$	236.15	MnO	70.94
$Ca(OH)_2$	74.09	MnO_2	86.94
$Ca_3(PO_4)_2$	310.18	MnS	87
$CaSO_4$	136.14	$MnSO_4$	151
$CdCO_3$	172.42	$MnSO_4 . 4H_2O$	223.06
$CdCl_2$	183.82	NO	30.01
CdS	144.47	NO_2	46.01
$Ce(SO_4)_2$	332.24	NH_3	17.03
$Ce(SO_4)_2 \cdot 4H_2O$	404.3	CH_3COONH_4	77.08
$CoCl_2$	129.84	$NH_2OH \cdot HCl$(盐酸羟氨)	69.49
$CoCl_2 \cdot 6H_2O$	237.93	NH_4Cl	53.49
$Co(NO_3)_2$	182.94	$(NH_4)_2CO_3$	96.09
$Co(NO_3)_2 \cdot 6H_2O$	291.03	$(NH_4)_2C_2O_4$	124.1
CoS	90.99	$(NH_4)_2C_2O_4 \cdot H_2O$	142.11
$CoSO_4$	154.99	NH_4SCN	76.12
$CoSO_4 \cdot 7H_2O$	281.1	NH_4HCO_3	79.06
$CO(NH_2)_2$(尿素)	60.06	$(NH_4)_2MoO_4$	196.01
$CS(NH_2)_2$(硫脲)	76.116	NH_4NO_3	80.04
C_6H_5OH	94.113	$(NH_4)_2HPO_4$	132.06
CH_2O	30.03	$(NH_4)_2S$	68.14
$C_{14}H_{14}N_3O_3SNa$(甲基橙)	327.33	$(NH_4)_2SO_4$	132.13
$C_6H_5NO_3$(硝基酚)	139.11	NH_4VO_3	116.98
$C_4H_8N_2O_2$(丁二酮肟)	116.12	Na_3AsO_3	191.89

续表

化合物	M(g/mol)	化合物	M(g/mol)
$(CH_2)_6N_4$(六亚甲基四胺)	140.19	$Na_2B_4O_7$	201.22
$C_7H_6O_6S \cdot 2H_2O$ (磺基水杨酸)	254.22	$Na_2B_4O_7 \cdot 10H_2O$	381.37
C_9H_6NOH(8-羟基喹啉)	145.16	$NaBiO_3$	279.97
$C_{12}H_8N_2 \cdot H_2O$(邻菲罗啉)	198.22	NaCN	49.01
$C_2H_5NO_2$(甘氨酸)	75.07	NaSCN	81.07
$C_6H_{12}N_2O_4S_2$(L-胱氨酸)	240.3	Na_2CO_3	105.99
$CrCl_3$	158.36	$Na_2CO_3 \cdot 10H_2O$	286.14
$CrCl_3 \cdot 6H_2O$	266.45	$Na_2C_2O_4$	134
$Cr(NO_3)_3$	238.01	CH_3COONa	82.03
Cr_2O_3	151.99	$CH_3COONa \cdot 3H_2O$	136.08
CuCl	99	$Na_3C_6H_5O_7$(柠檬酸钠)	258.07
$CuCl_2$	134.45	$NaC_5H_8NO_4 \cdot H_2O$(L-谷氨酸钠)	187.13
$CuCl_2 \cdot 2H_2O$	170.48	NaCl	58.44
CuSCN	121.62	NaClO	74.44
CuI	190.45	$NaHCO_3$	84.01
$Cu(NO_3)_2$	187.56	$Na_2HPO_4 \cdot 12H_2O$	358.14
$Cu(NO_3) \cdot 3H_2O$	241.6	$Na_2H_2C_{10}H_{12}O_8N_2$(EDTA 二钠盐)	336.21
CuO	79.54	$Na_2H_2C_{10}H_{12}O_8N_2 \cdot 2H_2O$	372.24
Cu_2O	143.09	$NaNO_2$	69
CuS	95.61	$NaNO_3$	85
$CuSO_4$	159.06	Na_2O	61.98
$CuSO_4 \cdot 5H_2O$	249.68	Na_2O_2	77.98
$FeCl_2$	126.75	NaOH	40
$FeCl_2 \cdot 4H_2O$	198.81	Na_3PO_4	163.94
$FeCl_3$	162.21	Na_2S	78.04
$FeCl_3 \cdot 6H_2O$	270.3	$Na_2S \cdot 9H_2O$	240.18
$FeNH_4(SO_4)_2 \cdot 12H_2O$	482.18	Na_2SO_3	126.04
$Fe(NO_3)_3$	241.86	Na_2SO_4	142.04
$Fe(NO_3)_3-9H_2O$	404	$Na_2S_2O_3$	158.1
FeO	71.85	$Na_2S_2O_3 \cdot 5H_2O$	248.17
Fe_2O_3	159.69	$NiCl_2 \cdot 6H_2O$	237.7
Fe_3O_4	231.54	NiO	74.7
$Fe(OH)_3$	106.87	$Ni(NO_3)_2 \cdot 6H_2O$	290.8
FeS	87.91	NiS	90.76

续表

化合物	M(g/mol)	化合物	M(g/mol)
Fe_2S_3	207. 87	$NiSO_4 \cdot 7H_2O$	280. 86
$FeSO_4$	151. 91	$Ni(C_4H_7N_2O_2)_2$(丁二酮肟合镍)	288. 91
$FeSO_4 \cdot 7H_2O$	278. 01	P_2O_5	141. 95
$Fe(NH_4)_2(SO_4)_2 \cdot 6H_2O$	392. 13	$PbCO_3$	267. 21
H_3AsO_3	125. 94	PbC_2O_4	295. 22
$H_3A_SO_4$	141. 94	$PbCl_2$	278. 1
H_3BO_3	61. 83	$PbCrO_4$	323. 19
HBr	80. 91	$Pb(CH_3COO)_2 \cdot 3H_2O$	379. 3
HCN	27. 03	$Pb(CH_3COO)_2$	325. 29
HCOOH	46. 03	PbI_2	461. 01
CH_3COOH	60. 05	$Pb(NO_3)_2$	331. 21
H_2CO_3	62. 02	PbO	223. 2
$H_2C_2O_4$	90. 04	PbO_2	239. 2
$H_2C_2O_4 \cdot 2H_2O$	126. 07	$Pb_3(PO_4)_2$	811. 54
$H_2C_4H_4O_4$(丁二酸)	118. 09	PbS	239. 3
$H_2C_4H_4O_6$(酒石酸)	150. 09	$PbSO_4$	303. 3
$H_3C_6H_5O_7 \cdot H_2O$(柠檬酸)	210. 14	SO_3	80. 06
$H_2C_4H_4O_5$(DL-苹果酸)	134. 09	SO_2	64. 06
$HC_3H_6NO_2$(DL-a-丙氨酸)	89. 1	$SbCl_3$	228. 11
HCl	36. 46	$SbCl_5$	299. 02
HF	20. 01	Sb_2O_3	291. 5
HI	127. 91	Sb_2S_3	339. 68
HIO_3	175. 91	SiF_4	104. 08
HNO_2	47. 01	SiO_2	60. 08
HNO_3	63. 01	$SnCl_2$	189. 6
H_2O	18. 015	$SnCl_2 \cdot 2H_2O$	225. 63
H_2O_2	34. 02	$SnCl_4$	260. 5
H_3PO_4	98	$SnCl_4 \cdot 5H_2O$	350. 58
H_2S	34. 08	SnO_2	150. 69
H_2SO_3	82. 07	SnS_2	150. 75
H_2SO_4	98. 07	$SrCO_3$	147. 63
$Hg(CN)_2$	252. 63	SrC_2O_4	175. 64
$HgCl_2$	271. 5	$SrCrO_4$	203. 61
Hg_2Cl_2	472. 09	$Sr(NO_3)_2$	211. 63
HgI_2	454. 4	$Sr(NO_3)_2 \cdot 4H_2O$	283. 69

续表

化合物	M(g/mol)	化合物	M(g/mol)
$Hg_2(NO_3)_2$	525.19	$SrSO_4$	183.69
$Hg_2(NO_3)_2 \cdot 2H_2O$	561.22	$ZnCO_3$	125.39
$Hg(NO_3)_2$	324.6	$UO_2(CH_3COO)_2 \cdot 2H_2O$	424.15
HgO	216.59	ZnC_2O_4	153.4
HgS	232.65	$ZnCl_2$	136.29
$HgSO_4$	296.65	$Zn(CH_3COO)_2$	183.47
Hg_2SO_4	497.24	$Zn(CH_3COO)_2 \cdot 2H_2O$	219.5
$KAl(SO_4)_2 \cdot 12H_2O$	474.38	$Zn(NO_3)_2$	189.39
KBr	119	$Zn(NO_3)_2 \cdot 6H_2O$	297.48
KCl	74.55	ZnO	81.38
$KClO_3$	122.55	ZnS	97.44
$KClO_4$	138.55	$ZnSO_4$	161.54
KCN	65.12	$ZnSO_4 \cdot 7H_2O$	287.55
KSCN	97.18		

附录十

相对原子质量

原子序数	元素名称	元素符号	相对原子质量	原子序数	元素名称	元素符号	相对原子质量
1	氢	H	1. 007 94	24	铬	Cr	51. 996 1
2	氦	He	4. 002 602	25	锰	Mn	54. 938 045
3	锂	Li	6. 941	26	铁	Fe	55. 845
4	铍	Be	9. 012 182	27	钴	Co	58. 933 195
5	硼	B	10. 811	28	镍	Ni	58. 693 4
6	碳	C	12. 017	29	铜	Cu	63. 546
7	氮	N	14. 006 7	30	锌	Zn	65. 409
8	氧	O	15. 999 4	31	镓	Ga	69. 723
9	氟	F	18. 998 403 2	32	锗	Ge	72. 64
10	氖	Ne	20. 179 7	33	砷	As	74. 921 60
11	钠	Na	22. 989 769 28	34	硒	Se	78. 96
12	镁	Mg	24. 305 0	35	溴	Br	79. 904
13	铝	Al	26. 981 538 6	36	氪	Kr	83. 798
14	硅	Si	28. 085 5	37	铷	Rb	85. 467 8
15	磷	P	30. 973 762	38	锶	Sr	87. 62
16	硫	S	32. 065	39	钇	Y	88. 905 85
17	氯	Cl	35. 453	40	锆	Zr	91. 224
18	氩	Ar	39. 948	41	铌	Nb	92. 906 38
19	钾	K	39. 098 3	42	钼	Mo	95. 94
20	钙	Ca	40. 078	43	锝	Tc	[97. 907 2]
21	钪	Sc	44. 955 912	44	钌	Ru	101. 07
22	钛	Ti	47. 867	45	铑	Rh	102. 905 50
23	钒	V	50. 941 5	46	钯	Pd	106. 42

续表

原子序数	元素名称	元素符号	相对原子质量	原子序数	元素名称	元素符号	相对原子质量
47	银	Ag	107.868 2	83	铋	Bi	208.980 40
48	镉	Cd	112.411	84	钋	Po	[208.982 4]
49	铟	In	114.818	85	砹	At	[209.987 1]
50	锡	Sn	118.710	86	氡	Rn	[222.017 6]
51	锑	Sb	121.760	87	钫	Fr	[223]
52	碲	Te	127.60	88	镭	Re	[226]
53	碘	I	126.904 47	89	锕	Ac	[227]
54	氙	Xe	131.293	90	钍	Th	232.038 06
55	铯	Cs	132.905 451 9	91	镤	Pa	231.035 88
56	钡	Ba	137.327	92	铀	U	238.028 91
57	镧	La	138.905 47	93	镎	Np	[237]
58	铈	Ce	140.116	94	钚	Pu	[244]
59	镨	Pr	140.907 65	95	镅	Am	[243]
60	钕	Nd	144.242	96	锔	Cm	[247]
61	钷	Pm	[145]	97	锫	Bk	[247]
62	钐	Sm	150.36	98	锎	Cf	[251]
63	铕	Eu	151.964	99	锿	Es	[252]
64	钆	Gd	157.25	100	镄	Fm	[257]
65	铽	Tb	158.925 35	101	钔	Md	[258]
66	镝	Dy	162.500	102	锘	No	[259]
67	钬	Ho	164.930 32	103	铹	Lr	[262]
68	铒	Er	167.259	104	铲	Rf	[261]
69	铥	Tm	168.934 21	105	钍	Db	[262]
70	镱	Yb	173.04	106	镥	Sg	[266]
71	镥	Lu	174.967	107	铍	Bh	[264]
72	铪	Hf	178.49	108	镙	Hs	[277]
73	钽	Ta	180.947 88	109	鿏	Mt	[268]
74	钨	W	183.84	110	鐽	Ds	[271]
75	铼	Re	186.207	111	轮	Rg	[272]
76	锇	Os	190.23	112		Uub	[285]
77	铱	Ir	192.217	113		Uut	[284]
78	铂	Pt	195.084	114		Uuq	[289]
79	金	Au	196.966 569	115		Uup	[288]
80	汞	Hg	200.59	116		Uuh	[292]
81	铊	Tl	204.383 3	117		Uus	[291]
82	铅	Pb	207.2	118		Uuo	[293]

注：[ ] 中为稳定的同位素。

参考文献

［1］李克安，金钦汉．分析化学［M］．北京：北京大学出版社，2005.

［2］尚华．化学分析技术［M］．北京：化学工业出版社，2021.

［3］武汉大学．分析化学［M］．5 版．北京：高等教育出版社，2007.

［4］姜洪文，陈淑刚．化验室组织与管理［M］．2 版．北京：化学工业出版社，2009.

［5］胡伟光，张文英．定量化学分析实验［M］．2 版．北京：化学工业出版社，2009.

［6］黄一石，吴朝华，杨小林．仪器分析［M］．2 版．北京：化学工业出版社，2009.

［7］张振宇．化工分析［M］．3 版．北京：化学工业出版社，2009.

［8］谭湘成．仪器分析［M］．3 版．北京：化学工业出版社，2008.

［9］甘中东，肖春梅．水质样品无机离子检测［M］．成都：西南交通大学出版社，2020.

［10］甘中东，张怡．化工分析［M］．北京：中国劳动社会保障出版社，2012.

［11］冯淑琴，甘中东．化学分析技术［M］．北京：化学工业出版社，2016.

［12］罗思宝，甘中东．实用仪器分析［M］．成都：西南交通大学出版社，2017.